JN081004

THE INTERSTELLAR AGE

INSIDE THE FORTY-YEAR VOYAGER MISSION

星間空間の時代

ボイジャー太陽圏離脱への40年と科学・技術・人間の物語

ジム・ベル 著

古田 治 訳

恒星社厚生閣

THE INTERSTELLAR AGE by Jim Bell

This edition published by arrangement with Dutton, an imprint of Penguin Publishing Group, a division of Penguin Random House LLC through Tuttle-Mori Agency, Inc., Tokyo
Published in Tokyo by Kouseisha Kouseikaku Co., Ltd. 2021

ボイジャーを不滅の金字塔へと導いた仲間たち、

そして

この偉業に魅せられたすべての世代の人たちに、

本書を捧げます。

目次

第1部

惑星直列

第2部

壮大な旅・グランドツアー

第3部

過去を振り返り未来を見る

序章

アウトバウンド

朝空に浮かぶチリのような存在でしかない私達を包み込む宇宙…この宇宙をどれだけ情熱をもって理解するかに私たちの未来はかかっています。私たちは、宇宙の旅を始めようとしています。…それは、宇宙が私たちの進化や文化をどのように形作ったか、私たちの運命はどうなるか…を描く私たちの物語なのです。

——カール・セーガン（「コスモス：私の旅路」）

惑星直列とわが人生

物理学は、パルサーや惑星からペチュニアの花にいたるまで、すべてが重力で引き合うという。そのいくつかは小さすぎて、日常気づくことはない。しかし、みなさんの人生の航跡を子細に振り返ってみると、自分が知る人々からの重力に似た影響の存在に気づくだろう。時として、まわりの人々の方向と速さをもった強烈なスイングによって、私たちは新しい未知の世界や経験へ押し出されることがある。まさに私の身に起こったことであり、それはボイジャーという名の宇宙探査ミッションだった。

私の人生の航跡は、洗練された2機のロボット探査機と人間のチームによる重力に、ゆっくりとやさしく導かれていた。科学者、エンジニア、教師、学生たちが、探検というミッションを優美に推進してくれた。きわめて稀な惑星直列を利用した2機のロボット、ボイジャー1号、ボイジャー2号は、火星以遠の太陽系の精細で壮大な眺めを初めて私たちにもたらした。巨大惑星の木星、土星、天王星、海王星と、これらをとりまく見事なリング（環）と月（衛星）だ。科学者だけではなく、詩人、音楽家、画家、小説家、映画製作者、歴史家、そして子供たちすべてが恐懼感激の中にいた。

惑星直列という幸運の実が熟したときに大学・大学院時代を迎える巡り合わせで私は生を受けた。授業の後の大学構内で、研究の補助をする学生を探していた教授に偶然出会った。すぐに人類最高水準の技術が投影されたミッションにどっぷり浸かることになった。宇宙の深淵に投げ込まれた感覚を味わい、斬新な視点で自分の人生と世界を眺めることになった。息もつかせず展開する『フォレスト・ガンプ』の連続シーンのような偶然の出会いに囲まれ続け、私の人生の展開はボイジャーのミッションで差配され、そして今日でもなお人類の精神を高揚させる力に引き付けられている。この進化した創造物に思いを馳せるとき、それは単なる機械に留まらず、私の英雄カール・セーガンのいう「宇宙の海の浅瀬」に投入された自分自身の投影でもあった。地球という惑星に生を得た1000億を超える人間の能力、希望、夢、そして恐懼を表している。私を含め人々は疑問をもっている。「私たちは孤独なのか」「ほかに誰かいるのか」「私たちの運命はどうなるのか」……

2機のボイジャーは単なるマシンにとどまらず、人間の営みをも表徴する。人々を太陽系のグレイテストヒッツにいざなってくれる。私たちは皆、選ばれし乗客だ。かくして私は、天文学と惑星科学に魅せられた夢見る少年から、その道の巨匠たちに精髄を伝授される学生になった。今は指導する学生とともにこの芸術を創り出す開業医でもある。絢爛たる美に満ちた冒険だった。エキゾチックな新世界の発見。全く予想外の景観だった。未踏の挑戦に立ち向かい、新たな友人・同僚と知り合い、そして別れていく…

いまやボイジャー探査機は、太陽が包み込む領域を去って、海図なき星間へと船出した。私たちは2機のボイジャーを通して星間の旅人となった。ボイジャーの技と、なされた発見、さらには銀河系に運ぶメッセージを通じて、私たちは星間時代に突入した。まさしくボイジャーに関わった人々とマシンとの究極の遺産だ。人類が一つの種として学び成長するとき、太陽系における居住可能環境のもろさを把握し、それを受け入れて適応し、さらに先に進まなければならない。非常に長い目で見れば、私たちは太陽のゆりかごから星間へと飛び出さなければならなくなるだろう。星間時代は将来の人類にとって不可避である。ボイジャーはその筋書きに沿った人類の最初の小さな一歩なのだ。

過去に試みられた探検の中でも未曽有の大航海だった…と後世の歴史家がためらいなく認めるような証言を読者と分かち合い、伝えていきたい。

第 1 部

惑星直列

第1章

探査機ボイジャー

グランドツアーの幕開け

優美に渦巻く海王星の紺碧の雲を、私は驚きをもって見入っていた。1977年、12歳で自ら選んだ世界の重力に身を委ね、衝動的に宇宙探査機に乗り込んだ思い出とともに。夕方に打ち上げのニュースが流れた。「太陽系の壮大な旅（グランドツアー）」アナウンサーはそう叫んでいた。未来の探査機は、木星と土星に向かう旅行者の集団を搭乗させることだろう。すべてが順調にいけば、まだ誰も探検していない天王星や海王星に到達できる。10代前半の少年の多くがそうであったように、家を出て遠隔の地の探検に赴くことは魅力的だった。住んでいたロードアイランド州の田舎町では、域外への旅行ですら火星に行くような趣があった。過去のどのロケットより速く航行すれば木星まで2年、土星まで3年、そして天王星には80年代半ば頃、海王星には私の24歳の誕生日までに到達できる…夢多き皮算用だった。

SFのようだが現実の物語だ。宇宙船はボイジャー1号、ボイジャー2号と呼ばれ、実際に1977年に打ち上げられた。ボイジャーに人は乗っていなかったが、目や耳にあたる極めて精巧な認知知性、科学、芸術、そして夢を運んでいた。1977年、2機のボイジャーは私を閉じた子供の世界から引き上げ、魅力あふれる学びの新世界、文化・巨大科学の新世界に導いた。最初はパサデナにあるカルテック（カリフォルニア工科大学）の大学生、次にハワイ大学の大学院生として。ボイジャーの探検の物語は、私の自叙伝でもあった。実際このミッションは、宇宙科学・技術にかかわる数限りない人々を感動させてきた。多くの知人・同僚も、過去数十年にわたりボイジャーによってその生命を鼓舞激励された。

1977年某日に発表された「グランドツアー」は、175年に一度の惑星直列を利用する。1機の宇宙船を送れば、太陽系の4個の巨大外惑星すべてに接近できる。

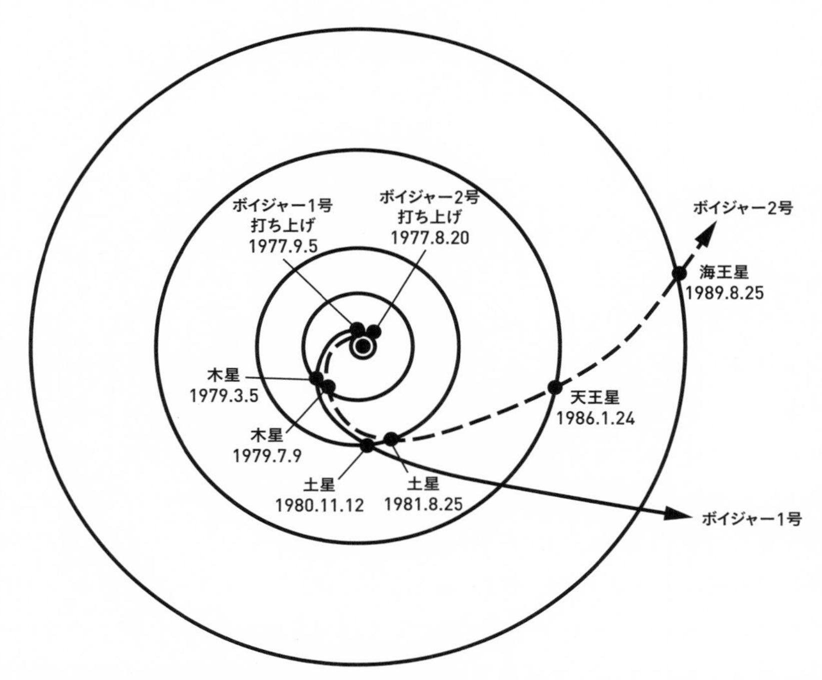

ボイジャー1号、2号の軌跡 NASAの2機のボイジャーが4つの巨大外惑星をツアーし、太陽系から脱出する速度の達成を可能にした軌跡の概略図。（NASA／JPL）

惑星の重力を使う航法、スリングショットによって次の惑星への経路を作り、宇宙船を一つの素晴らしい世界から次の世界へと航行させ、最終的には太陽圏から完全に離脱させる。前回の惑星直列は1800年代初頭にさかのぼる。探検の最前線がヨーロッパの木造帆船だった時代だ。

12歳の頃はアポロ宇宙飛行士の月面探査を見ながら、とめどなく宇宙探検の夢を見ていた。1969年7月の日曜日の夜、父と母は私を起こし、ニール・アームストロングとバズ・アルドリンが静かの海で歴史を刻むのをテレビの生放送の映像で眺めた。月曜日には、「月面着陸！」の巨大な見出しがイブニング・ブレティン紙の紙面を飾った。私はそれを額に入れて飾った。その後3年半、時間のある限りテレビに釘付けになって、宇宙飛行士が月面を歩行し、月面車を運転する様子を眺めていた。NASAのエンジニアや宇宙科学のコメンテーターが発する言葉から、いかに困難な仕事か、また飛行士たちがいかに楽しんでいるかが理解できた。自分もやってみたい…ハロウィンではずっと宇宙飛行士の仮装をした。

引き続き私は、1976年に火星表面に送られた双子のバイキング着陸機の探検を追った。世間はさほど注目しなかったが、自動車大の2台のロボットを2.4億㎞先にリモートコントロールで飛ばし、赤い惑星の表面に軟着陸させる着想は驚異的だ。マーズパスファインダー、スピリット（訳注：マーズ・エクスプロレーション・ローバーA）、オポチュニティ（訳注：マーズ・エクスプロレーション・ローバーB）で弾むエアバッグにより火星着陸を成功させたのは賞賛に値する。より大型のキュリオシティの地上探査機はこれをルーブ・ゴールドバーク装置（訳注：簡単な結果をあえてからくりの連鎖で実現する装置）とでもいうべき「空中クレーン」着陸システムで実現した。一方バイキングは、バッグス・バニーの漫画から飛び出たようなパラシュートや逆噴射ロケットなど旧式の技術を用いた。火星人マービンは待っていなかったが、火星は地球上の砂漠に似た不気味な景観だった。ほこりっぽく、冷たく、乾燥していた。

1970年代初頭のバイキング搭載カメラは、基本的には撮った写真をファックスで地球に送り返した。NASAは、当時としては最新の電子映像技術により写真フィルムを不要とした。代わりに太陽光によって照らし出された火星の情景を電波信号に変換して地球に電波で送り返した。地球では微弱信号が野球場サイズの電波望遠鏡で拾いあげられた。これらの微弱信号が作り出すデジタル画像が夜のニュースに登場した。最初の画像はライブで届いたが、苦痛なほどに遅かった。一度に送れるのは 画像を構成する最小単位である画素1つ、すなわち1ピクセルのみだ。宇宙写真！　これもやりたかった。両親や祖父母は、望遠鏡や35mmカメラ接続用の付属品を買うのを援助してくれた。

1970・80年代の科学への渇望がいかばかりだったか、今日自分の子供や教え子に説明するのは難しい。たった3つのTVキー局と、PBSという政府系公共放送網しかない、という嘆きの時代を想像していただけるだろうか。大半の科学番組（スタートレックはひいき番組だが、「科学」の範ちゅうに限るので含めない）は政府系チャンネルにしかなかった。当時の科学テレビはほとんどNOVAだった。ボストンのWGBH放送局による教育的で美しい番組だった。今日までしっかり続いている。でも結局はそれだけだった。サイエンスチャンネルも、ディスカバリーチャンネルも、ナショナルジオグラフィックチャンネルも、NASA-TVも、ヒストリーチャンネルも、さらにはFOX、CNN、MTV、VCR、DVRもなく、コマーシャルをスキップする方法もなかった。まるで凍ったツンドラの大地で狼に育てられる運命にある者に対するがごとく、恐怖と哀れみの眼差しが私に注がれそうだ。残念ながらインターネットもなかった時代、私たちはどうやって生き永らえたのか。

カール・セーガンとボイジャーへの憧憬

荒涼たる科学コミュニケーションの世界にあって、テレビショー「宇宙」が1980年に初めてPBSで放送された。この番組のホストは、天文学者であり惑星科学者、宇宙生物学者、ボイジャー画像チームメンバー、そして科学啓蒙家であるカール・セーガンだった。多分カール・セーガンは私が会った中で英語を話す初めての科学者だった。科学者が仕事で使う専門用語や速記コードのような英語ではなく夕食の席で交わす普通の英語を話してくれた。しかしその平易な語り口は、隠喩、比喩、情熱と壮大な韻律で飾られ、時として高揚的で甘美なヴァンゲリスの電子音楽を伴っていた。セーガンは、惑星や月、小惑星、彗星、恒星、銀河系のミステリー、そして私たちがどこから来てどこに向かうのかを説いてくれた。私はセーガンの言葉に耳を傾け、科学振興に向けた着想に恋し、可能なら科学者になりたいとまで思い始めたことに気付いた。現代の天文学と宇宙探査を垣間見るのは魅力的、刺激的で楽しくもあった。私はセーガンの喉から発せられる歯切れの良いスタッカートボイスを真似ながら、親しい友人たちと毎週の新しい話題を待ちわび、「微弱な光を放つ恒星群の間を航行する」ことになる将来についてとめどなく語り合った。私の母はセーガンのタートルネックとツイードのジャケットが好きだった（後日、共に出席したロードアイランドでの専門的な会議で私はカールに母を紹介した。親切で温かく実に気さくなスターに私たちは魅了された）。

1977年頃は子供でもボイジャーとバイキングの違いを理解していた。何よりもボイジャーの旅は長い。少なくとも10年間以上航行する。航行中に何事も起こらなければ、プルトニウムを燃料とする原子力が、おそらく50年間宇宙船のシステムを動かす電力をつくり出す。こうした長寿命によって、宇宙船は星間に突入するまで生き延びられる。星間空間は、太陽の磁場によって保護されている繭の外側領域を指す。その後ボイジャーは、なじみのない星風の中で冒険の旅を続ける。荒野の旅だ。このミッションはまったく新しく未知の世界を見出す可能性を秘める。バイキングは火星で重要な発見をしたが、その景観や現象には概ねなじみがあった。風、砂、そしておそらくは大昔の少量の水。それらが岩を摩耗し、切り込みを入れ、景観を風化させた。アリゾナ、ユタ、南部コロラドでおなじみの景色だ。ボイジャーが遭遇するのは、岩ではなく氷やガスかもしれない。星に満ちてはいても真っ暗な宇宙で、太陽は瞬時の閃光に過ぎないかもしれない。温度も絶対温度で数度程度だろう。

当時の若い自分にとって、ボイジャーの最大の魅力は未踏領域に実際に赴くことに尽きた。宇宙という大洋にビンを投げ込み、自然の渦と流れに委ねて眺める。晴れた寒い夜、有名な木星の大赤斑に加え、赤茶色の縞や帯を自分の望遠鏡でとらえることができた。いわゆるニュートン望遠鏡（レンズの代わりに鏡を用いる、アイザック・ニュートンによって設計された望遠鏡）は若いアマチュアの天文愛好家には多少面倒な装置ではあった。ミード・インスツルメンツ社の製品で、反射鏡は直径約20センチで筒の長さは約1.2メートル。この筒は1個の取付け金具で支えられていて、3本の幅広の金属の足がついている。重くかさばっていて運びづらく、その都度ガレージから運び出して組み立てるという（特に雪の日は）厄介な代物だった。しかし苦労する価値はあった。土星の魅惑的なクリーミーイエローがかったリングを高分解能で見ることができたし、何よりもこの惑星を天文学のパイオニアたちが「太陽系の真珠」と呼ぶ理由がわかるからだ。土星は本物の姿を生で見せてくれ、私を驚かせ続けた。当時の子供たちと同様、私も切手や野球カードを集めていた。楽しくはあったが、自分のよりも年代物で、上等で、格好の良いコレクションを常に誰かは持っていた。でも惑星のコレクションには上等の土星というものはない。自分の目で現物を眺め、感じたことのない興奮を覚えた。遠隔の世界をかくも間近に見られることに感動した。

私の小さな望遠鏡では、天王星や海王星、それに木星や土星を巡る6、7個の小さな月はほんの光の粒でしかなかった。粒の一つ一つが、今後訪れるかも知れない世界で、岩、氷、風、火山、極冠のある、驚くほどの既視感と明確な異質感を併せ持つ世界とはとても想像できなかった。地球という小さな青い惑星の誰にとっても、単なる点でしかなかった。当時の世界最大の望遠鏡でも真の性質の解明まではできなかった。しかし私はボイジャーがこれを成してくれると知った。無限の多様性をもつ素晴らしい地球環境と同じように、望遠鏡の中の点も明らかに多様性に富んだ場所だとすぐにわかるだろう。私たちの月（空に浮かぶ二次元の聖画像（イコン）ではなく真の存在だとわかったのは最近だが）にも増して異国情緒を覚える。ボイジャーの乗客になれたなら、新世界の発見を約束された華麗な旅行が味わえることだろう。歴史が作られていく様を見るのは、若い自分には抵抗しがたかった。実際今でもそうだが。

探検のリーダー
：プロジェクト・マネージャーとプロジェクト・サイエンティスト

有名な探検船の多くは著名な船長や指揮官に率いられてきた。クリストファー・コロンブス、フェルディナンド・マゼラン、ジェイムズ・クック、アーネスト・シャクルトン、ニール・アームストロングなどがあげられよう。しかしボイジャーの場合は、リーダーで構成される委員会に率いられている。NASAのジェット推進研究所（JPL）からのマネージャー、技術者、科学者だ。過去に成功を収めたロボット惑星探査ミッションの設計、製造、運用の諸機関からの参加もある。そして等しく力ある2人の指揮官、プロジェクト・マネジャーとプロジェクト・サイエンティストだ。

NASAやJPLの用語法によれば、ボイジャーと言うのは（固有名詞としての）「プロジェクト」であり、（やはり固有名詞としての）プロジェクト・オフィスによって運営され、組織上多くの傘下オフィス（室）に分割される。これには探査機の詳細な軌道を設計するミッション計画室が含まれる。またフライト・サイエンス室があり、ミッションの科学目的達成の責任を負う。またフライト・エンジニアリング室がある。ここにはボイジャーの推力、熱制御、通信、推進モジュールの設計と構築に携わるエンジニアとマネージャーが所属する。さらにフライト・オペレーション室があり、宇宙船と科学機材を設計し、実際の運用に必要な手順やソフトウェアを提供する。（JPLの科学者と技術者の2つのチームが含まれる。宇宙船オペレーションチームは、宇宙船と直接に通信し、その状態や健康の時間推移を監視する。一方、科学支援チームは、科学チームと宇宙船オペレーションチームの仲介を担い、地上データシステム室は、宇宙船に指令を送る（アップリンク）のに必要なハードウェアとソフトウェアを提供する。同時に宇宙船から地上への処理データを受信する（ダウンリンク）。

プロジェクト・マネジャーは、プロジェクト室を主導し、ボイジャーの技術とマネージメントの司令官を務める。プロジェクト・マネジャーは宇宙船を作り上げ、試験し、ミッションを時間通りに安全に運用し、予算内で何百社もの契約相手を差配し、数千人のエンジニア、技術者、その他プロジェクトに関するマネージャーたちを統括する。プロジェクト・サイエンティストはフライト・サイエンス室を運営し、科学者、技術者、マネージャー、各国の大学生からなるグループや科学チームを率いて、科学機器を操作し、ダウンリンクデータを解析する。プロジェクト・サイエンティストは、ボイジャーの科学部門の司令官であり、ミッションの科学目標を所与の日程と予算通りに達成させ、プロジェクトに関わる何百人もの科学者の調整と取りまとめの任にあたる。

2機のボイジャーは、11件の研究のための科学機器を搭載している。撮影や探査機航行のための広角・高分解能カメラもその一つだ。重力場や惑星電波放射を調査する電波系システム、化学成分を測定する赤外線・紫外線分光器、惑星表面や大気、リングの成分を検知する偏光センサー、磁場測定のための磁力計、荷電粒子、宇宙線、プラズマ（熱い電離気体）、プラズマ波動研究のための4台の装置も含まれる。それぞれの研究を遂行する科学者たちは、機器チームに編成され、それぞれの機器チームのリーダーは主席科学者（PI）と呼ばれる。これらの機器の設計、構築、運用に対してPIが責任を持つ。またPIは、プロジェクト・サイエンティストを議長として科学運営グループを構成し、プロジェクト・マネジャーに報告する。

委員会主導のプロジェクトでは、組織上の最高位の指揮官であるプロジェクト・マネジャーとプロジェクト・サイエンティストは、一貫して意見の齟齬がなく、絶妙の協調態勢をとらねばならない。各マネージャーは、ミッションの成功に責任を負っている。NASAに対する責任であるとともに、究極的には法案を支持した議会と納税者に対する責任でもある。プロジェクトの開始から40年、この間ボイジャーは10人のプロジェクト・マネジャーに引き継がれた。しかしプロジェクト・サイエンティストは全期間を通じて、エドワード・C・ストーンただ一人であった。

エド・ストーンは宇宙気象学者である。宇宙線という高エネルギー粒子が宇宙空間を飛翔し、太陽や惑星の磁場や、大気との相互作用を研究する物理学者だ。宇宙線とは、陽子やα粒子などによって作られる高エネルギー放射の一形態で、宇宙空間をほぼ光の速度で飛ぶ。宇宙線が正確にどこから来るのかはまだ謎のままだ。宇宙線は、死に瀕した恒星の巨大な超新星爆発によって、あるいは銀河の中心にある活発で強力なブラックホール等でも生成される。どう生成されるにせよ、エドのような科学者は、太陽風（太陽からやってくる高エネルギー粒子の流れ）の満ち引きや、太陽風粒子が太陽磁場で運ばれ、惑星磁場と相互作用する仕組みを理解するのに宇宙線の性質を用いる。この種「宇宙気象」の観測は、初期の宇宙探査機の頃からすでに始まっていた。そしてエド・ストーンは当初からこのゲームに関わる学際的な科学者の一人であった。

1972年、エドはボイジャーのプロジェクト・サイエンティストに任命された。ミッション期間中に別の重要な役割も担った。1991年から2001年までのJPL所長と、ボイジャーの宇宙線サブシステム（CRS）装置のPIだ。自らの科学的背景・関心分野にごく近い観測の仕事だ。プロジェクト・サイエンティストは、ミッションに課される科学的要求と、技術面・予算面の制約とを最適調整する役割を担う。どの観測を実施しどれを捨てるかというつらい決断を強いられることもある。科学チームが利用できるリソース（時間、データ量）の割り振りを競合者間で折り合えないときに仲裁したり、すっぱりと裁定するのはプロジェクト・サイエンティストの仕事だ。

エドは回想する。「思っていたよりはるかに大変な役回りだった。科学の究極の意義は発見だが、観測実施が決まった担当グループだけが発見にありつけることになるからだ。」

エド・ストーンは、注意深さ、思慮深さ、科学者としての実績、忍耐強くやわらかい物腰、10人のプロジェクト・マネジャーと数百人のボイジャーの科学技術者を公平に扱う能力のすべてに卓越していた。これが尊敬される実力派プロジェクト・サイエンティストとしてのエドの声望を確かなものとした。プレス発表やメディアへの登場の場面では、プロジェクト全体に精通した優れた広報担当を演じた。ボイジャーは委員会で運営され、多くの場合コンセンサスが決定原則であった。しかし仮に別の原則で事が差配されていたならば、エド・ストーンがボイジャーに君臨する王として認識されたであろうことは想像に難くない。太陽系とその遥か先に至る帝国全域にわたって、エドは慈悲深い統治を及ぼしたことだろう。

リモートセンシング

伝統的に天文学者は恒星や銀河系を探り、地質学者は岩石の露出や石油、鉱物の堆積図を扱う。気象学者は気象気候を研究し、予測を試みる。これまでに確立されてきた科学研究分野である。しかし私たちの周囲の惑星、月、小惑星、彗星の研究者や、各分野の理論や方法論のすべてを用いる人たちを何と呼べば良いのか。「惑星科学者」は学術的な職業の中では比較的新しいものの一つで、ボイジャーがその確立にひと役買った。一種のなんでも屋である。（周回探査機の地図作成用写真機からの画像のような）惑星スケールの問題から（探査車が調べた小さな土石の堆積のような）微細なスケールの問題に至るまで考えを巡らす。宇宙生物学という分野に関心を示す人たちもいる。第一義的には宇宙空間における生命体の研究を指す。惑星科学者に共通するのは、リモートセンシングや超リモートセンシングを科学研究に用いることだ。地球外天体の上を歩く（※1）などという幸運に恵まれた一握りの宇宙飛行士以外は、自分たちが研究している場所に足を踏み入れることなど到底かなわないからだ。

そこで、ある場所を遠隔で経験する技術を用いる。いろいろなリモートセンシングが日常生活万般で使われている。手の届かない世界を五感で尋ねる。例えば形、色、臭いから対象物までの距離や大きさを判断する。動物はみな何かしらやっている。植物とて同じだ。惑星科学者が異なるのは、ロボットセンサーを用いる点だ。視覚を提供する目としてのカメラ、匂いや味の器官として作用する分光計や採集用プローブ、触感を与える腕、すくったり穴をあけたりする腕やシャベル、「聞く」「話す」役割の無線アンテナがそうだ。第六感すら登場する。ハイカーや地質学者が野外探査するときにおなじみの感覚だ。動くことでわかる場所や中身の感覚である。多角的な展望をもって、ある場所をぶらつき、よじ登り、探検する能力。そこはそのままにして新しい場所に向かうこともある。接近飛行や軌道周回をする探査機、地上を徘徊する探査車……これらは重要なリモートセンシング機能を供し、画像や測定データを遠隔地から送り返す。

ボイジャーのような宇宙船に感情という人間的属性をまぶし、まるで生き物のように扱うのはわかりやすい。冷たく暗い遥か遠隔の地。寂しいに違いない。火星探査機スピリットやオポチュニティなどは、長い首と大きな目を持っていてとても可愛らしい（※2）。長期間生き延びて活躍し続け、気骨があり、勇猛で、勇気に満ち……など探検家むけの立派な修飾語を奉られる存在なのは確かだ。探査機はそこに留まり、疲れを知らずに働き続け、発見をなし、休むことなく危険な環境に挑み、給料も出ない。私たちは自分たちのためにロボットに太陽系を探検させている。

さて、想像するだけで楽しい（または身の毛もよだつ）ことだが、ひとつ肝要な点を見落としている。彼らは機械であり、聡明な人間たちによって製作され、打ち上げられ、遠隔操作されている。ボイジャーのような探査機は間違いなくハイテクではあるが、（今日21世紀の基準からすれば）かなり初歩的といえるそのソフトウェアを超える鋭敏・有能さはない。「宇宙船を擬人化しすぎるな。」ボイジャーの画像チームのトレンス・ジョンソンは、プロジェクト・マネジャーのジョン・カサーニの言葉を思い出す。「宇宙船はそれを好んでいない。」

こうしたミッションでの探検は、遠隔の宇宙船上から「人間による探検」を行っている感覚に近い。惑星科学者仲間の友人でボイジャーの画像チームメンバーであるハイディ・ハンメルは言う。「私にとっての発見の瞬間は、昔気質の登山家がなした初登頂にたとえられるでしょう。目の前に広がるこの眺望に触れたのは自分以外誰もいない。まさに新しい知識領域に足を踏み入れたと知った瞬間に覚える、舞い上がる感慨です。そこに飛び込み、無邪気な喜びと驚きと嬉しさで満たされる。」ハイディはボイジャーの仕事に初めて関わって、私同様探検と発見のスリルに取りつかれた。「次に我に返って、その発見を既存知識の中にどう組み入れるかを考え始める。」ハイディは続ける。「そして大人の科学者脳がそれにとってかわる。この感覚を知った者は、それを維持復元して他の人たちにも共有させたいと考え出すのです。」

NASAへの逆風と惑星協会

ロボット宇宙探査はつまりは人間による探検である。人類は地球に留まって探検している。ボイジャーの太陽圏周縁と以遠への旅路は、まさに人間の深宇宙探検ドラマそのものだ。ボイジャーの物語は一つの発見談・冒険談だが、犠牲、合意、葛藤、そして日々の些事のないまぜであり、リスク、フラストレーション、そして成功の物語でもある。科学者、技術者、管理者、技能者、芸術家、学生ほか無数の職業人たちがこのミッションを設計し、宇宙船を作り上げ、太陽圏外縁の壮大なる旅にいざない、写真を撮り、発見する。教科書にも掲載され、星間航行中の探査機との通信支援もする。500年後の歴史家の回想には、この特別な人間集団の存在が特筆されていることだろう。

同様に多くの人々が、間接的ながら重要な役割を担った。カール・セーガンが1980年に創設した惑星協会と呼ばれる新しい組織を知り、私は学生で参加した。惑星協会は世界最大の大衆参加型の宇宙啓蒙機関（※3）で、その創設は私とボイジャーとを結びつけた。1970年代後半のアメリカは、強度のインフレ、石油とガソリンの高騰（配給にすら至った）、数十年来の連邦予算の不足などの国家的な危機にあった。1980年ロナルド・レーガンが大統領に選出されたが、これはジミー・カーター政権の経済再建策の無力さへの過激な反動でもあった。レーガンは自らの任務を、ビジネスの成長促進による経済回復、税の軽減、および連邦政府支出の削減に置いた。(「レーガノミックス」と名付けられた。）軍事費以外のプログラム、すなわち社会保障、医療などの国民の受給権絡みの支出は一律に削減された。NASAは、レーガン政権の行政管理予算局（OMB）長官であるデイビッド・ストックマンが主導した巨大な予算削減の前に、まさにまな板の鯉の状態に置かれた。

ストックマンとNASAの間に意思の疎通が図られていたかは不明だが、さしたる問題ではなかった。連邦予算の1％足らず（現在価値で。実際には0.5％未満）であっても、宇宙機関は簡単に予算削減の標的となった。「なぜ緑の小人（リトル・グリーンマン）を探すのにお金を使わなければいけないのか。」議会の誰かがこんな質問をした（本当の話（※4))。「国内に切迫した問題が山積しているのに。」

しかし、なぜアメリカの納税者はNASAを支持するのか（※5)。人々は衛星の打ち上げやスペースシャトル、月面着陸、火星着陸、そして最先端の物質やコンピュータ通信技術・製品に関心を示し、タング（訳注：袋にパックされた宇宙飛行士用の飲み物）までも一時期嗜好された。ストーン、ハイディ・ハンメルのような科学者や、ビル・ナイ、ニール・デグラッセ、タイソンのような科学啓蒙家のそばにいるとよくわかるのだが、つかみどころはないが魂の充足にとって決定的に重要なものが間違いなく存在する。偉大なフロンティア開拓に向けた若い世代の鼓舞や教育、別の世界に関する純粋な知識の収集と保存、米国のリーダーシップという国家プライド……こうした宇宙における私たちの立ち位置も含まれる。

1980年代初頭の国家的議論と予算削減の苦悩は、ボイジャーの華々しい1979年木星フライバイと1980年土星フライバイの直後に始まった。両惑星はボイジャーに先立つパイオニア10号・11号のフライバイで短期間だが観測された。多くの華々しい成果の中、パイオニアが撮った巨大惑星の写真は幾分ぼやけていた（地上からの望遠鏡写真を凌駕するほどのものではなかった。フライバイの距離がやや遠かったのと、当時のデジタル画像技術が未熟だったためだ）。巨大惑星の世界を周回する衛星やリングの新情報はさほど得られなかった。

しかしボイジャーは違った。

狂気で彩られたヴァン・ゴッホ風のタペストリーのような、鮮やかな橙色で渦巻く雲や黄と赤の色調を木星上に認識した。大赤斑の初めてのクローズアップ映像が撮れ、テレビに映し出され、宇宙ポスターに描かれ、教科書にも掲載されだした。土星のリングの形と色彩の鮮明さや簡素な優美さが初めて明らかにされた。リングの背後から撮った写真もあった。地球からは撮り得ない、土星の向こう側から惑星を眺める構図だ。そして木星と土星の周りを回る大きな月が魅惑の新世界として姿を現した。独自の特徴を持つ惑星（訳注：通常は衛星と呼ばれる天体だが、原著者は、何を周回するかでなく内部構造で分類すべきとの強い持論をもち、あえて惑星と呼んでいる）で、活火山を持つもの（イオ）、浮海氷とおぼしきプレートを伴うもの（エウロパ）、地球の初期大気に似た厚い煙霧状の大気を持つもの（タイタン）があった。まさに壮観そのものだった。

ボイジャー画像チームの一員だったカール・セーガンは、広報担当、教育者、テレビ番組のホストとしての経験から、NASAに寄せられる支持は絶大だと認識していた。もっとも支持は国全体に分散していて、特に組織化されたものではなかった。予算削減の流れに抗うには何かをする必要があった。セーガンは、後のパサデナ・カルテックのJPLのディレクターで、JPL宇宙ミッション・エンジニアである惑星科学者ブルース・マレー、それにマネージャーのルイス・フリードマンとともに、民間からの支援を組織化・集中化することにした。1980年、彼らは同好の士が誰でも参加できる非営利の会員組織を立ち上げた。会費は年間15ドル、会員には隔月に最新の宇宙映像や関連情報を載せた雑誌が贈られる。彼らはこの会を惑星協会、会誌をプラネタリー・レポートと名付けた。

私は1980年に高校生でこの惑星協会に加入した（会員の募集は、地元ロードアイランドのアマチュア天文クラブ、スカイスクレイパーズの資料に載っていたと思う）。クラブの仲間も私同様、コスモス・テレビショーに熱中していた。宇宙探査の全国的・世界的活動の一部を担うことにみな興奮を覚えていた。金欠学生の頃に数年間会員から外れたが、大学院時代に終身会員として再び参加した。そしていま私は光栄にも惑星協会の会長を務めている。これはかつてカール・セーガンが務めたポストだ。会員数は創立から瞬時に10万を突破した。カール・セーガンの絶大な人気と尽力もあったが、インターネット以前の時代に情報提供や宇宙プログラムとの結びつきを維持できる仕組みを作れたことが理由だ。セーガン、マレー、そしてフリードマンは会長としてNASAや宇宙探査への大衆の熱狂を、議会や大統領府に長年にわたり橋渡しした。惑星協会は、1980年代初頭の厳しいNASAの予算削減を生き抜く手段となり、ボイジャーを成功と偉大なる遺産形成へと導き、以後の驚異的な探検・発見ミッションの舞台設定を助けてくれた。

創設から35年の今、惑星協会の会員は50万になり、さらに数百万人が無料で私たちのウエブサイト（planetary.org）に掲げた映像、活動、論文、ブログ、ツイートを楽しむ。だが再び厳しい時代を迎えている。政府の近視眼的な人たちが、またもやNASAのような非裁量型プログラムの連邦予算（訳注：裁量型予算と義務的予算のうちの後者）を削ろうとしているのだ。このため私たちは再び活動部隊を呼び集め、会員（もちろん関心ある非会員も含む）を鼓舞し、議会に手紙やEメールを送り、宇宙プログラムの維持を訴えている。天体物理学者・科学啓蒙家である前会長ネイル・デグラッセ・タイソンは、テレビ番組コスモスのリメイク版のホストを務め、財政難といえどもNASAの予算は増やすべきだと主張した。宇宙探査は人類がなし得る最善の業だという。また私たちは逆境の中でも物事を推進する素晴らしい価値（※6）を知っている。新しいCEOであり、エミー賞を受賞したテレビ番組のホストであり、エンジニアであり、科学教育家であるビル・ナイ（「ザ・サイエンス・ガイ」）は新しい会員に手を広げている。社会を活性化・効率化するため、ソーシャルメディアのような現代の出会いの場を活用する。

ボイジャー以降のミッション、例えば木星周回機ガリレオや土星周回機カッシーニは、より強力な探知能力と高い分解能で、これらの惑星やそのリング、衛星を長期間調べあげた。探査機による長期観測は、木星や土星の世界が活発に動き、進化しつつあることを初めて明らかにした。しかしボイジャーの場合、フライバイという通過型ミッションの性格上、これはなかなか難しい仕事だ。動いている世界を見るのに、短時間映像や瞬間の静止スナップ写真では印象に残りにくい。周回機からの詳細映像は、長時間かけるほど活気づいてくる。巨大嵐が木星上を吹き荒れる様が生々しく脳裏に焼き付く。スピリット、オポチュニティ、キュリオシティのような地上探査機や上空高くにある周回機は、古代地球に似た火星の秘密を強く印象付けてくれる。周回機は（私たちの惑星を含め！）水星、金星、月、小惑星、彗星を周回して地図を作成し、その起源探求の手助けをしてくれる。宇宙探検はこれまで米国と旧ソ連に独占されてきたが、いまや宇宙探検はまさにグローバルな事業として展開しており、ヨーロッパ、カナダ、日本、中国、インドなどに多くの企業がある。私たちは全地球人参加による宇宙探検という黄金時代の真っただ中にいる。30機ほどの現役ロボットが、私たちに代わって宇宙の大海原をせっせと航行し、深遠極まる発見をし続けている。ボイジャーによる壮大で広範な遠方の足跡に続いて、これらのミッションは、別世界の土、風、氷などを私たちに間接的に聞かせ、味あわせ、触れさせてくれる。

惑星科学との出会い

初めてボイジャーの仕事に関わったのは、大学生だった1980年代、幼少からの夢である天文学と宇宙を人生の選択肢に選んだときだ。天文学を勉強するためにMITとカルテック（カリフォルニア工科大学）に応募し、驚くことに両方に受かってしまった。友人のビル・ナイが、憧れのコーネル大学に合格したときにとばした冗談、「何かの手続きミスだろう」といったところか。家族や友人の期待に反して、(誰も場所を知らなかった) カルテックを選んだ。カリフォルニアという風変わりな新世界でまずは自身で物事を開拓し、翼を広げたかったのが理由の一つ。カルテックがJPLと関係が深いのを私が知っていたこともある。JPLは米国における惑星探査の中心地だった。

1983年秋、初めてカリフォルニア工科大学のキャンパスを歩いた日、オリーブの木の香りがした。新しさと変化の香りだ。閉ざされた小さな州の小さな町での家庭生活から、閉ざされた小さなキャンパスの小さな寄宿舎でのオタクっぽい生活にかわった。学問的にはこれほど厳しい経験はなかった。教授たちは無慈悲の極みだった。彼らは教えるほかに自ら教科書を書いていた。教える内容を問わず、最先端の探究に喜びを求め、精力的に動き回っていた。私は数学1で失敗し、数学1よりも少し劣る数学0.9と称される「特別」クラスに、数学にもがく他の学生とともに放り込まれた。

ある日掲示板に小さな広告を見つけた。いつもキャンパス内で仕事を探す場所だ (当時インターネットはなかった)。木星の紫外線観測の解析を手伝える学生の募集だった。

天文学のようだったので、確認もそこそこに飛びついた。

募集はカルテック/JPLの研究員マーク・アレンが掲示していた。マークは面接で私のバックグラウンドやこれまでの経験について、強いニューヨーク訛りで厳しい質問を投げてきた。「いいえ」「ありません」「意味がわかりません」の連発になったが、私は彼に好感を覚えた。私の人生での仕事経験は、父のジャンクヤードから車の部品を取り出したり、高校時代の友人の父が経営する化学精錬研究所で化学分析結果をプロットしたり、モールの大柄女性用衣料品店でゴミ出しやらの雑用をしたくらいだ。信じられないことに、それでもマークは私に仕事をくれた。おそらくプロットの経験だろう(必要とされていたのは概ねその手のことだった)。事務的なミスだったのかもしれないが。理由はともあれ、これが私の人生を変えた。

サウスマッドで過ごす日々、地質学と惑星科学部門があるカルテックの建物は、若い宇宙中毒者にとって何にもかえがたい楽しい場所だった。そこら中に宇宙絡みのポスター・壁画・展示物があり、ホールやオフィスには (少なくとも私にとっては）あこがれの教授陣、職員、大学院生、そして博士研究員たちが群がっていて、ボイジャーやバイキングなどのミッションで働いていた。私はマークのために忠実にプリントやプロットの分析をした。プロットやプリント、あるいは自分のコンピュータ処理を待つ間、ホールを散策し、皆が探索する遥か彼方の世界についての白昼夢にふけっていた。私は優先度のトーテムポールの下位にいたが、授業に出たり宿題を提出したり試験を受けたりすることより遥かに楽しかった。そのため大学院生に留まるのに苦労した。かろうじて水面から頭を出す成績で、数学0.9クラス仲間の何人かのように「挫折」に至らないのは幸いではあったが、それに近かった。

私は、天文学者というものは星、銀河、惑星、月その他百般に通じていると思いこんでいた。みな宇宙にあるのは確かだが、距離やエネルギーで細かく区分され、それぞれに分離独立した状況だとわかってきた。太陽系、銀河、銀河系外、宇宙…加えて各領域中でも、マイクロ波・赤外線（低エネルギー）から紫外線、およびγ線（高エネルギー）までに分かれることも。宇宙関係者のパーティで、高エネルギー銀河系外コスモロジスト（宇宙学者）を、地球近傍の小惑星ハンターと決して混同しないように忠告する。私はまた、天文学者でなく、地質学者、化学者、地球物理学者、あるいは気象学者といった別の種類の太陽系研究者がいることも知った。彼らは天文学的天体というよりは、近傍の太陽系天体（その隕石標本の場合もある）を研究している。そして当時のカルテックでは、ほとんどの研究者は望遠鏡を使わず、ロボット宇宙ミッションによって得られた画像などのデータで科学研究を行う。多くは専用のカメラや測定器を設計して宇宙に飛ばす。私は自分の部族を発見した。天文学の香りを持ち、宇宙ミッションと実地のエンジニアリング経験を包含する私の希求する分野には惑星科学という名前があった。カルテックで、私は実際に惑星科学の学位をとった。私はここに専攻を定めた。

エド・ダニエルソンとの出会い

サウスマッドのホールは、私が初めてG.エドワード・ダニエルソン・ジュニアと出会った場所だ。彼は「エド」と呼ばれるのを好んだ。（訳注：本書では、原著者の指導教官エド・ダニエルソンと、ボイジャーのプロジェクト・サイエンティスト　エド・ストーンという二人の「エド」が登場するので、混同なきよう）陽気で、大柄で、時にシャイな紳士だった。動画カルテック/JPLの技術スタッフで、宇宙で使うカメラの設計、製作、運用を専門にした。マリナー6号、7号、10号、バイキング、そしてハッブル宇宙望遠鏡のミッションに関わった。ボイジャー画像チームの一員でもあり、数年前に木星や土星から送られてきた驚異的な画像の閲覧・解析に多くの時間を費やしていた。プリンターを覗き込んでいるエドの所へ小走りで行き、借りていた出力結果をおずおずと差しだす。プロット作業に用いた驚異的な土星のボイジャー画像や、火星のバイキング画像で、私を引き付けてやまない写真だ。彼は「これは間違った画像だ。」とか「この写真のコントラストはよくない。」といった何かの言葉を添えて私に戻すのが習慣だった。私はエドに密着していた。たとえ露出不足や露出オーバーがあったとしても、これら出力結果の一枚一枚を私がいかに大事にしているかをエドは知っていた。やりとりは楽しく、手掛けている作業のことをエドと話すと心が満たされた。エドは、画像処理という新しい成長分野に私を導くきっかけを作ってくれた。

当時の未熟な私にはよくわからなかったが、エドの本質は純粋な科学者というよりも、優れた「鋳掛屋（いかけや）」だったと後に悟った。より技術者的で科学の後押し役という意味だ。彼はボイジャーの画像からの科学的発見に向け心血を注いだのは間違いないところだ。しかし、同時にカメラをうまく作動させることにも心を砕いていた。最善の写真をぎりぎりまで粘って撮ると言う意味だ。フライバイ・ミッションで撮れる写真は1枚のみ。カメラは正しい方向に向いていなければならず、露出は間違いなく適正レベルでなければならない。何もない宇宙空間に向けたり、露出時間を短くしすぎたりすると、すべて真っ黒な画像となる。正しい方向に向いていても露出時間が長すぎると真っ白な画像になるか、少なくとも補正不能な露出オーバーとなる。間違って太陽に向けたらどうか。カメラを焼いてしまう危険が高い。したがってエドのような然るべき責任者が然るべく判断することが求められる。科学者と技術者の狭間である種の圧迫を受ける、私には経験のない立ち位置だった。

マーク・アレンのプロジェクトは終わりかけていた。エド・ダニエルソンはボイジャー2号の土星フライバイ時の画像処理の補助者を探すことになった。太陽から遠ざかるにつれてカメラがどう経年変化するかを調べ、翌年の天王星フライバイでの的確な判断につなげるものだ。エドがこの仕事に実際に学生を必要としていたのか、私に仕事を作ってくれたのかはわからない。でも私は大喜びでチャンスに飛びのった。ボイジャーに次のヒッチハイクができた。

以前の画像処理では、全研究グループが1台のコンピュータ（使い勝手を考えプリンターを併設）を使っていた。プログラムを走らせ、画像を解析するとき間を確保する競争は相当の苦行でもあった。エネルギッシュな教授、博士研究員（ポストドクター）、大学院生の集団の中で、学部学生の私は待ち行列の最後尾だった。画像処理コンピュータの時間を食うため、エドの勤務日の最後または次の勤務日の最初につなげるべく、私はよく深夜勤務をした。夜は幽霊が出そうなほど静かで、聞こえるのは近くのコンピュータのファンの鼻歌や、遠くで掃除する、バキューム・クリーナーの音だけ。土星フライバイ時のボイジャー画像を順に眺めながら、いろんな想像をめぐらす。私は自らを船の乗客にイメージする。土星の輝く薄く平らなリングの円盤を通過し、同乗者たちが息をのむ様を想像する。実にまっ平らだった！メインリングはほぼ地球20個分以上の幅を持っていたが、厚みは僅か10mしかない！土星のリングをDVDに例えると、DVDの厚みは原子10個分くらい。髪の毛の約10万分の1に過ぎない。つれないことに、リングがかくも薄い理由を正確に知る人はいなかった。私は自分が仕事で関わる画像の中に答えがあると憶測した。

私はよく友達に、自分が宇宙の末端で働いているという話をした。ボイジャーの画像を精査し、惑星が尽きて星間が始まる場所のピクセル（画素）を探すという、文字どおり宇宙の端を見つける仕事をしていたからだ。ボイジャーの画像の多く、とりわけ土星最接近時に撮ったものは、惑星の縁の一部分あるいはリングの縁が、優美に写真の中で弧を描いている。画像のこれらの部分を特定し、エドらボイジャーチームが考案した特別のソフトウェアを使って、この縁になめらかな数学的な曲線を当てはめる。この曲線は、その時点、その場所でボイジャーから撮影した際に、惑星の表面がどのように湾曲していなければならなかったかの推定だ。ボイジャーは完全に予想通りだったのか、カメラは予定通り正確に作動したのか。しかし探査機が予測にぴったり合うことは決してなかった。土星と月の質量によるわずかな押しや引きのためだ。また、およそカメラが予定通りの正確さで動くこともなかった。それは土星自体の低温や磁場からの強い放射が及ぼす奇妙な作用、ボイジャーの旧式のビジコン（訳注：テレビ用撮像管）カメラシステムの工作物に及ぼす影響だった（現代のデジタル画像検出器とは違って、古いテレビ受信機のように、陰極管と電子走査銃を使って画像をとらえる）。したがって私の秘蔵の曲線は、最初からぴったりとはいかない。元に戻って微調整を加え、探査機の推定位置を少しずらしたり、レンズの歪みを少しひねったりして、より良く表面に当てはまる曲線を探した。

興味深い仕事ではあったが、労力と時間を要した。エドのスクリーン上に800×800ピクセルのボイジャーの画像を表示する際、濃い塗料が壁を伝い降りるように、ピクセルがゆっくりとスクリーン上をスクロールダウン（訳注：隠れている部分を表示し切る）するまでに30秒から1分を要した（コンピュータの処理機能を他に誰が使っているかによるが）。この表面当てはめプログラムを走らせるには、「ジョブ」をコンピュータに入れなければない。私のジョブは他のジョブと何時間も待ち行列に留め置かれた。私は自分のジョブに優先順位をつけざるを得なかった。1から5といった小さい数字は最も優先度が高く、10、20といった大きな数字は優先度が低い。コンピュータで他に誰がジョブを走らせているのかはわかる。大勢の教授や学生が大きく複雑な計算ジョブを1日の終わりに15本、20本と入れていた。それらは徹夜で走らせることになる。一人で夜勤をするときは、自分のジョブにしばしば3や5といった高い優先度を与えてみる。そうするとジョブはより早く走る（運が良ければ、1つの曲線当てはめに半時間）。それでも失敗したことが数回ある。自分の優先度の高いジョブを数学的な無限ループの中に残してしまい、誤って通常の昼間の時間帯にまで走らせ続けてしまったことだ。その日おそくホールに戻ったとき、みんなから冷たい視線を浴びる羽目になった。私の失敗のせいでエドが苦言を呈されたことが一度ならずあった。

1985年秋学期の某日遅く、エドが帰り際に立ち寄って、来年1月のボイジャーの天王星フライバイに期待しているよ、と気さくに話しかけてくれた。チームメンバーのJPLの天体航法専門家が、綿密な計算で天王星とその月を超精密フライバイする計画を温めているという。天王星の重力でボイジャーを加速させるスリングショットを使って海王星に向かわせることは、誰もが肯定的に見ていた。私がやっていた表面の当てはめ作業は、計画の中のパズルの一片に過ぎなかったが、小さくても何かしらお役にたっているのが嬉しかった。そしてエドは生涯忘れえないことを私に尋ねた。JPL サイエンスオペレーションルーム内で、遭遇に立ち会える特別のバッジの交付リストに登録したいか、というのだ。「えっ、本当ですか。ありがとうございます！」私は翌朝の日の出の時刻に自分の寄宿舎までずっとカートを押していった。

エドはバッジを入手してくれ、私は今もそれを持っている。

憧れのJPL264号館

エドの魔法のバッジは、かの有名なジェット推進研究所（JPL）264号館に私を招き入れた。世界中に巡らしたNASAの巨大な深宇宙ネットワークからの待ち望んだ画像を、ボイジャーの科学者たちが最初に見るところだ。1月いっぱいボイジャーは目標にどんどん接近し、天王星はぼやけた点からはっきり認識できる形になる。 近づくほどに美しい青緑のピンポンボールへと変わっていく。誰もが魅了された。エドは私にバッジをくれたが、特に何をしろとは言わなかった。エドは科学チームの主力部隊が働いている界隈には現れず、フライバイのシーケンスでのカメラの向きや露出時間など、最後の詰めの諸課題に忙殺されていた。エドは重要なミッション計画グループと共にどこかに隔離されていた。計算には静かな場所と誰にも邪魔されない時間が必要だったからだ。私はそこにいる格別の理由もなく、いわば壁の蠅のような存在だった。

でも何かの形でお役に立とうと努力した。天王星に近づくと探査機からの画像は昼夜を分かたず流れてきた。ボイジャーが最接近に至るまでの数日間、部屋は、惑星地質学者、大気科学者、宇宙物理学者、それに学生たちであふれかえっていた。カール・セーガンを何度か見かけたが、改まって話すチャンスはなかった。画像を論文にまとめようと働く大学院生たちもいて、お菓子屋にいる小さな子供達のようだった。私はカロライン・ポルコ（リングの研究）、ラリー・ゼェデルブローム（氷衛星の研究）、故ジェネ・シューメイカー（現代惑星地質学の父の一人で、あらゆる事物と人物を研究した）のような他のボイジャーの画像チームの惑星科学者たちにも会った。覚えられていないのは確かだが。（ハイディ・ハンメルのような）何人かの幸運な学部学生と私は、サイエンスルームの後に控えていて、コーヒーやコピーが所望されるのに備えていた。飛び出してサンドイッチを買い込んだり、メインゲートでピザを配達員から受け取ったりと。ボイジャーの天王星フライバイの際に、中核チームメンバーが飢え死にしないよう貢献できただけだがそれでよかった。私は部屋に控えていた。

人間のグループをストレスの多い状況においた場合についての興味深い社会学的、心理学的証言がある。この部屋のある人たちは10年以上もプロジェクトに関わっていて、ボイジャーが目標をフライバイするときの貴重な各瞬間に一心不乱に備えている。成功には一回のショット、一回のチャンスしかない、という不可避の事実で皆にプレッシャーがかかる。凡人が真似できない洗練さでストレスを処理する人もいる。遭遇が近くなるにつれて、ボイジャーの科学・運用エリア内の神聖な場所でこうした実例を数多く見聞した。

アリゾナ大学の惑星天文学者で画像チームのPIのブラッド・スミスは頼もしい存在だった。部屋の皆と同じように、あるときは愉快に、あるときは厳格、明晰に振舞い、万事がうまく流れるよう心を砕いていた。「チームメンバー限定」の打ち合わせを開くため、あるいは単に人が多く居過ぎるという理由で私たちもぐり込み組は何度か外に出された。彼は気難しいときもそうでないときもあった。前職コーネル大学での同僚で、研究指導者でもあったジョー・ヴェヴェルカは、ブラッド・スミスのボイジャー画像チームの一員だった。早期のチームの会合で、これから迎えることになるストレス満載のフライバイの熱狂の中で、互いにとるかもしれない不躾な言動や行動を、あらかじめ握手して謝りあった。ジョーは、後に自分が率いたNASAの地球近傍小惑星でのランデブー・ミッションの画像チームに対しても同様のことをした。チームの一員として私はジョーの（そしてブラッドの）賢明なアドバイスに従うことを誓った。

プロジェクト・サイエンティスト エド・ストーンは部屋の後ろに陣取って、

優雅で帝王然とした風格をもって、折々必要最小限のスピーチをしてチームを元気づけた。疲労困憊の機器チームで突然勃発する言い争いに介入して止めたりもした。こうしたストレス過多の興奮の中で冷静さを保つ秘訣をエドに尋ねたことがあった。

「さあどうだろう。」と彼は言う。「そうするのがとても大事だという一念だろう。苦労は多いが毎日信じられないような発見がある。ただただ素晴らしいことだ。」

エドは、このようなストレスに満ちた状況下で、能力とやる気にあふれた人間集団を指導できる遺伝的資質を持っていると結論せざるを得なかった。友人で同僚のアン・ハーシュは、天王星フライバイの際のボイジャーのシーケンサーであり、科学オペレーションコーディネーターだが、自分を含め皆がエド・ストーンを、信じられないほどに公正で、気の置けないリーダーだと評する。「エドは各分野の重要な科学的視点をすべて計画に盛り込むという離れ業をやってのけた。」

1986年1月24日の天王星フライバイ自体は驚くほど順調にいった（直後のスーパーボールで、無念にも私のパトリオッツがベアーズに46対10で敗れたことよりもはるかに順調に！）。天王星自体はかなりのっぺりしていて、木星や土星に見られるような魅力的な雲や、嵐の形跡らしきものはなかった。見せ場を作ったのは天王星の月たちだ。小さい氷の世界だが、驚くほど高い崖と深い亀裂があり、明るい（氷の）クレーターの瓦礫が真っ暗な平原に散在する。天王星は側面方向に傾いている。（スピンというよりはごろごろ転がるように太陽系のまわりを回転している）。暗いリングと5つの大きな月が、ボイジャーが狙っていた牡牛の目のようなダート盤模様を作り出している。探査機は、天王星に最接近する直前に、ごちゃごちゃした表面をもつ小衛星ミランダのそばの牡牛の目を通過した。画像は間断なく入ってきた。後に新聞紙面やネットワークニュースを飾った画像もある。JPLにいた私たちは、異国情緒あふれる世界に真っ先に生(なま)で遭遇できる。とても幸運だった。

そして天王星もまたバックミラーの中の存在となった。何週間にもわたって前方に見続けてきた青緑の世界が、通過後は、薄くゴーストのような三日月へと減衰していくのが観測される。惑星のリングを振り返ると輝きに満ちていた。ちょうど太陽に向いて運転するとき、雨や霜のついたフロントガラスが太陽光で輝くように、その微小な粒子をカメラ向けにライトアップしてくれた。チームメンバーの多くは荷物をまとめ退去準備を始めた。データテープや写真の山を手に、発見を科学論文につなげる夢を持って。

逆風：チャレンジャーの悲劇

エド・ストーンらボイジャーチームのリーダーたちは、天王星フライバイでの「最高の遭遇」の話題を提供するため、NASA記者発表を設定した。天王星磁場と太陽風との相互作用や、惑星・月・リングの驚異的画像と測定結果についての発表だ。エド・ストーンは、宇宙時代を記念する新しい世界との最初の遭遇という大成果を盛大に祝福する場になると考えていた。

しかし祝賀ムードやすべての記者発表の計画は、1月28日朝に突然中止された。スペースシャトル・チャレンジャーが打ち上げからわずか73秒後に爆発したのだ。乗員7名の全員が死亡した。私は、大学の寮でテレビを見ていてそれを鮮やかに覚えている。私はシャトルの打ち上げをテレビで見逃したことはなく、大学の友人達と南カルフォルニア砂漠のエドワーズ空軍基地におけるシャトルの着陸を最後の瞬間まで見届けるという幸運にも恵まれたこともあった。テレビ画面でチャレンジャーの爆発を目の当たりにした。私だけではなく、ボイジャーの仲間たち、宇宙プログラム全関係者、また国家にとっても非常に衝撃的なものだった。シャトルシステムの管理・設計上の欠陥が明らかになって、米国の将来の有人宇宙探査の意義への深刻な議論が巻き起こった。メディアは瞬時にチャレンジャーの悲劇に覆いつくされ、群れをなしてパサデナを走り抜け、ボイジャー天王星探査物語の残部は語られないまま残された。エド・ストーンほかプロジェクトリーダーたちにとって記者発表の延期は抗せざる流れだった。「最高の遭遇」は最終的には発表されたが、大々的なファンファーレなしでの発表だった。残りのチームメンバーたちは沈鬱な面持ちで静かに帰っていった。

数週間後キャンパスに戻った私は、最後にエド・ダニエルソンと束の間の再会を果たした。エドは画像チームとJPLの航行チームとの連携に心血を注いでいた。

天王星とその月の重力でボイジャー軌道がどう曲げられるか（ごく微量ながら測定可能なレベル）を出すためだ。これで航行チームは、画像そのものから算出した月の体積と組み合わせることで月の質量を推定でき、密度の推定をも可能にする。結果、月は氷並みの小さな密度しか持たないことがわかった。太陽系外縁の寒冷領域であることを考えれば別に驚くにはあたらないのだが、エドは天体の正確な諸元を得るべく頑張っていた。私は例のバッジの件で深い感謝の念を伝えた。

「どうってことはないよ。」とエドは答えた。

卒業後もいろんな会議やカルテックでの用事の折に、エド・ダニエルソンとは連絡を取り続けた。エドは火星観測ミッションでの初の高精細惑星カメラと火星周回カメラ（MOC）の開発で主導的役割を担っていた。残念なことにこの探査機と、エドの最愛のカメラは火星に到着するほんの3日前に爆発してしまった。豪胆なエド（「どうってことはない。」）と、協働するサンディエゴのマリン・スペース・サイエンス・システムズ社からのMOCチームメンバーは、数年後に別の装置をマーズ・グローバルサーベイヤー・ミッション用に作り上げた。そしてMOCは、火星に到達し、小さな峡谷や三角州、それに巨大な堆積層を発見した。これらの写真は私たちの世界観をも永久に変えることだろう。

エドは2004年に退職し、発作の合併症と闘いつつ2005年末に亡くなった（※7）。エドは今なお私の人生に影響を与えている。エドの部屋でボイジャーからの初期のDOSの画像に没頭していた。私は、エドから教わった技法を用いて、後にミランダなど天王星の月の地質をマッピングする自身のプロジェクトが扱えるようになった。猛烈に働くエド・ダニエルソンやエド・ストーンのような科学者たちが、宇宙探検という事業の各場面で裏方として果たす役割の重要性についての感覚も養うことができた。科学で不平不満の出やすい領域の仕事、すなわち観測を計画し、画像を較正し、データを処理し、モザイクを作り、新人を訓練し、予算配分を均衡させること…どれもチームをうまく回すために必須だ。ボイジャーのようなミッションはこうした人々がいるからこそ成功する。この世界には、理論家が必要であると同時に、こういった（機械の修理や実験を楽しむ）鋳掛屋（いかけや）のような人たちが必要なのである。

第2章
重力アシスト

重力アシスト・フライバイの立役者ゲイリー・フランドロ

　子供時代、模型のロケットを裏庭で打ち上げた。時間をかけて、部品を注意深く接着し、ステッカーを貼り付け、胴体を塗装し、パラシュートを組み入れ、エンジンを取りつける。ちゃんと打ち上げて真っ直ぐ飛ばすためのバランスには気を遣う。ときとして発射台から上がりもせず、脇に暴走して自分や妹たちを逃げ惑わせた。どのくらい高く飛ぶだろうか。完全に視界から消えることもある。木々に飲み込まれたのかもしれない。小さなフィルムカメラを、ロケットのノーズコーンにどう装着するのがよいか。私にはできなかった。重すぎたのだ。修理や改修で打ち上げまでにさらに長い前準備が必要となる。そして家族や友人たちが見守る中、サスペンスに富んだカウントダウンの機会が再び訪れる。安全のため、みんな家の中から眺めることが多かったが。

模型のロケット打ち上げの課題の多くは、NASAの宇宙ミッションで技術者・科学者らが1960年代以降取り組んできたものだ。打ち上げの衝撃や、深宇宙における厳しい寒さや真空状況に耐えるだけの宇宙船をいかに設計するか。いったんそこに達したら、どのように通信・制御するのか。そこから画像や測定データをどう送り返すのか。ミッションをどう設計するのか。宇宙航行検討の当初、こんな疑問があった。加速や進路変更に惑星の重力を利用できないか。これができればロケットや探査機をさらに遠くにまで運べるはずだ。

月並みな表現だが、カクテルナプキンの裏に走り書きした段階から宇宙ミッションを実際に開始するまでには長い時間がかかる。アイデアは、専門会議後、同僚と一杯やりながらの会話や夢の中から生まれるかもしれないし、新発見の瞬間のひらめきに見いだされるかもしれない。実際、ボイジャー・ミッションはこうした霊感のひらめきから出現した感がある。

1960年代の半ば、ゲイリー・フランドロはカリフォルニア工科大学（カルテック）航空学科の大学院生で、ロケット燃焼の不安定性を研究していた。非常勤で、JPLで航空力学やミサイルの弾道の研究をしていた。後のマリナー10号の金星-水星の重力アシスト・フライバイを担ったJPLミッション解析チームの中心メンバーが指導教官だった。彼はゲイリーに、同様の重力アシスト軌道を外惑星領域でも使えるとの示唆を与えた。JPLでは誰も着目していなかった領域だ。当時JPLは月、火星、金星へのミッションにほとんどかかりきりだったからだ。

ゲイリーはロケット技術に強い関心があり、天体力学にも造詣が深い。惑星、月、小惑星、彗星や、宇宙探査機の軌道を予測し計算する。ボイジャー・ミッションの記録者(クロニクラー)でハワイ大学社会学者のデイビッド・スウィフトは、「重力アシストの背後にある基本概念（※1）は1800年代にさかのぼる」という。その着想は、天体力学黎明期の先駆者たち、例えばフランスのユルヴァン・ルヴェリエによる解析に一部基礎を置く。木星を通過する彗星軌道のずれに関する考察だ。ルヴェリエは後に同様の計算から、当時未知だった遠方の巨大天体の遠隔重力アシスト・フライバイによって、天王星の軌道がわずかに動いたことを1820年代に導き出した。ルヴェリエの尽力でその神秘の巨大惑星が海王星であることがわかった。ゲイリー・フランドロが、数十年という惑星間移動の時間を縮めるために、同様の重力利用を研究し始めたのは、こうした偉大な先人のおかげだ。地球から外惑星領域を直接狙うロボットミッションには必須の手法となった。

探査機に推進力、電源、通信、熱システム、科学機器など相当の負荷を担わせつつ、重力の力を借りる（基本的には木星近接フライバイをスリングショットに使う）ことで土星、天王星、海王星、場合により冥王星に、直行軌道よりも早く到達させられないか（※2）（訳注：フライバイには、スリングショット＝天体重力による加減速　の意と、単なる近接通過の両義があり、原著でも両義混在で用

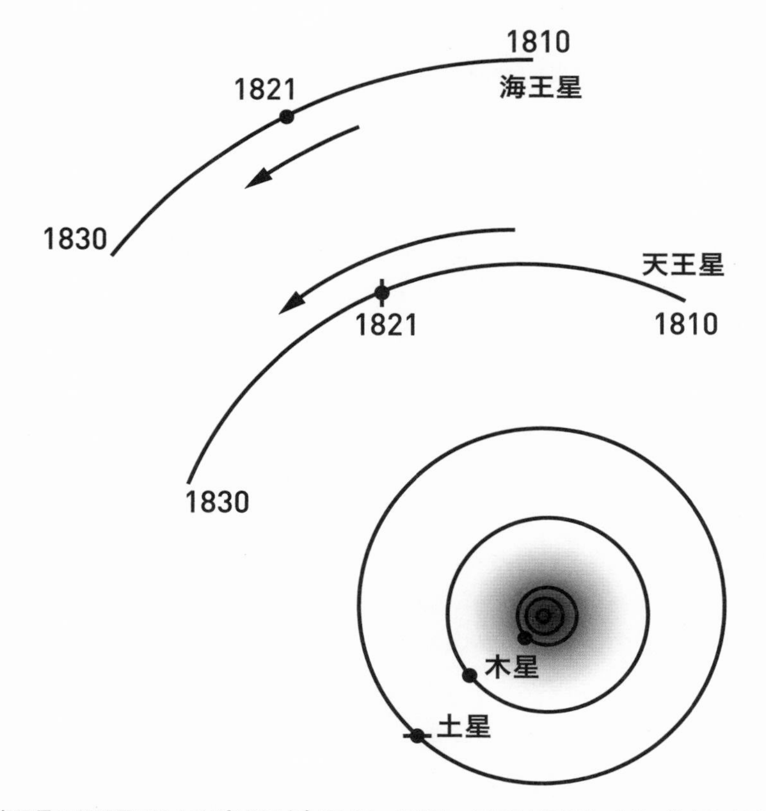

海王星の天王星フライバイ（1821年）1810年〜1830年の天王星と海王星の位置の模式図。1821年の段階で未発見の海王星を，天王星のフライバイによりいかに接近させたか。天王星の軌道が微調整された結果から，数学者が海王星の位置を予測し，それに基づき，ヨハン・ガレが1846年に海王星を発見した。（ジムペル；スカイゲイザー4「ソフトウェアマップ」）

いられている)。ゲイリーはこの確認を目指した。近い将来に外惑星の直列が起これば、1回でなく複数回のスリングショットで、探査機は木星スイングバイを経て、複数の外惑星に早く到達できる、というのが1965年春に彼が得た直感だった。この研究から次の流れが導かれた。4つの巨大惑星と冥王星が1980年代に太陽系の同じ側に揃うという稀な事象が起きる。ならば各惑星間を最短時間で航行できる探査軌道を探そう。実際ゲイリーの計算によれば、宇宙探査機を約10年後の1970年代半ばに1機打ち上げれば、木星、土星、天王星、海王星、または木星、土星、冥王星を訪れることが可能になる。

重力アシストの潜在的な有効性は、ゲイリー・フランドロのずっと前からJPLなどで詳しく検討されていたが、フランドロの計算の頃に佳境に入った。重力アシストによって海王星または冥王星までの航行時間を20年ほど短縮できる。ゲイリーは「ミッション概念の売り込みと、探査機の設計製作に約10年を残す今こそが、本ミッション実現の好機だと知ったときの感動を覚えている。そう、これを実現する方策があるのだ！ 次の機会（※3）は175年も先になる。

ゲイリーは、50年前にJPLのチーフ・サイエンティスト、ホーマー・ジョー・スチュワートが「グランドツアー」と名付けた深遠なる新発見（ユーリカ）の瞬間にいまだ興奮を覚える。「衝撃的な光景がまさにここにあった！　素晴らしい！」重力アシストの最大化を求め、土星に最も近いリングの間を通過する探査機の姿が強く目に浮かぶ。仮にその状況に後で遭遇したら、一種の「既視感」すら覚えたことだろう。1965年の夏に戻り、ゲイリーは結果を上司に興奮して報告した。上司は可能性を精査するよう促していたその人だった。

グランドツアー・ミッションに必須の技術が、まさに惑星直列の時点で、打上げ地たるこの小さな惑星上で所定水準まで開発されていた、というのは特異で偶然なる宇宙の差配とでもいうべきか。木星、土星、天王星、海王星のフライバイに関するゲイリーの軌道は、JPLの各部門での議論に付され、高められ、「グランドツアー」となった。1965年7月、JPLのマリナー 4探査プローブが初めて火星のロボットフライバイを実行した（私がまさに生まれた年だ)。フランドロはグランドツアーの詳細を検討し、地球から探査機を打ち上げる最適時期を導出した（1977年秋か1978年)。

JPLにおける彼の多数惑星の軌道計算は、カルテックでの博士論文のずっと前だったが、ゲイリーには発見をまとめる良いセンスがあり、1966年のアクター・アストロノーティカ誌に掲載された。しかしゲイリーのなした仕事への反応は冷淡だった。「多くの人が公然とこの着想を軽んじた（※4）。」と彼は述懐する。当時のJPLは、月や近傍惑星への数日から数年までのミッションを成功裏に運用することで手一杯だった。一方グランドツアーは、10年以上運用可能な宇宙探査機を必要とした。当時こんな長寿命は前代未聞で、多くの人々には想像し難かった。しかしゲイリーはすでに本腰で取り組み始めていた。

カルテックでの学生時代、カティー・スウィフトという同級生がいて、天文学と惑星科学を勉強していた。カティはハワイの実家に戻り、私もハワイの大学院に進んだので、私たちは卒業後もコンタクトをとった。カティの父デイビッド・スイフトは、ゲイリー・フランドロなど多くのボイジャーチームのメンバーのことを本にしていたので、彼のことも知っていた。

実際、ボイジャーのグランドツアー軌道は、1965年のゲイリーによる研究の賜物なのだが、当時それを知る人はほとんどいなかった。ゲイリーはまだ大学院生で何の権威もなく、その寄与は星間空間とは言わないがどこかに飛んでしまった。完全に忘れ去られてはいたものの、ゲイリーは自分がボイジャーで果たした役割を一貫して正しく自負していた。「ボイジャー・ミッションの起源について多くの神話が語られてきた（※5）。」彼はデイビッド・スウィフトにインタビューの中で答えている。私はトーテムポールの下層にいたので、このミッションの発見に寄与しているなどと誰も気づいてくれなかった。こうした無理解を受容はしたけれど、ときとして我慢しがたいこともあった。ナイーブな若者として、成した仕事が何かの形で認められる機会が時間切れになるのは受け入れ難かった。「成果をそれなりに論文化し、カルテックやJPLで、また各種技術会議で、すでに多くの人々に示していたので、自動的に認知されるものだと思っていた。」ゲイリーは自分の認識不足を負け惜しみで昇華させるでもなく、なおプロジェクト全体におっとり関わっていた。JPLの活動全体に寄与をなしたものは、間違いなくその業績に対する高い賞賛を手にする（※6）はずだと。NASAが彼の寄与を最終的に認めたのはようやく1998年のことで、エクセプショナル・アーチーヴメント・

メダルが授与された。大学院生のときにこの話を初めて聞き、ゲイリーのある述懐が私の心を捉えた。「専門家に失望させられないよう心しなさい。」

縮減圧力のもとでの奮闘

グランドツアー・ミッションはひとたび離陸すれば多くの障害と向き合う。1969年と1970年にJPLは、グランドツアー達成に向け一連の挑戦的ミッションを提案した。4機の宇宙探査機を打ち上げる。1977年に2機を打ち上げ、木星、土星、冥王星をフライバイする。そして1979年に2機を打ち上げ、木星、天王星、海王星をフライバイする（※7)。これら探査機は、成功したJPLのマリナーシリーズ（1969年に金星と火星に、その後水星に成功裏に航行）をなぞる。巨大惑星の大気中にプローブも投じる。一機会ごとに複数回の投入ができれば、技術者の心配やリスクは軽減される。つまり宇宙探査機を10年以上にわたって生かし、機能させ続けるということだ。こうしたグランドツアー・ミッションの組み合わせは、望ましくはあるが高くつく。1972年における推定コストは9億ドル、現在価値換算だと55億ドルに近い。

独創的なグランドツアーを利用する感動的・歴史的なミッション。注目すべき提案だったがNASAとリチャード・ニクソン政権は値段の高さに二の足を踏み、承認しなかった。NASA予算全体の縮減につれてアポロ月着陸プログラムも同様に縮減された（ニクソンは計画されていたアポロ18、19、20号のミッションを1970年に中止した)。また、新たな有人探査機スペースシャトルとの兼ね合いから、NASAはこの分野の予算をさらに縮減した。

しかしJPLのグランドツアー・ミッションのマネージャー、ハリス・シューマイヤー（愛称バド）は最近のインタビューで、ドアはわずかに開かれていた、と回想する。「小ぶりに留めた提案なら考えよう」というのだ（※8)。そこで私たちは持ち場に戻ってMJS-77（火星・木星・土星1977）と呼んでいたものをすぐに取りまとめた。バドとJPLの同僚たちは、2機の探査機をあきらめ、残り2機を火星シリーズでの既開発技術を基に設計。大気圏突入プローブを取り外し、木星と土星をフライバイするだけのミッションに縮小した。費用は2億5000万ドル（現在価値でおよそ15億ドル）に抑えた。1972年、この小ぶりな提案はNASAとニクソン政権に承認された。

NASAのマネージャーたちは、ゲイリー・フランドロらの当初の構想に沿ったグランドツアーを、後追いの形で公式に関わることとなった。ボイジャーを木星・土星に送るミッションが組まれ、科学者やミッション・マネージャーたちは少なくともその一つは天王星、望むらくは海王星にまで継続して航行することを期待した。エド・ストーンは、「天王星や海王星にまで到達するアイデアは、訴求されはしたが、反応が乏しかった。」と回想する。土星を超えて自分が死んだ後に成否がわかるようなミッションは誰も望まないのも一つの理由だった。もしグランドツアーが復活するなら、それは追加分を継ぎ足す形で、木星、土星、およびタイタンでの成功を確保した後に補充されるべきものだ。今の時点でさらに遠方まで長く航行できる宇宙船を建設するのは危険だった。

宇宙船の建設へ

MJS-77の予算がいったん議会とNASAの上位管理機関で承認されると、実現への業務はJPLの技術者、科学者、ミッション・マネージャーに引き継がれた。JPLは大学構内に似た外観だ。高層ビルからトレーラーハウスまでの寄せ集めの建物群で、サンガブリエル山麓のラ・カナダ・エリントリッジという小さな町にある（スモッグが多い）。人に慣れた野生の鹿が徘徊していて、近くの厩舎から、馬のいななきと乗馬インストラクターの声が聞こえてくる。JPLはもともと1930年代にカルテックの構内に米国陸軍が創設したロケット基地だった。試験や打上げが頻繁になり、施設は最終的にキャンパス外のもっと広い場所に移ることとなった。パサデナの北数マイルの広いアロヨだ。1950年代後半、JPLはNASAと呼ばれる新しい連邦国家機関と統合された。NASAが運営する全米10カ所のセンターの一つということではなく、公式にはJPLは大学、政府機関のいくつかの複合体の一つとの位置付けだ。連邦設立の研究開発センターで、カルテックが管理した。JPLの所員は実際にはカルテックの所員であり、みなNASAのバッジをつけ、他の公務員たちと同じ権限、職責、給与基準のもと一緒に働いてはいたが国家公務員ではなかった。ときとして連邦官僚機構の奇妙なねじれからくる気まずい状況も生じた。議会の予算審議の結果、政府部局が縮小されるような場合だ。帰休となるJPL所員もいれば、納税者の投資を保護し、政府の宇宙探査機や施設の運営を維持するための「重要従事者」と見なされて引き続き職務に当たる者もいた。

創設以来、JPLはアメリカのロボット宇宙探査計画の中心にあった。レンジャーやサーベイヤーの月面へのミッションを含め、1962年におけるマリナー2号の金星フライバイ（他惑星を用いた初めての宇宙船フライバイ）、1965年におけるマリナー4号の火星フライバイ、1967年におけるマリナー5号の金星フライバイ、1969年におけるマリナー6号およびマリナー7号の火星フライバイ、1971年におけるマリナー9号の火星周回（火星の初めての人工衛星）、そして1974年から75年にかけてのマリナー10号による金星・水星のフライバイなどだ。これまでのミッション遂行能力の積み上げに加え、JPLは前例のない複雑で高度な惑星ミッションも目指した。

フライバイ、周回軌道、着陸、あるいは地表探査のいずれのミッションであれ、すべての宇宙飛翔体の中核部はバスと呼ばれる基本シャーシ（枠組み）の上に構築される（※9）。ボイジャーの基本初期設計は、マリナーから引き継がれている。ボイジャーのバスはリング状の10面アルミ構造体で、高さは30cm余り、幅は1.8m、そして探査機のエレクトロニクスとコンピュータの大半を収容する10個の区画からなっている。バスの10面のいくつかには鎧窓（ルーヴァー）が開けられていて、内部の温度をほぼ一定に保つよう自動的に開閉する。リングの中心には、圧力タンクが置かれ、100kgのヒドラジン（N2H4）や、探査機のスラスターに用いられる汎用の低圧スラスト推進剤が詰められている。バスの設計は、すべてのマリナー探査機で完全に共通化されている訳ではなく、六角形や八角形のものもある。しかし宇宙探査機の主要電子機器を収納し熱制御するという基本機能はみな同じだ。同様のバスの設計は、パイオニア、マゼラン、ガリレオ、カッシーニ、そしてハッブル宇宙望遠鏡ですら用いられている。いったん技術者が宇宙ビジネスで使える設計を手にすると、それにこだわり続ける傾向があるようだ。

宇宙探査機を構築して最新機器と整合させるのは、エジプトのピラミッド建設やゴシックの大聖堂建築並みの複雑さを呈する。1970年代はこうした驚くべき人間のテクノロジー形成を手伝えるロボットはまだなかった。多様な領域の何千人もの専門家が必要だった。機械工学、熱工学、電子、システム、ソフトウェア技術、物質化学、物理学、惑星・宇宙科学、財務および人材管理、さらには基本的な工作技術、例えば溶接、半田付け、縫合、巻線や工作室の手工具類まで専門家が求められた。ケープカナベラル打上基地などのNASA施設と同様、JPLにも多くの人々が関与した。国中の下請け会社や供給業者が部品やサービス、そして専門的知見を中核のJPLチームに届けた。世界中の大学で学部の教員、スタッフ、学生が装置を作成し、科学探査の実施に備えた。

宇宙探査機システム、地上データシステム、ミッション・オペレーションシステムの担当サブチームは、電力、熱制御、通信、推進、ナビゲーション、ソフトウェア、ミッション・オペレーション、測定器、および科学探査を専担する。しかし、中核となるマネージャーや、構想全体を担う企画者たちは、サブチーム同士の融合を支援する役割に徹する。失敗したミッションは、サブチームが他のサブチームの機能や、相互の協働の大切さを理解していなかったのが原因であるのはよく知られている。逆に、成功したミッションは、システムエンジニアとマネージャーの連携が、ときとして病的なまでに際立っている。

コンピュータ・システムに求められる柔軟性と冗長性

極寒や宇宙放射から保護されたボイジャーのメインバス中の心臓部には、探査機とその装置類を制御する3系統のコンピュータ・システムが置かれている。これには（1）コマンドコントロール・サブシステムとして知られる中核コンピュータ、（2）姿勢およびアーティキュレーション・コントロール・システム（マインドコントロールのような名前の装置だが、探査機の推進と機器の方向を扱う）、そして（3）フライトデータシステム。最も重要な機能は、測定器のデータを地球に送り返すこと。ボイジャーのコンピュータは、1秒当たり八万個の命令を処理することができる。1970年代半ばにあっては最先端の技術だったが、この文章を書くために私が使うノートパソコンよりは100万倍遅い。

今日皆のポケットには私たちがボイジャーを飛ばしたときよりはるかに強力なコンピュータが入っている、と画像チームのJPL科学者リッチ・テライルは言う。「携帯電話のことではない。車を開錠する小さなキーフォブのことだ。」

さらにコンピュータの機能は、それぞれにプログラム修正ができ、かつ冗長系を備えた3つのコンピュータ・システムに分けられる（比較的新しい技法）。こうすることでボイジャーの技術者たちは、従来の探査機より優れたソフトウェアと運用の柔軟性を手にした。この柔軟性は、土星フライバイ後にボイジャー 2号のミッションを劇的に変更する際に格別の威力を発揮した。

ボイジャーのフライトデータシステムは、取得データを送り返すのに2つの手段を持つ。ボイジャーはリアルタイムでデータを電波で送り返す命令を出せる。基本的にはデータ取得の瞬間だ。ボイジャーの惑星間航行時の「場と粒子」（非映像）のデータのほとんどはこの方法で送信される。しかし探査機が地球との通信を遮断される場合（例えば惑星や月の背後を通過する場合）があり、常にリアルタイム送信ができるわけではない。そこでデータ送信の別法としてボイジャー搭載の8トラックのテープレコーダーを用いる。測定器からのおよそ100枚の画像と他機器からのデータを迅速に記録し、次に探査機と地球の間でリアルタイム通信ができ、かつ他の仕事と重複しない時間帯にそれを再生する。データを記録した後にそのデータを再生するというのは、オペレーションや通信の効率化になる。しかし深宇宙で10年以上も機能させることで、システムの可動部分に負担をかけることになった。

今日から見れば古くさい技術が巧みに機能する様は驚異的だ。私は80年代自分の車に8トラックのテーププレイヤーを載せていたが、テープをからませないよう悪戦苦闘した記憶がある。ヤードセールで手に入れた、ビージーやバリー・マニロウの中古テープだったが、トラブル解決には手間がかかる。両ボイジャー搭載のテープレコーダーは、破壊までには至らないとしても、経年劣化で多くのグリッチを発生させる。テープが終わると、（旧式のVCRテープのように）巻き戻さなければならない。しかしこうした停止・高速巻戻し・再スタートの繰り返しは自由浮遊する宇宙船全体をゆすり、小刻みに動かす。たとえ関わる力が微小でも、生ずるジッターが画像を乱し、超精密な科学測定器で得られた他のデータも乱す。グリッチなどの突発現象と併せ、技術者たちはこうした特異事象の対応に時間を食われてしまう。

ゲイリー・フランドロのグランドツアー設計初期段階でのミッション技術者の最大の懸念は、宇宙船が長期間最適機能を維持し続けられるかにあった。極寒の太陽系外縁域で想像を絶する長期間を過ごすのだ。加えて短期間とはいえ、木星磁場内での荒々しい放射や、土星リング面中の塵と氷の危険環境に耐えねばならない。リスク軽減の様々な戦略が採用された。一つは宇宙船を高エネルギー宇宙線粒子（高速の陽子その他の原子核）から保護するため、耐放射線強化部材やタンタルのような重金属でシールドすることだ。

もう一つの戦略は、コンピュータ、テープレコーダー、無線送信・受信機といった重要なシステムには力ずくで冗長性を持たせることだ。実際打ち上げの直後に、ボイジャー2号の無線受信機の主系統が故障した。コンピュータは自動的に予備系受信機に切り替えた。しかしまたも故障しだした。ボイジャーチームは、予備系の障害をいかに回避するか考え、部分的機能しかない無線装置と予備系なしの状況で、長期間宇宙船との通信を確保する方法を工夫した。受信機を完全に失う恐怖を和らげるために、ミッションの計画者たちは、ボイジャーに小さなバックアップ・ミッション・シーケンスを搭載していた。これは「中央コンピュータの内部に冬眠」した状態にあった。JPLのミッション計画室のマネージャー、チャーリー・コールヘイズはこう述べている。「もし私たちがもう一つの受信機も失って指令が届かなくなくなったときでも、少なくとも一つのシーケンスだけは実行する。次の惑星の接写画像とデータを得ることだ。」

チャーリーはJPLの軌道力学の技術者であり、ミッション設計者である。そして何千もの可能な航路を識別することで、数個の最善の航路を選び出す。各惑星の大気、月、リングの驚きの映像を撮った後、次の目的地へのスリングショットを成功させるべく、重要なフライバイ操作の設計を担っていた。ボイジャーシステムでみせたチャーリーの柔軟性は、リスク軽減全般に重要な役割を果たした。

地球・太陽系外縁間の電波信号の伝播は往復何時間もかかる。この現実に向き合うため、ボイジャーは自動フォールト・プロテクションという斬新で重要なリスク軽減策とっている。ボイジャーのプログラマーは、リアルタイム通信や障害診断を行うには離れすぎていることを認識していた。問題点を宇宙船自らが問題を認識し、一層の損傷や危害から守る術を考案する必要があった。こうしたフォールト・プロテクション・ルーチンのソフトウェアを設計する技術者はある種の（良い意味での）偏執性が必要で、キャンプ旅行の準備には一緒にいてほしい人種だ。テントは入れたか、雨具は入れたか、テントが雨漏りしたらどうする、凍結したら、風で飛んだら、水がなくなったら、熊が出た、しかも2頭も。次から次へと問題点を予想し、徹底してその解決を考えなければならない。この技術の専門家たちは、「フォールト・ツリー（故障樹）」の可能なすべての枝を開拓すべく、たとえ非現実的であろうとも、およそ起こりうるすべての逆境を絞り出す。各状況に対して何とか危機を乗り切れる解決策を持っていなければならない。バックアップシステムはリスク軽減の一手段ではあるが、いつ必要性を判断して切り替えるかは別の問題だ。ボイジャー 2号のバックアップ受信機の自動スイッチは、実際に働いているフォールト・プロテクションの一例だ。

バスに搭載されるサブシステム群

ボイジャーのバスには様々なサブシステムや測定器が設置される。バスから伸びるいろんな長さの付属物「ブーム」が7組あり、最も長いのが磁力計ブーム。グラスファイバー製で、長さは13m、磁気センサーは先端部に装着される。宇宙船本体などの金属部品、電子部品による磁気的「汚染源」から極力離すためだ。次に長い付属品は10mの1組のアンテナで、プラズマ波動や電波天文学の実験に使われ、宇宙船の他の部分から遠ざけて下方に伸びている。磁力計ブームの反対側に、長さ2m余りの「科学ブーム」がある。プラズマ波動、宇宙線、低エネルギー荷電粒子の測定装置だ。端には可動のスキャン・プラットフォーム（架台）があり、撮像や分光のリモートセンシング装置が付いている。スキャン・プラットフォームの向きを変えることで、ボイジャーチームは、宇宙船全体を回転することなく、カメラや測定装置を興味ある目標に向けられる。かなり時間節約できるが、深宇宙で10年を超えて機能する可動部分であるがゆえのリスクをもたらす。ボイジャー 2号のスキャン・プラットフォームに関する問題は、宇宙船の土星リング通過時に現に生じている。

最も短いブームは宇宙船の放射性同位体熱電気転換器（RTG）だ。これは小さな核反応炉で、数十個のゴルフボール大の球状プルトニウム238の放射性崩壊で出る熱エネルギーを電気に変換し、宇宙船や測定器を動かす。バス最上部にはパラボラ型の電波望遠鏡がある。直径3.6m、高利得のアンテナで、地球との通信に使われる。最後に、バスの底部からぶら下がっている三角形の支柱数本。奇妙でひょろ長い足だ。何も繋がっていないが、打ち上げ時点では上段の推進モジュールに取り付けられていた。ボイジャーが最終離脱速度に到達しやすくするためのもので、その後放棄された。

宇宙船を送りだす前には、今後直面しそうな状況・環境の模擬試験が数多く行われる。振動試験もその一つで、測定器を含む宇宙船全体に、打ち上げ時相当の、あるいはそれよりはるかに激しい揺さぶりが加えられる。創作物がこのように扱われるのは、関わった技術者にとってはつらい試練だ。

「大聖堂」JPL179号館（ハイ・ベイ）

ボイジャーはJPLの179号館で、約6万5千個の部品で組み立てられた。このビルは宇宙船組立工場「ハイ・ベイ」として有名だ。レンジャー、マリナー、バイキング、ガリレオ、カッシーニ、それに火星地表探査機のパスファインダー、スピリット、オポチュニティ、キュリオシティを世界に送り出した。このハイ・ベイは、クラス10000のクリーンルーム（空気1立方フィート当たり0.5ミクロン以上の粒子が1万個未満＝訳注：1㎡あたり36万個未満）であり、アレルギーを持つ人には理想の仕事場だ。ハイ・ベイの作業員は、保護服（愛情を込めてバニースーツと呼ばれる）を着用して、バクテリアなどの粒子（人間の体は1分間当たり、何百万個の、皮膚、毛髪、垢、埃粒子を生成している）が宇宙船を汚染するのを防いでいる。

私は179号館での時間のほとんどを来訪者ギャラリーで過ごしたが、幸運にもハイ・ベイそのものの中で過ごせる機会もあった。現代のゴシック大聖堂内の祭壇を思わせる場所だ。ハイ・ベイの奥深くにある現代文明の聖なる遺跡は、長年の研究・訓練を経て入室特権を得た秘密組織イルミナティーによって慎重に管理されている。彼らは儀礼の装束に身を包み、最大限の清浄を確保し、努力を重ね、前例を慎重に見極め、そしてすべての段取りが整ったとき、選ばれしもの（宇宙探査機）が大聖堂から現れ、天に昇る。建物内では、地球の断片から構造やシステムが作り出され、それらは今や他惑星の一部となっている。これら惑星を通過するボイジャーは永遠の星間の放浪者だ。179号館は地上の宇宙工芸工場であり、人類をこの世界から解き放ち、究極的には人類とこの時代を、人類の子孫や想像もかなわぬ異種生命体に対しても表徴するものだ。JPLにいると常にここに引き寄せられたのは無理からぬことだった。

ボイジャーのような宇宙船やミッションを設計、建設、運用するには、ほかにも多くの支援設備が要る。ボイジャーの極めて重要な支援施設は、例えばハワイ島の火山頂上に建てられたマウナケア観測所だ。とりわけ2つの大きな望遠鏡、NASAの赤外線望遠鏡施設（IRTF）（直径3mの反射鏡）とハワイ大学の直径2mの望遠鏡（直径88インチなので「ザ88」と呼ばれる）は、巨大惑星やその衛星の先進情報を幅広く供するのに用いられる。これによりボイジャーの軌道や、科学データの回収が最適化できる。太平洋の真ん中、標高約4200mに突き出た望遠鏡は、温暖や霞・水蒸気の層からかなり上にあり、木星、土星、天王星、海王星の雲のベルトや嵐の領域の鮮明な写真や、これら惑星の衛星やリングの化学組成の詳細を頻繁に取得できる。

私は大学院の研究の一部を、ここIRTFとザ88で行った。極寒、強風、低酸素といった山頂での厳しい観測を肌で体験した（ハワイ行きの便でスノーブーツと重たいパーカーを身に付けていた変人は私一人だった）。ボイジャーのカメラチームで働く多くの科学者は惑星天文学者としてスタートするが、巨大惑星のフライバイ策定に必要な先進的情報は望遠鏡から得ている。

ボイジャーの画像チームメンバー、リック・テリルは大学院をカルテックで過ごした。リックは南カリフォルニアのパロマ山にある直径5mの巨大なヘイル望遠鏡を用いて木星上の「ホットスポット」を観測した。その後のハワイのIRTFでの研究は興味深いもので、ボイジャーの赤外線分光チームと共働した。このチームは、1979年のボイジャーのフライバイの際に、これら「窓」のいくつかを木星大気の深部に向けようと考えていた。リックは直接には赤外線分光チームを手伝っていたが、本当は画像チームにより関心があった。「自分の思いに添っていて当時の興味の的だった。」と回想する。たまたま画像チームのリーダー、ブラッド・スミスと飛行機の中で出会ったのがきっかけで会話が始まり、長きにわたる友情が芽生えた。そして土星に向かうあたりから画像チームの正式メンバーとしてリックを迎え入れることになった。リックとブラットは、IRTFほか世界中の望遠鏡を使ってボイジャーの巨大惑星フライバイの支援観測を行ったほか、ボイジャー以降も長期の共働作業をした。例えば、近傍の恒星ベータ・ピクトリスを巡る形成途上の初期太陽系についての共働望遠鏡観測事業がそうだ。これはダストとガスでできた最初の「星周円盤」の発見につながった。

ハイディ・ハンメルはハワイ大学の大学院生だった1980年代半ば、望遠鏡ザ88を用いた学位論文研究を進めた。巨大惑星のカラーフィルターを通した大気の映像を集めていた。ボイジャー2号の天王星、海王星のフライバイが差し迫る中、ハイディは望遠鏡観測の焦点をこれら二つの世界に当てた。とりわけ地球から雲の特性を観測できる海王星に着目した。

「海王星の研究で風の様子をはっきりさせたかった。」ハイディは私に言う。当時は風速の程度や惑星の正確な自転速度すらも知られていなかった。論文指導者のデール・クルックシャンクと私は、ボイジャーチームが画像シーケンス設定でこの種情報が必要となることを理解していた。

ハイディの結果は従来の研究結果とは違っていた。彼女はデールから、画像チームリーダーのブランド・スミスとリック・テリルの研究室に赴いて自説を説明するよう言われた。ハイディは、スミスとテリルの観測ではなく、自分の結果をボイジャーの画像撮影計画策定に使ってもらおうと張り切った。

ハイディは回想する。「私は自分のデータを机にのせ、自転周期がデータと合わないことについて研究結果を説明しました。」「まだ大学院生の身で、これをボイジャー画像チームのリーダーに示すことに緊張しきっていました。発表し終えたとき、皆はそれを眺め、次に私に目をやって言いました。「君が正しそうだ。」

スミスは明らかに強い印象を受けたようで、博士号研究を終えた時点でハイディをJPLのボイジャー画像チームに迎えている。

地球圏離脱は剛力(ごうりき)のタイタンⅢセントール・ロケットで

従来の命名法なら探査機はマリナー11号・12号となっていたはずだが、1977年の打ち上げ直前、公式にボイジャー1号・2号に改められた。両探査機が劇的に異なった太陽圏外縁のミッションを担うと認識されたことが一つの理由。別の理由は、1972年と1977年に、探査機の設計が当初のマリナーの構成から大幅に変更された(※10)ことだ。

探査機が製作され、試験され、宇宙の厳しい環境に耐えうると証明され、さらにミッションと軌道が確定したら、それをロケットにどう収容して打ち上げ、地球を離脱させるか。子供のころ、小さな自動フィルムカメラ「宇宙船」を模型のロケットの先端に取り付けて打ち上げようとしても、加わる重量がエンジンの能力を超え、線香花火のように立ち消えるか芝生に落っこちてしまった。(例え私の怪物「サターンV」モデルが5つのエステス「D」エンジンを備えていても、地上60cm以上には上がらなかった。)ロケット設計者のプロたるゆえんに得心がいった。重量を持ち上げて所要速度まで加速するには限界があるということだ。打ち上げ可能な重量は、ロケットの重量のごく一部に過ぎないのだ。

2機のボイジャーはそれぞれ約730kg(うち約15%が科学観測機器)。地球重力圏を離脱して木星と遭遇させるには時速4万㎞まで加速する必要があった。宇宙探査機は1977年夏の終わりに、マーティン・マリエッタ社(現在のロッキードマーティン)のタイタンⅢセントール・ロケットで打ち上げられた。ちょうど2年前に2機のバイキング周回・着陸機を打ち上げたロケットとほぼ同じ機種だ。パワーのあるセントールの上段ロケットは、1960年代初めのアトラスインターコンチネンタル・バリスティック・ミサイルの流れをくむ強力な躯体だ。まさに剣を打って鋤の歯にしたのだ（訳注：戦争の道具を幸福のための創造の道具にした。聖書に由来し、国連本部前に彫刻がある。）ロケット最上部に取り付けられたボイジャーを惑星間空間の軌道に押し出す推力は十分備えていた。

天体力学の奇妙な差配のおかげで、ボイジャー2号は1977年8月20日に打ち上がった。9月5日打ち上げのボイジャー1号のほぼ3週間前だった。ボイジャー1号は、まず木星のフライバイ、次に土星のフライバイを目指した。土星の最大の衛星タイタンの超近接通過も含まれていた。他方ボイジャー2号はタイタンのフライバイを含まなかった。つまり軌道の観点からは、ボイジャー1号は木星と土星に少し短い経路で到達できる。ナビゲーションチームがそう設計していたのだ。したがって、立ち上げこそ3週間後だったが、ボイジャー1号は、両方の探査機が火星と木星の間にある小惑星帯を通過する頃にはボイジャー2号を追い抜くことになる。

宇宙船の組立・打上げは地上チームの仕事の開始点に過ぎない。宇宙船を正しい方向に確実に導く任務がある。必要があれば進路修正も指示する。ミッション遂行に必要なコマンドを送信し、写真などのデータを送信させ受け取る。重要な通信の仕事は、NASAの深宇宙ネットワーク（DSN）のスタッフに委ねられる。これはカリフォルニアとオーストラリアとスペインにある3つの巨大電波望遠鏡施設で、JPLが管理する。DSNの高感度アンテナは地球上にほぼ均等に分布し、少なくともその一つは常にNASAなどの宇宙機関が運用する30余の現役ミッションとの連携を取っている。これらの電波望遠鏡のアンテナと、その几帳面な運用者達は、毎日24時間、週7日、これら全宇宙船の軌道の標識（タブ）を維持し、それらにルーチンのコマンドを送信し、あるいはときとして遭遇する「宇宙船の危機」に対応する。そして地球に毎日を繰り返されてくる何十億ビットものデジタルデータを受信し、JPLのような世界中にまたがるオペレーションセンターに中継する。

数年前に私はオーストラリアのキャンベラにあるDSN局を訪れ、ボイジャー等との通信に使われる口径70メートル以上のアンテナの超巨大構造に畏敬の念を覚えたことがある。ボイジャーからの信号はあまりにも微弱なため、DSNの電波望遠鏡はかくも大規模にする必要があった。例えば宇宙船が木星に向かうとき、ボイジャーの23ワット電波送信機からの信号は地球到達時には、携帯電話の電波強度の1億分の1相当しかない。今日、両方の宇宙船はすでに海王星の軌道を超えていて、地球で受信されるボイジャーの電波は、木星のときの500分の1の強度に落ちている。

シーケンサー：緊張を強いられるプロフェショナルたち

DSNは宇宙船に一連のコマンドを送信する。このコマンドを作るシーケンサーと呼ばれる人々が、JPLのようなオペレーションセンターや、政府機関の研究所、世界中の大学で仕事をしている。シーケンサーは、宇宙ビジネスの会計士のような存在だ。小さく単純な一連の指示によって複雑な機械、複雑な事柄の扱い方を編み出していく。指示は難解な言語で書かれていることが多い。宇宙船にとって、シーケンスは時間を指定された個々のコマンドの実行リストである。ある地点まで飛んで、カメラを回し、それを適切な方向に向け、12枚の写真を撮り、カメラを戻し、磁気センサーを稼働させ、24時間測定し、カメラを再起動させ、別の方向に向ける、等々である。シーケンスは英語で書かれてはいない。コンピュータ・コードで書かれていて、それは究極的には、1と0のバイナリーの流れに分解されていく。そしてDSNによって宇宙船に送信される。

これは難しく込み入った仕事で、誤るとミッションに破滅的な影響をもたらす。したがってシーケンサーの仕事は、OCD（強迫症）のボーダーラインくらいの、ある種潔癖症で忍耐強い人向きだ。新聞の誤植を素早く見つけ出せる人々をご存じだろうか。他の人には気にならないようなことの詳細に通じた人である。彼らは自分たちの頭の中に対象物を3次元的に単純映像化し記述することができる。あるいは多くの数字の羅列中にパターンを簡単に見つけ出すことができる。これらは、シーケンサーにとりわけ要求される能力である。致命的な失敗に対する誤り防御機能は宇宙船の装備ソフトに組み込まれていることが多いが、それでも科学者・技術者は、シーケンサーがミッションの死命を制することを理解している。ボイジャーのようなフライバイ・ミッションは特にそうだ。すべては一回限り。宇宙船が各惑星を高速で通過してしまうからだ。

私の惑星科学の同僚、キャンディ・ハンセンは、JPLでシーケンサーとしての職歴をスタートさせ、ボイジャーの画像チームで働いた。「実験代理者」という名の職務で、チームの末端科学者たちとの連絡役だ。科学者たちは、カメラや探査機がどのように操作されるかあまり詳しくなかった。一方スージーのような、大学を出たばかりのチームの末端の測定器エンジニアやシーケンス・エンジニアは、ボイジャーが行おうとしていた科学の内容にはあまり詳しくなかった。キャンディは時間の大半を、ボイジャーのカメラを興味ある選定目標に向けるための詳細設計に費やした。（氷の月の）一枚一枚の写真を繋げて大きなモザイクにする最適手法を考案していた。キャンディのもう一つの仕事は、惑星や星の写真撮影に要する露出時間を推定することだった。チームは、それまでに見たこともないような場所を撮影することがある。表面が雪のように明るいのか、石炭のように暗いのか（混在する場合もある）は全くわからない。長すぎる露出時間を指示すると、写真はすべて真っ白(飽和)になるか、あるいは目標物に対してボイジャーが速すぎるために非常にぼやけたものとなってしまう。もし露出時間を短くしすぎたら、すべて真っ黒か、あるいは科学的に意味がないほどに暗くなってしまうだろう。そこを高速で通過する探査機に一回の撮影機会しかないとすれば危険は大きい。

キャンディのようなチームメンバーは、ボイジャーの計画画像の一つ一つについて、当初の露出時間などのパラメータを推定する仕事を担っている。手元にある情報は何でも利用する。地上の望遠鏡観測結果や、実験室での研究、理論計算、パイオニアのデータ、あるいは以前のボイジャー画像（とりわけ、ボイジャー１号の後追いで木星・土星を通過するボイジャー２号では）である。次に彼らの推定値チーム全体に提示し、検討と批判を仰ぐ。そして変更を加え、再度計算し、撮影のシーケンスを再実行し、また提示する。時として何度も反復される。いずれの場合も、スージー・ドッドのようなシーケンス・エンジニアが計画する。

「シーケンス・エンジニアは担当する装置ごとに科学観測を設計します。」スージーは回想する。「私たちは、探査機のリソースの範囲内でうまくさばけるようによう割り付けしていきます。」

「最終的な画像シーケンス信号を衛星に送信する期限が迫るにつれて、変更に伴う重圧感は高まります。自分とチームのストレス解消のため、私はさらに多くのクッキーを配りました。本当にギリギリの変更を許してくれたことに対してシーケンスチーム感謝クッキーを焼きました。」とスージーは回想する。ボイジャーの惑星遭遇時の圧迫感あふれる準備作業の間、キャンディは家に帰ることはほとんどできない。帰れたときはクッキーを焼いているが…

大勢で何度も何度も確認しても、「それでも間違いは起こります」とキャンディは言う。「間違いは決して忘れられはしない。露出時間の推定は大仕事です。海王星の露出時間をボイジャー2号が到達する前のシーケンスの最後の反復を更新したときのこと。私は2枚の画像の露出時間を計算間違いしました。私はこの画像案件をある科学チームメンバーと共働していました。彼が私を許してくれたとは思っていません。私は25年後の今もなお悔やんでいます。」

しかし大半の期間、物事はうまく進んだ。別の実験装置科学者リンダ・スピルカーは、現在はカッシーニ土星周回機のプロジェクト・サイエンティストだが、彼女はプロセスが末端に至るまできちんと機能するのを見ることで報われたと回想している。「IRISチームからの入力情報を元に自ら念入りに計画した観測のデータが地上に到達するのを見ると、とめどない満足感で満たされました。」彼女は、ボイジャーの赤外線ラジオメーター、インターフェロメーター、分光装置（IRIS）からの観測を計画する役割も担っていた。「力強いタイタンや、陰謀めいたトリトンのデータに、どんな新事実の暴露が期待できるだろうか。私の仕事はボイジャーのIRISシーケンスに関する宇宙船コマンド一つ一つを精査し、正しいかどうかを確認することでした。」 間違いなく高度の緊張を強いられる仕事だが、得られる満足もまた大きかった。

ボイジャーの1回限りのフライバイ・ミッションでシーケンサーが受ける仕事上のストレスは、火星のルネッサンスや土星のカッシーニ（どちらも現在キャンディが担当）といった周回機を扱うシーケンサー、あるいは（私も関わったことのある）地上探査機の着陸ミッションを担うシーケンサーが受けるストレスとは異質のものだ。後者では、露出時間で下手を打ったときや、何かシーケンス・エラーが発生した時でも、（常にというわけではないが）「やり直し」を翌日ないし次の軌道で行い、正しく直せることが多い。もっとも、私が見聞する限りでは、業務上でこうした間違いは稀である。感謝されるでもなく、匿名に近い状態で、基本動作の毎日定常の繰り返しと宇宙船の指示注入（フィーディング）を担う担当者たち。遠隔のロボットに何をすべきかを指示する詳細な、手順別シーケンスの開発を含んでいる。これらは注意深さ、思慮深さを備えた信頼に足る同僚たちが担う。キャンディ・ハンセン、リンダ・スピルカー、スージー・ドッドのような多くの人たちがボイジャーのこうした役割を担う。それでも彼らは、探査の設計・構築・試験・打上げ・運用に関わる何千人という集団の一部分集合（サブセット）に過ぎないのだ。チャーリー・コールヘイズは、1989年の海王星との遭遇までに、ボイジャー・プロジェクトに合計1万1100労働年が費やされたと推計する。これはケオプス（クフ）王のギザの大ピラミッドを完成するのに要した労働力の3分の1に相当する（※11）。

高い緊張を強いられる宇宙ミッションの科学者、技術者、管理部門スタッフと塹壕にこもってハイリスクの仕事をするのは、切迫感あふれる経験だ。想像するに、こうした経験は（命を脅かすほどではないが！）とりわけ危険で難度の高い山頂を共に目指す登山チームの感覚に近いのかもしれない。チームメートを信頼し理解すること、頂点を極めるすべての技術と能力に対して敬意を持ち、人生を変えるような成功への祝福と失敗への哀悼をなすことを学ぶ。

「この仕事に携わるのは本当に素晴らしい。」 キャンディ・ハンセンはボイジャーで過ごした日々を回想する。「まさに共通の大義のもと、情熱をもって働いています。同じ目的と同じ成果を達成しようと心底願う人々と共に仕事ができるのです。」

「私たちは若くて愉快な仲間だ！」スージー・ドッド（昇進し最終的に2010年にボイジャーのプロジェクト・マネジャーに就任）は回想し、慨嘆する。「そして私たちは年老いて、髪も白くなりました。」

チャーリー・コールフェイスに、長年、何十億マイルの行程にわたってチームをまとめ上げていくコツは何ですか、と尋ねた。「ボイジャーチームの仕事へのすさまじい献身の精神だろう。」と彼は言う。30余年におよぶ多くのNASAのミッションを卒業した、ボイジャーのシーケンサー、アン・ハーシュはこう話す。「腹蔵なく言えば、自分が働いた中でボイジャーは最高に管理されたミッションだった。マネージャーは、チームの主任たちを信頼し仕事を任せた。管理の誤りはなかった。この種の管理で奇跡が起こった。マジックともいえる実に奇跡的な事の運びであった。」

第3章
ビンの中のメッセージ

星間メッセージを託したタイムカプセル

ここ数世紀、人類は未知の言語や符号のメッセージを解読する高度な能力を身につけた。言語学者は紀元前1450年頃からのギリシャ語で書かれた線文字（リニアー）Bを、古代ギリシャ語を介せずして解読できる。第二次世界大戦のとき、ケンブリッジ大学の数学者、アラン・チューリングと連合国とは天才的な敵のエニグマ機械暗号の解読に成功し、北大西洋での海戦に大きく貢献した。とすれば、1970年代において、私たちと同等以上の知的な地球外生命体が、地球人のメッセージを解読できると考えるのに無理はない。たとえメッセージが地球人の文化や太陽系・銀河系特有のものであろうとも。つまるところ、私たちは自身を理解してほしいと願っているのだ。

とはいえ銀河系の想定内・想定外の知的生命体向けメッセージを作る機会を得

たいま、何をすべきか。思ったよりも難しい課題だ。

ボイジャー科学ミッション完遂のずっと後でも、2機の宇宙船は非可逆的な進路で、海図なき無窮の宇宙へと静かに航行を続ける。関わってきた空想家たちの夢が正夢となるかもしれない。プロジェクトの初期、ボイジャー1号・2号の軌道を定めたとき、両宇宙船の長期・究極の運命は隠されていた。両探査機は巨大惑星通過時の重力加速を繰り返すことで太陽系離脱速度を得た。2機の宇宙船はもはや太陽周回軌道には留まらず、私たちのように親恒星にもしばられず、星間空間への片道の旅路についたのだ。ボイジャーは使者となるだろう。この探査機が作られ打ち上げられた時代の人類と、その文明の工作物と技術点描を包摂したカプセルとなるだろう。宇宙の海に投げ出される瓶にメッセージを込めるのは上手い着想に思えた。

しかしどんなメッセージを送ればよいのか。この難問は、カール・セーガンの率いる科学者、著述家、芸術家の小グループで詰められた。世界の広範な科学者、芸術家、哲学者、教師、および著名人のグループに助言と名案を求めたのだ。狭い分野の利益やテーマにかたよらず、惑星地球の市民としての希望、夢、経験を象徴するような、統合的なメッセージがうまく作れるのか。当時の国連事務総長、カート・ワルトハイムは、（ボイジャー関係者から要請ではなく）このメッセージ向けに感動的な手紙を贈った。以下の言葉で始まる。「私たちは平和と友情を求めて宇宙に、太陽系に踏み出そうとしている（※1）。運が良ければ互いに教えあえる関係が持てるだろう。」セーガンらは、チャレンジ精神から得られる膨大な言葉・音楽・画像を、みんなの夢とともに瓶に詰めて漂流させた。銅版画を、ボイジャー星間メッセージとして知られる金のタイムカプセルにしたのだ。

パイオニア10号・11号の銘板に刻む星間メッセージは、カール・セーガンが全責任を負った。パイオニアは火星以遠への人類初のミッションだ。最初の木星超え（1973年および1974年）、最初の土星超え（1979年パイオニア11号）、そして太陽系離脱速度以上に加速された最初の人工飛翔体だった。ボイジャー・ミッションの草分けであり、パイオニアの技術や宇宙航行方式はボイジャーの成功にとっても極めて重要であることが後でわかった。木星で重力アシストが使えることや、小惑星帯や土星のリング面を無傷で通過できることが実証され、さらにボイジャーの科学観測機器の最適化にも寄与した。木星や土星の強い放射と磁場のレベルを測定し、両惑星の初の高精細画像を何枚も撮影した。

1970年代初め、セーガンと、芸術家・著述家の妻リンダ・ザルツマン・セーガン、それに地球外生命体の先駆的研究を行う天文学者フランク・ドレイクは、科学ジャーナリストのエリック・バージェスと著述家リチャード・ホーグランドの着想に乗った。星間空間への永遠の旅（※2）に赴こうとするハイテクの使者にメッセージを託す機会を逃してはならないと考えたのだ。パイオニアの企画担当に技術の話を通し、必要な許可についてはNASA本部の官僚を動かし、たった3週間で段取りをつけてしまった。セーガンと、ザルツマン・セーガンとドレイクは、金で陽極酸化したアルミニウム銘板へのエッチングという手法にたどり着いた。そこには簡単な絵と基礎的な物理学/天文学に基づく紋様が描かれている。私たちと同程度（以上）の知性を持つ地球外生命体を期待してのものだった。宇宙船が遠い将来に捕獲されたときに、いつ、どこから来たのかを示すために。

パイオニアの銘板は、私たちがどのような文明でなぜこの宇宙船を打ち上げたのかを隣人に知らしめるというよりは、宇宙船製作者の「背景、時代、特質を伝えるもの」（※3）として企図された。あわただしく企画・実行されたプロジェクトで、本来もっとうまくできたはず、とデザイナー自身も認めている。記号（例えば矢印）の使い方など、メッセージにはいくつかの前提を置かれるが、それはわが人類の文化でのみ意味をなす（私たちは長らく矢印を使ってどちらの方向からきたのかを示してきた）。そして、知的生命体は少なくとも物理と化学の基礎知識は持つ前提だ。高速回転する近傍の中性子星（パルサー）を用いて私たちの位置を示したが銀河系構造やパルサーが変容する遠い未来には意味を失っているかもしれない。さらに裸の男女を描くのは星間のポルノではという批判すらある。

ただ少なくとも次のことは言える。銘板作成者が指摘するように、深宇宙での腐食速度の極端な遅さからみて、「パイオニア10号搭載のエッチングされた金属のメッセージ（※4）は地球上のいかなる人工物よりも長く生き延びるだろう。」パイオニアの銘板が作られた1972年時点でカール・セーガンらは、「メッセージにはまだ改善余地がある（※5）。太陽系を離脱する未来の探査機は、さらに良いメッセージを運んでくれると期待している。」と述べている。

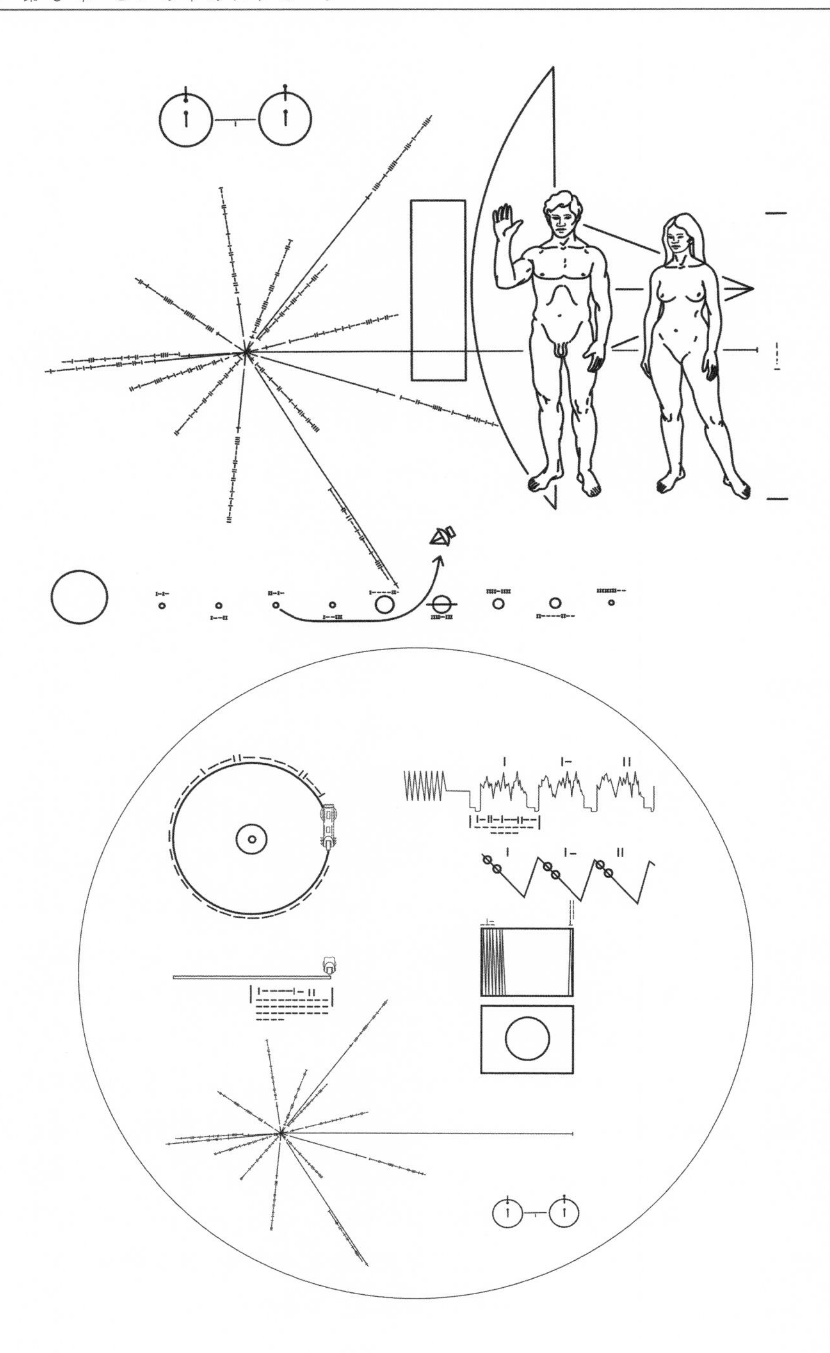

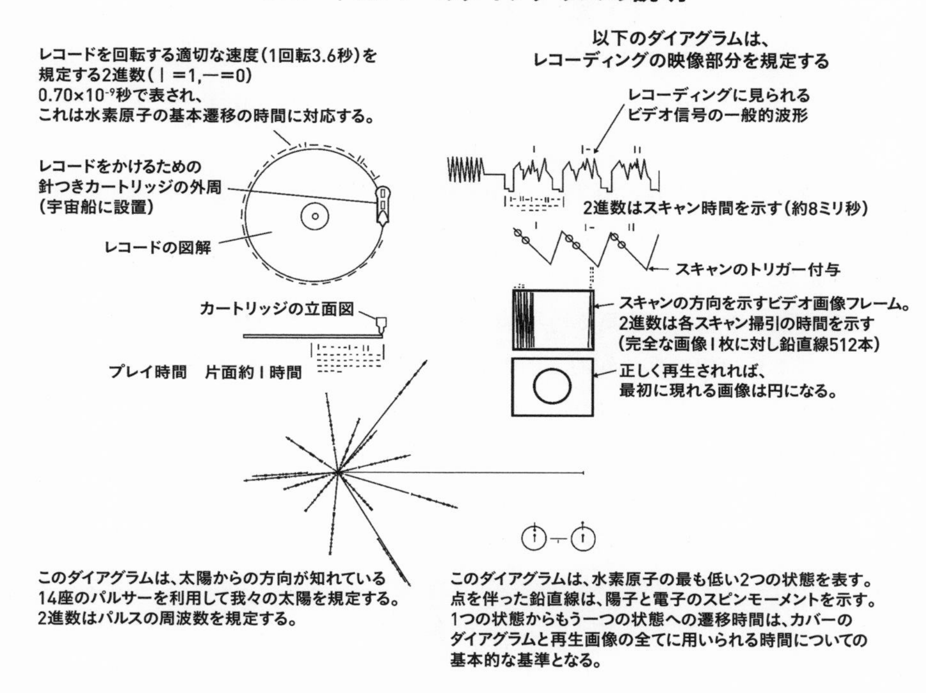

パイオニアとボイジャーからのメッセージ

左上図：パイオニア・ミッションでセーガン、ドレイク、ザルツマン・セーガンが設計した銘板　(NASA/JPL)。

左下図：ボイジャー・ミッションでセーガン、ドレイク、ロンバーグらが設計し、ボイジャーのゴールデンレコードのカバーに刻まれた銘板　(NASA/JPL)。

下図：ボイジャーの銘板に用いられた記号と印の説明(NASA/JPL)。

史上最高のコンセプトアルバムに向けて

チャンスは数年後に訪れた。ボイジャー計画だ。1976年12月、ボイジャーの当時のプロジェクト・マネジャー、ジョン・カサーニは、プロジェクト・サイエンティスト、エド・ストーンの情熱的な支持のもと、2機のボイジャーへのメッセージ搭載についてカール・セーガンにゴーサインを出した。セーガンは喜んでこれを受け、メッセージをどう作るか、天文学者、物理学者、生物学者、SF作家、哲学者など多分野の専門家と協議に入った。初めはパイオニア銘板の着想を拡張しようとしたが、後に方針転換した。1977年1月2日、セーガンのコーネル大学での天文学の同僚フランク・ドレイクが、長時間かけられるレコードプレーヤー（いわゆるLP）を提案し、これに変更された。ゴールデンレコードの誕生だ。

フランク・ドレイクは、SETI（地球外知的文明探査）や地球外生命研究の先導者の一人として名声を博してきた。天体物理学と電波電子工学を専攻したドレイクは1964年のプロジェクト・オズマで、近隣の多くの星に、明快で友好的な短い挨拶を強力な電波望遠鏡で送った。有名な「ドレイク方程式」を瞬時に作り上げたが、これは銀河系の知的文明の数を数式で推定する真面目な試みだった。種々の確率（多くの未知の項や強い制約はあったが）を結びつけたものだ。どれだけの恒星が惑星を持つか、どれだけの惑星が生命体をもつか、生命体は技術を持つか、どれだけ長く生存するかなどだ。ボイジャーにLPを載せるというドレイクのアイデアは、1970年代の初・中期にアメリカの音楽チャートを駆けあがった多くの「コンセプトアルバム」に影響されたのではなかろうか。ピンクフロイド、ELO、Styx、デヴィッド・ボウイその他大勢による音楽ドラマ（音劇）が、常に最高のコンセプトアルバムとなるよう、ボイジャーレコードチームが仲良く協力してやっていく…

レコードという着想はセーガンら関係者に受けた。エッチングされた情報はかなりの永続性を持つからだ。音と絵のデジタル表示が何十億年ももつディスクの溝の中に刻まれるのだ。レコードの美しいところは、画像や情報に限らず、過去現代の音楽を送れることだ。人類の精神の機微をより直接的に送る機会が得られる。（解釈がいささか難しいが）音楽というものは方程式で伝える以上に人間の感情を捉えることを皆知っている。異なる時空間の知的生命体に理解されるかもしれない感情を伝える機会が持てる。音楽研究家のロバート・ブラウンやカリフォルニア州バークレーにあるワールドミュージックセンターが星に送る音楽の選定に深く関わった。彼はこう記している。「情熱的なものを送らないなら、何も送らない方がマシだ（※6）。」

セーガンらは、人類の歴史に残る芸術家の作品を議論した末、結局は送らないことにした。宇宙アーティストとボイジャーのゴールデンレコード設計チームのメンバー、ジョン・ロンバーグによれば「人類の芸術の領域を公平かつ時間制限内に描き切るのは、画像グループの能力を超えたキュレーションの仕事（訳注：情報を収集整理して新たな価値を付加すること）である。ひどい仕事をするより何もしない方がマシだ。」地球外生命が私たちの写真を理解するのは難しいという想像はつく。抽象画や様式化された絵画が理解されるチャンスはさらに少ないだろう。また、ヴァン・ゴッホの「星の夜」の絵画表現を好む者も、ミケランジェロのダビデ像の彫刻や、北斎の木版画、神奈川沖浪裏を見たいと思う者もいるだろう。しかしセーガンらは、決着へと見切り発車した。

ボイジャーの星間メッセージが他の生命体に受信され、理解される可能性がまずないことは、関係者みんなが理解している。大洋に放り込まれたビンのメッセージにたとえられるが、「大洋」は正確なスケール比ではない。無窮の宇宙を私たちが理解するのは困難だ。ボイジャーが他の文明に遭遇する可能性をセーガンは次のようにたとえる。マジソンスクウェアガーデンのようなスポーツアリーナの中の壁に小さな風船をくくりつけ、壁に向かってランダムにダーツを投げる。風船が割れる可能性はあるにはあるが、確率は絶望的に小さい。それでもパイオニア、さらにはボイジャーで、何者かに受領されるかもしれない星間メッセージを作って送ることは、楽しまれながら訴求されている。究極的には、私たちが他の世界・文明に何を提供すべきかの裏返しだ。全く勝算の乏しい賭けではあるが、人間の精神と忍耐を示す何とすばらしい証しだろうか。

渦巻く賛否

しかし宇宙へのメッセージ送出に熱狂する人だけではなかった。最悪だと考える人もいた。私たちはこう叫んでいるのだ。「ハロー！　私たちはここにいる。こっちにきて一緒になろうよ。ところでここに地図がある。」これに墓穴を掘る危険を感じる人たちもいる。受信者がハンターだったらどうするのか。悪意があり、空腹だったら…遠方の地球外生命体との電波交信を狙ったSETIプロジェクトとの関係で、この危惧は長らく抱かれてきた。1974年、SETIの科学者は地球外生命体と直接通信すべく最初のメッセージを送信した。アレシボの電波望遠鏡M13を、2万5千光年ほど先の「近い」球状星団に向けた。プロジェクトへの強い支持と前向きの反応が科学者や一般大衆からあった一方で、ノーベル賞天文学者であるサー・マーチン・ライルから厳しい反論が寄せられた。愚かにも潜在的な敵を呼び込み、自分の位置を知らせる危険な所業だという。むしろこの種通信の試みを今後禁じるルールを作るべきだとまで主張した。

しかしボイジャー・プロジェクトの文化は概ね楽観的で、憂いにとらわれることもなかった。「皆さんこんにちは。私たちはここで幸せだしあなた方もそこで幸せだ（※7）。」という、インドから寄せられたラージャスターン語のメッセージも歓迎された。

今日、宇宙の知的生命体との接触に関する論争というのは滑稽な面もある。過去数十年間、膨大な電波メッセージが既に送られているのだ。例えば「コズミック・コール・メッセージ」。これは1999年と2003年に近傍のさまざまな星（※8）に送られた星間電波メッセージだ。最近の高度天文観測機器により、恒星を巡る多数の惑星（いわゆる系外惑星）が発見され、私たちは孤独でないのでは、との期待がさらに高まった。宇宙への発信を閉ざすことへの最も著名な賛成者は、ケンブリッジの理論物理学者・宇宙論者で現代の最も偉大な思考家の一人、スティーヴン・ホーキング（訳注：2018年3月14日76歳で逝去）である。ホーキングによれば、私たちは未だこうした接触をするに足る発展をしていない。クリストファー・コロンブスのアメリカ到着のアナロジーがこの説明に使われる。「それはアメリカ原住民にとって不幸だとわかった（※9）。」彼は続ける。「私たちは知的生命体というものが、巡り合いたくなかった存在へとどう変容していったかをちょっと考える必要がある。」

両様の議論があり、それを詰めてみたところで無意味だ。議論するには遅すぎると、皆思っている。私たちは自分たちの居場所や文化的な酔狂を、常時電磁波で宇宙に送信し続けている。テレビ放送や、強力な軍用レーダー、世界中の宇宙機関の探査機との通信がそうだ。ボイジャーメッセージの作成者は、好むと好まざるにかかわらず、毎日毎日「私たちはここにいる。」と言い続けているのだ。

居場所を既に放送してしまっているなら、意図的なメッセージを何通か出すのを今さら気にする必要があろうか。ぶつぶつとではなくはっきりものを言おうではないか。

完成に向けた難作業

ゴールデンレコードに載せる音と映像の選定は容易ではなかった。私たちの惑星を表徴する2、30の曲や、100枚余の低分解能の画像をどうやって選定するのか。宣伝をするのか、中立的な工芸品のサンプルを送るのか。人間性の意識高揚や崇高さに焦点を当てるのか。バランスの取れた記述ということで、野蛮で悲しい側面と最も偉大な成果を併せて前面に出すのか。悲しいが世界の歴史の中で否定できない部分だろう。カール・セーガンは、飢餓、疾病、不正義、戦争といった人間性の最も弱い部分を表すいくつかの領域は除外することにした。人間性の暗い部分は否定できないけれども、ゴールデンレコードチームが星に送りたい部分ではなかった。もし搭載したボイジャーのメッセージが私たちの世界の最後の工芸品になるのなら、人間性の明るい部分を表現しておきたかった。私を含めボイジャーに係わる人々は、結局のところ後悔ではなく希望のサインを送りたかった。

戦争のようなテーマを避けるのは現実的な意味合いもあった。セーガンらは、メッセージが威嚇と取られたくはなかった。例えば核爆発のキノコ雲の写真はどんなメッセージになるだろうか。我々が侵略者で、侵略継続中だと受け手にとられたらどうだろう。除外しておくのが賢明だ。

「違った観点からもカールは緻密な思考家であり、重層的にものを考えた。」友人ジョン・ロンバーグは最近私に語った。「当時はまだ1970年代。今日もそうだが国家間に政治的な対立があった。いかなる形でも政治性を避けることは大切だった。もし暴虐写真の類いを入れ始めたら、自分たちを苦しめた側の暴虐探しに血道を上げる人々も出てくるだろう。いやな方向だ。カールは、前向きの影響をもたらすものに限ろうとした。「ボイジャーのレコードにかなうものを作れるか？」と自問する。私たちにとって最善か、少なくとも最悪ではないといえるか。

このアプローチはレコードをとりわけ意欲的なものにする。見つけられると期待していないからだ。私たちが知る唯一の聴衆はこの地球上の聴衆だ。」

レコード作りに追われた6週間の熟慮の選択は、「地球のつぶやき」という書籍に詳しく記されている。チームの著作であり、天文学者のセーガンとフランク・ドレイク、芸術家で作家のジョン・ロンバーグ、ティモシー・フェリス、リンダ・ザルツマン・セーガン、およびアン・ドルヤンが著者だ。他に多くの人たちも重要な寄与をなし、然るべく文中で言及されている。与えられた時間枠の中でレコードを完成しなければならない。チームの協力は強力で緊密だった。最終案の承認からわずか6週間。徹夜仕事だったに違いない。

ジョン・ロンバーグは言う。「パイオニアの銘板製作はわずか3週間で終えた。この経験がスタートだ。」推測ではあるが、カールは議会審議で泥沼にはまらないと踏んだのだろう。ほぼ既成事実化していることに、最後の土壇場でどれだけの人が異を唱えうるだろうか。否定される可能性は事実上無かったのだ。

理にかなった話ではある。ジョンと私が、スティーブン・スクワイヤ、ビル・ナイらとデザイン、メッセージなどの「付属品」を工夫したときに拠った考え方だ。火星の地上探査機スピリット、オポチュニティ、キュリオシティの難しいカメラ較正目標を火星の日時計「マーズダイアル」（※10）に設定した。このアイデアは、カラーやグレースケール材質の見本を用いたカメラの較正の可能性を考慮したものだったが、大きな画像を使うアイデアは、子供たちに時間管理を教え、宇宙における私たちの場所を棒と影だけを使って理解させるのに役立つ。紀元前3世紀のギリシャの数学者・天文学者エラトステネスが地球の大きさを正確に推定した方法と非常に似ている。私たちは、カール・セーガンのボイジャーのゴールデンレコードでの例にならった。あまり目立たせないでおこう。委員会につぶされないように。

両面を金で陽極酸化したボイジャーの銅製LPには、2時間半の音楽（全27曲）、デジタル化された196枚の絵、（コオロギの鳴き声など）地上の音のカタログや音声（55カ国語の短い挨拶。惑星地球の子供たちからこんにちは」というカール・セーガンの6才の息子ニックからの英語メッセージもある）が入っている。レコードは金メッキされた丸いアルミケースに収納された。金属を徐々に脆（もろ）くし、腐食させる放射から保護するため、そして高速の微小隕石による瞬時の穿孔・浸食を防ぐためでもある。レコードのかけ方の情報や指示と一緒に、針と容器が脇に置かれている。ビニール音楽の時代は今や歴史の中に消え去ろうとしている。知的生命体だけではなく今日のポピュラー音楽のリスナーもこの操作説明を欲しがるかもしれない。

音楽や絵は、1枚のレコード両面に全てデジタルで載せられる。音と画像の再現性維持のための制約を受ける。セーガンとフェリスは、音楽の選定に、ドルヤンは（音楽以外の）地球の音を担当した。ザルツマン・セーガンは多くの言語での挨拶を、ドレイクとロンバーグは画像を収集した。デジタル化された写真と絵画で構成し、画像が見つからないときはロンバーグが自ら作成した。

116枚の図は、写真とダイアグラムからなる。ダイアグラムは、受け取り手に写真の見方を教える。写真は、地球と人類に特有な情報を伝えるべく選ばれたが、加えて出来栄えも秀逸ならば儲けものだと考えられた。ダイアグラムの大半は科学的・数学的なものだが、ここ地球上で私たちが呼吸する空気の成分といった情報も提供する。地球外生命体の友人たちが実際に遭遇する最初のダイアグラムは、レコードケースのカバーにエッチングされていた。ゴールデンレコードは、宇宙船のほぼ正面に載っていて、厚さ1000分の30インチ（0.8mm）の金で覆われたアルミ容器に入っていた。容器の上には、レコードの操作指示のほか、レコードに書き込まれた絵の復元方法も示されていた。（レコード針の振動を、デジタル的に復元された各ピクセルの明るさの尺度に使う）。またこのメッセージがどこでいつ打ち上げられたのかを示す地図も（「地球、1977年」）。しかし、人類の言語やしきたりを理解するとは到底思えない生命体に、この情報をうまく伝えるにはどうするか。フランク・ドレイクのような才能の出番だ。「フランク・ドレイクはトーマス・エジソンや、アルベルト・アインシュタインを併せたような人物だ。」とジョン・ロンバーグはたたえる。

コードの開き方ボイジャーのゴールデンレコード上で解読される116枚のうちの数例を示す。

• = | = 1
•• = |– = 2
••• = || = 3
•••• = |–– = 4
••••• = |–| = 5
•••••• = ||– = 6
||| = 7
|––– = 8
|––| = 9
|–|– = 10

||–– = 12
||––– = 24
||––|–– = 100 = 10^2
|||||–|––– = 1000 = 10^3

$2+3=5$
$8+17=25$
$\frac{1}{2}+\frac{1}{3}=\frac{5}{6}$
$\frac{1}{3}+\frac{1}{5}=\frac{8}{15}$

$5+\frac{2}{3}=5\frac{2}{3}$
$2 \times 3=6$
$13 \times 28=364$

第3図：各図面で用いられている数学記号と数字の定義（フランク・ドレイク）。

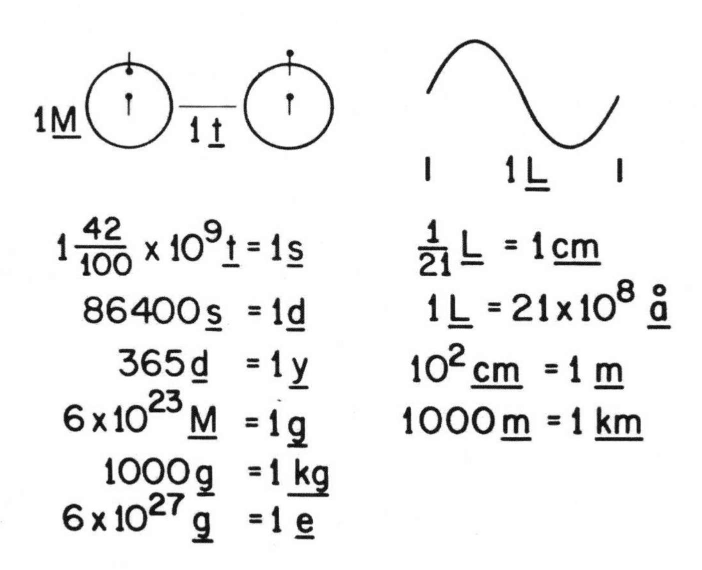

第4図：各図面で用いられている長さ、質量および時間の基本定義を視覚的に表現したもの。水素の基本特性をその基礎として用いている（フランク・ドレイク）。

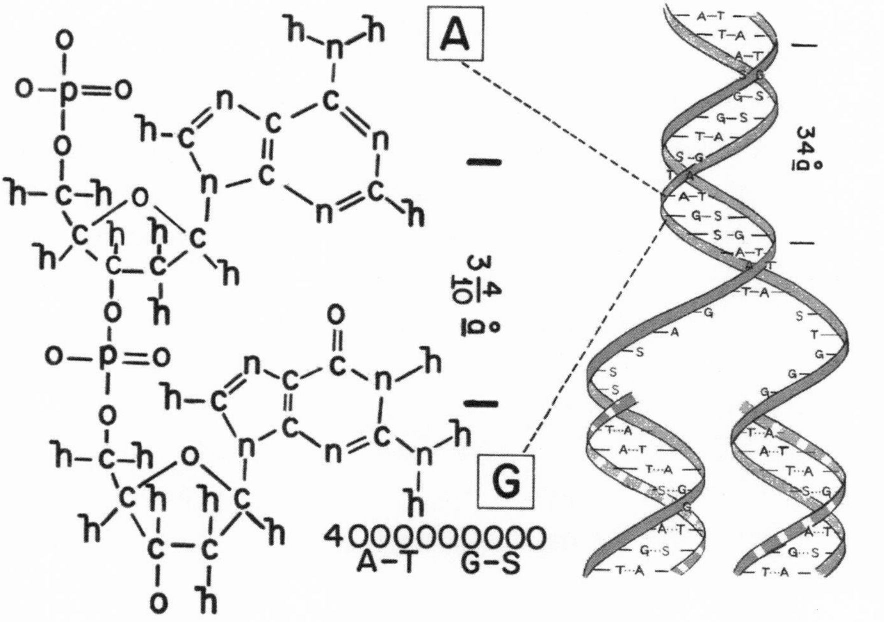

第15図：地球上のすべての生命の構成要素であるDNA分子の基本的な化学構造と物理構造　（ジョン・ロンバーグ）。

さまざまな工夫と多様性の包摂

パイオニア探査機の銘板同様、SETIプログラムで初期の星間空間メッセージの準備に深く関わったドレイクらは、過去の多くの成果を活用した。パイオニアでは、太陽系におけるわれらが故郷の位置は、金で陽極酸化されたレコードケースの上に地図で表示される。いくつかの主だったパルサーとの相対的な関係で地球の位置を示す。パルサーは、それぞれに特有の回転数で高速回転する中性子星である。さらに、これらパルサーの周波数は、歳月とともにわずかに変化する。つまり、パルサーは私たちの場所だけではなく、時間の情報をも含むのだ。しかしパルサーの周波数をどう表すべきか。この質問はボイジャーのレコードのカバーにエッチングされたもう一つのダイアグラムを導くこととなった。（パイオニアにも描かれている）水素原子のダイアグラムだ（p.65の図参照）。

水素は宇宙で最も豊富で簡単な元素だ。陽子と電子1個ずつからなる。水素原子がその2つの最も低いエネルギー状態の間での遷移に要する時間（10億分の0.70秒）を、基本的な時間の指標とする着想だ。レコードの上のすべての時間を表示する基準となる。パルサーの周波数は、この「水素時間」の倍数として表示される。水素は非常に基本的であるため、あちこちの知的生命体はこのメッセージを解読できるだろう。数字は二進法で表示されている。すべての数字を0と1の組み合わせで表わす簡単な計数の方法である。ゴールデンレコードの容器上には、二進法表示の周波数によるパルサーマップが置かれている。レコードの回転速度の指示がある（一回転あたり3.6秒で、当時のビニールLPの33 1/3rpmという標準速度の半分だった）。さらに複雑な画像再生法の案内もあり、垂直線の組み合わせで説明される。画像解読者が検証できるよう、一個の円の画像が案内表示の下に見える。セット内の最初の画像が正しく解読された場合にこの像が現れる。もし円でなく例えば楕円が現れたら、レコードの走査に何らかの修正をしなければならない。つまりこの円は較正のための図なのだ。

どれも賢い工夫だ。しかし銀河のどこかで生まれた知的生命体が、正確に解読する機能を持つなどと言えるのか。セーガン、ドレイク、ロンバーグそしてその他のチームメンバーはレコードを見つけた地球外生命体は原子物理学を解し、水素が宇宙の最も豊富な元素であり、他にもありふれた分子（H2OやDNA）があると認識できていると想定する。地球外生命体の接触が純粋に触覚的なものかも知れぬが、視覚や聴覚の類いを用いて音楽や絵画を解読し理解すると想定しておく。絵画や音楽で物語るという観念を発見者たちがたとえ持ち合わせなくとも、演繹的な推理方法や、時間の表現、事象の偶然性については理解できると想定する。フランク・ドレイクは最近のインタビューで「あらゆる可能性を試みるのが賢い（※11）」「地球外生命体が実際に何をするか、私たちの知恵ではわからないから」と語っている。

今日なら、1970年代以降の進展を含めてもっと高度な物理学、化学、天文学、生物学の知見の発現ができただろう。マドンナかマイケル・ジャクソンかレディー・ガガが録音されただろう。おそらく（美醜両様を包摂することの）複雑さや二分法概念を、危なげなく表現できただろう。私たちの時代に歴史的な誠実さや社会の自己反省力があったことを、発見者に上手に伝達できたかもしれない。「呼びかけて後悔しないなら、ちょっと私たちに関心を示してよ。」といったところか。ホーキングの薬を微量だけ処方するのも悪くはない。そうしないと、少なくとも今日の法律家は、私たちが地球外生命体の期待に応えられないが故に訴訟沙汰になったりしないよう、危険負担を徹底して受け手側に負わせよ、と迫ってくるかもしれない。

NASAはレコードの内容の承認にお役所的な壁を設けたので、スーザンらは完全なノーマーク状態にはならなかった。例えばパイオニア時代から議論のあった、漫画タッチの裸の人間像がボイジャーでも使われたものの、裸の妊娠した女性の写真と、手を挙げている裸の男の（趣のある）実写写真は公衆のネガティブな反応を恐れて除外された。

NASAの実行委員会の拒否に加え、著作権の許諾が得られずあっさり放棄されたものもあった。レコードの売り上げは全く期待できないので、企業、とりわけレコード会社が承認に動く動機付けは乏しかった。著作権絡みでボイジャーのレコードに抜けが出るのではないか、とジョン・ロンバーグに尋ねたことがある。「ビートルズ」と、すぐさま返ってきた。メンバー4人すべては「ヒア・カムズ・ザ・サン」を入れることを望んだが、レコード会社は権利を許諾しなかった。

「ビートルズは、含めるべき音楽の最右翼だったと思う。５年前に分裂したとは言え、未だに頂点にいた。シェイクスピアが地球文学の最高位の一人ではないとして除外するようなものだ。当時ビートルズは西側世界の音楽界で絶対的な頂点であり、失望は大きかった。音楽家の最上階に位置する彼らに取って代われるのは誰なのか。結局ティム・フェリスがチャック・ベリーを選択したのは良い解決策だった。

ビル・ナイは回想する。「カール・セーガンが私たちに、レコードに乗せるのにチャック・ベリーのどの歌が良いかを聞いたとき、私は1977年春学期のコーネルのクラスに在籍していた。彼は「ロールオーバー・ベートーヴェン」はどうかと投げてきたが、私たちは皆「ジョニー・B・グッド」の採用に固執し、それが通った。若者によるテスト、さらには当時の社会的なメディアにも受け入れられたようだ。スティーブ・マーティンは1978年春のサタデーナイトライブを推した。ここでは地球外生命体がボイジャーレコードに「チャック・ベリーをもっと送ってくれ！」と反応している。まじめな意図で始めたのだが、ジョン・ロンバーグは嘆いた。「地球上で販路をみつけるよりも深宇宙にレコードを送る方が易しそうだ。」

ドレイク、ロンバーグらは、ナショナル・ジオグラフィックの雑誌からスポーツ雑誌、NASAの写真サービスまで図書館で絵画の本を調べた。探していた写真が見つからず、映像グループは自ら何枚かの写真を構成し、実際6枚撮った。ロンバーグは、重要な視覚情報などを含む多くの独創的なダイアグラムも案出しした。この技法は後日カール・セーガン発案の1980年テレビシリーズ、「コスモス」の多くのグラフィック宇宙芸術作成に用いられた。多くの情報を混乱なく伝えられるよう、みんな熱心に画像を選び、地球外生命体が頭脳ゲームを楽しめるよう、多くの時間をあてた。惑星地球に共に住むことで互いが持つ意識せざる連帯感を生かすとまではいえないまでも、多様性を包摂する努力はなされた。

ゴールデンレコードの解読作業で最初に飛び出てくるのはキャリブレーション・サークル（較正円）だ。次に多少科学的な言語を学ぶ時間がくる。画像は、私たちの数字が機能する仕組み、水素原子の質量や水素がエネルギー準位を変えるときの放射の波長といった（真の意味で望ましい）汎宇宙的な既知量を使って、距離や質量を規定する仕組みを示す。こうすることで、より複雑な概念を後で持ち込めるようになる。例えばどれだけの数の水素原子が人間の質量を作り出すのか（これは巨大な数字になりゼロが20個も付くだろう）。この種の手引書は、多くの写真を理解する鍵となる。例えば太陽系の全惑星の直径をkm表示するといった場合だ。

地球特有の画像を送る着想の一環として、DNAの構造図を含めることが決まった。これは地球上の全生命に対する調理法だ。すべての生命体が同じビルディングブロック（訳注：成長するにつれ基本要素を順次積み上げげる）を用いているのか、DNAが宇宙に普遍的なものなのかを考えるのは楽しい。この疑問は、太陽系における生命やハビタブル環境存在の証拠を探究するに際し、天文学や、惑星科学、それに初期の宇宙生物学のコミュニティーを支える大きな駆動力である。地球の先の実例がないため、現在のところこうした着想は推測の域を出ない。DNAの画像で私たちのまっさらな生命の理解を確実に伝えるが、銀河やその先の状況を把握するには無理があることも伝える。

太陽系のいくつかの惑星写真も「近隣」として含められたが、大部分の写真は、地球上の生命体の多様性・独自性に関するものだ。樹木、花、動物、海岸風景、山岳が、地球全体のさまざまな文化や行動様式とともに描かれた。私達がどのように食べるか（畑で男がぶどうを食べ、女がスーパーマーケットでぶどうを食べている図）に始まり、私たちがどのように学び、装い、踊り、走り、社会的関係を営み、そして建設するかが示された。私たちの惑星上にある偉大な建築物や技術成果が、シドニーオペラハウス、空港、電波望遠鏡、そしてタージマハールによって代表される。私たちの身体が動く仕組みについて、運動選手が平均台の上で演ずるルーチンのストロボ画像で示される。私たちがミリ秒や年の単位ではなく、秒単位の動きをしていることがわかるように、5秒というタイムスケールが写真内に巧みに挿入された。それぞれの写真選定の緻密さから、いかに精魂込めて選定されたかが伝わってくる。単に美しさだけで選んだような大洋上の日没光の揺らぎ一つにも、教育的な意味合いがある。教育を受けた知的生命体は、光の物理学と流体力学の知識を、空と大洋の色と文様に適用することで、地球大気、大洋の圧力、化学組成などのいくつかの特性を導き出せるからだ。限られた画像と音声の組み合わせだけからゴールデンレコードの将来の解読者が全レベルの情報を推論できるかどうかは別として、彼らが私たちの故郷をいかに思い描くかを想像するのは、楽しくもあり衝撃的でもある。

一方、ゴールデンレコード上の音楽は、大脳の働きが関係しにくい部分だ。銀河系の知的生命体が音楽を受容する手段を持つかは誰も知らない。そもそも聴くことができるのか。とはいえ音楽は人間の感情面を表すもので、作品は最高の感情が伝わるように選ばれている。音楽の伝統の多様性を描くのは重要だ。音楽文化の一作品のみを選べば、その作品が伝達する感情が最高位のものということになる。ゴールデンレコードの最終選曲の詳細は、p.80 ～ 82の表のとおりだ。世界を代表する音楽のリストだが多くの人は満足しないだろう。音楽は結局個人的な選択だから。ベートーヴェンの「月光」ソナタになぜ感動するのかを説明してみてほしい（私はこの選択に賛成だが、交響曲第5番もまた立派な選択だと思っている）。明快に表現し難しくとも、心で感じることならできる。

セーガンとフェリスは、最終リストを選ぶ際に多くの音楽の専門家に相談した。音楽は科学分野の人々を情・知ともに感動させるものに、というチームの要請を満たさなければならない。同じ作曲家の複数の作品を含めるという決定（バッハ3曲とベートーヴェン2曲）も興味深い。バッハとベートーヴェンは、人間性の最も機微に触れる作品を作り出した事実に加え、ロンバーグたちが同じ作曲家の複数の作品を入れたことで、音楽に対する私たちの意図を明確化できた。究極にはムードとフィーリングを伝達することになるが、必ずしも皆の好みを満たしはしない。ビートルズの除外に対して、ジョン・ロンバーグはやはり失望を表明した。ボブ・マーリーの音楽が入っていないことも。「将来花開く才能を当時の彼はまだ見せていなかったが、第三世界の音楽であり、ぜひ入れたかった。」

ボイジャーのゴールデンレコードに載せられた写真とダイアグラム（※12）

1. 較正円
2. 太陽の位置を示す地図
3. 数学の定義
4. 物理単位の定義
5. 太陽系のパラメータ
6. 太陽系のパラメータ（続）
7. 太陽
8. 太陽のスペクトル
9. 水星
10. 火星
11. 木星
12. 地球
13. エジプト、紅海、ナイル川
14. 化学の定義
15. DNAの構造
16. DNAの構造の拡大図
17. 細胞と細胞分裂
18. 人体1（骨格、正面）
19. 人体2（臓器、正面）
20. 人体3（骨格、筋肉、背面）
21. 人体4（臓器、背面）
22. 人体5（心臓、肺、腎臓、主な血管、背面）
23. 人体6（心臓、肺、腎臓、主な血管、正面）
24. 人体7（胸郭）

25. 人体8（筋肉、正面）
26. 生殖器
27. 受胎図
28. 受胎
29. 受精卵
30. 胎児図
31. 胎児
32. 男女の図
33. 誕生
34. 乳飲み子の母親
35. 父と娘（マレーシア）
36. 子供たち
37. 多世代の家族
38. 家族写真
39. 大陸移動の図
40. 地球の構造
41. オーストラリアのグレートバリアリーフ
42. 海岸
43. グランド・ティートンのスネーク・リバー
44. 砂丘
45. モニュメント・ヴァレー
46. キノコを育む森林
47. 葉
48. 落葉
49. セコイアに積もる雪
50. 木と水仙
51. 飛んでいる昆虫と花
52. 脊椎動物の進化
53. 袖貝
54. イルカ
55. 魚の群れ
56. 樹上性の両生類
57. クロコダイル
58. 鷲
59. 野生動物の水場
60. ジェーン・グドール（チンパンジー研究で有名な英国の動物学者）とチンパンジー
61. ブッシュマンのスケッチ
62. ブッシュマンの狩人たち
63. グアテマラの人
64. バリ島の踊り子
65. アンデスの少女
66. タイの職人
67. 象
68. 髭と眼鏡の老人（トルコ）
69. 老人・犬・花
70. 登山家
71. 体操選手
72. 短距離走者
73. 学校の教室
74. 地球儀と子供たち
75. 綿の収穫
76. ブドウ狩り
77. スーパーマーケット
78. 海中のダイバーと魚類

79. 漁網を備えた漁船
80. 魚の調理
81. 中国のディナーパーティ
82. 舐めること、食べること、飲むこと
83. 中国の万里の長城
84. 家の建築
85. アーミッシュの建築の様子
86. アフリカの家
87. ニューイングランドの家
88. 現代の家（ニューメキシコ州ククラウドクラフト）
89. 屋内の画家と暖炉
90. タージマハール
91. 英国の町（オクスフォード）
92. ボストン
93. 昼の国連本部ビル
94. 夜の国連本部ビル
95. シドニーオペラハウス
96. ドリルを使う技能者
97. 工場の内部
98. 博物館
99. 手のX線写真
100. 顕微鏡を覗く女性
101. アジアの街角（パキスタン）
102. タイのラッシュアワー
103. 近代的ハイウエイ（ニューヨーク州イサカ）
104. ゴールデンゲートブリッジ
105. 列車
106. 飛行中の航空機
107. 空港（トロント）
108. 南極探検
109. オランダの電波望遠鏡
110. アレシボの電波望遠鏡
111. ニュートンの「世界のシステム」の1ページ
112. 宇宙の宇宙飛行士
113. タイタンのセントール・ロケットでの打ち上げ
114. 夕日と鳥
115. 弦楽四重奏
116. バイオリンと譜面

ボイジャーのゴールデンレコードに載せられた音楽（※13）

1. バッハ ブランデンブルグ協奏曲第2番 ヘ長調　第1楽章　ミュンヘン バッハ管弦楽団　カール・リヒター指揮 4:40
2. ジャワ　コート・ガムラン 「カインズオブフラワーズ」ロバート・ブラウン録音　4:43

3. セネガルの打楽器　シャルル・デュブレ録音　2:08
4. ザイール　ピグミーの少女のイニシエーション・ソング コリン・ターンブル録音　0:56
5. オーストラリア　アボリジニの歌　「モーニング・スター」「デヴィル・バード」サンドラ・レブラン・ホームズ録音　1:26
6. メキシコ　「エル・カスカベル」 Lorenzo Barcelate and the Mriachi Mexico演奏　3;14
7. 「ジョニー・B・グッド」チャック・ベリー作および演奏　2:38
8. ニューギニア　メンズ・ハウス・ソング　ロバート・マクレナン録音　1:20
9. 日本　尺八　「鶴の巣籠り」 山口五郎演奏　4.51
10. バッハ　ヴァイオリンのためのパルティータ第3番ホ長調から「ロンド形式によるガヴォット」アルテュール・グリュミオー演奏　2:55
11. モーツァルト　魔笛　アリア第14番「月下美人」 ソプラノ　エッダ・モーザー　バイエルン国立歌劇場　ミュンヘン　指揮ヴォルフガング・サヴァリッシュ　2:55
12. ソヴィエト連邦グルジア（現ジョージア）合唱「Tchakrulo」ラジオ・モスクワ収録　2:18
13. ペルー　パンパイプとドラム　リマ文化の家（Casa de la Cultura）収録　0:52
14. 「メランコリー・ブルー」 ルイ・アームストロングとホット・セブン演奏　3:05
15. ソヴィエト連邦アゼルバイジャン　（現アゼルバイジャン）　バグパイプ　ラジオ・モスクワ収録　2:30
16. ストラヴィンスキー　春の祭典「生贄の踊り」 コロンビア交響楽団　イーゴ・ストラヴィンスキー指揮　4:35
17. バッハ 平均律クラヴィーア曲集第2巻　前奏曲とフーガ　ハ長調　ピアノ　グレン・ゴールド　4:48
18. ベートーヴェン　交響曲第5番第1楽章　フィルハーモニア管弦楽団　オットー・クレンペラー指揮 7:20

19. ブルガリア「Izlel je Delyo Hagdutin(ブルガリア民謡)」歌ヴァルヤ・ボルカンスカ 4:59
20. ナヴァホ・インディアン「夜の詠唱」ウィラード・ローズ録音 0:57
21. ホルボーン、パヴァン、ガイヤルド、アルマンほか小曲「フェアリーズ・ラウンド」デイヴィッド・マンロウとロンドン古楽コンソート 1:17
22. ソロモン群島 パンパイプ ソロモン群島放送サービス編集 1:12
23. ペルー 婚礼歌 ジョン・コーエン録音 0:38
24. 中国 伯牙ch'in 「流氷」管平湖Kuan P'ing-hu 7:37
25. インド ラーガ 「Jaat Kahan Ho」歌Surshri Kesar Bai Kerker 3:30
26. 「Dark Was the Night」ブラインド・ウイリー・ジョンソン作曲演奏 3:15
27. ベートーヴェン 弦楽四重奏第13番変ロ長調 op.130 「カヴァティーナ」ブダペスト弦楽四重奏団 6:37

ニューホライズンズ探査機では

2006年に打ち上げられたNASAのニューホライズンズ探査機は、1015年7月の冥王星とのフライバイを目指し、やはり太陽系離脱軌道に乗って航行した(訳注:2015年2月に到達し探査開始)。ボイジャー以降では離脱軌道をとる最初の探査機だ。1960年代半ばの、ゲイリー・フランドロらによる木星・冥王星ミッションの一つとよく似た軌道をとる。ニューホライズンズはカイパーベルトと呼ばれる海王星の先にある何千もの小さな氷の惑星群を通過して航行し続けることが運命づけられている。そして今後30年のどこかの時点で星間空間に突入する。ボイジャーと違って星間空間メッセージは乗せていない。おそらく懸念が高まった時代背景を映しているのだろう。

ともあれジョン・ロンバーグのグループはNASAの許可を待っていた。ミッションの科学目標達成後に「デジタル星間空間メッセージ」をニューホライズンズ探査機の永久フラッシュメモリーにアップロードすることはいまだ決定には至っていなかったからだ。140カ国(※14)1万人の人々がこのメッセージ企画を支持するオンライン請願に署名し、NASAとニューホライズンズ・プロジェクトに提出した。公式の承認取得に役立ったことは間違いない。メッセージの内容、すなわち文章、画像、美術、音楽、はクラウドソースされ、インターネットを通じた多数の請願という非常に現代的な方法だ。「以前の地球発のメッセージや、地球や人の肖像は小グループで検討された。」ジョン・ロンバーグは言う。「これは当時、全世界が参加できる初めての企画だった。ボイジャーのレコードは20世紀の聖画像（イコン）になった。それは私たちが銀河系の種として現れたことを意味した。新しい世代は、地球自らが提供する自身の肖像を作り出すという夢のような展望に魅了されている。そしてその過程を通じ、銀河系をより良く知る市民となっていく。

太陽系外に向かう人工物の上に、再びメッセージを入れ込む機会の実現、これを盛大にぶち上げられないだろうか。私はジョンにお願いした。残念なことに、ニューホライズンズのチームは、ミッションを軌道に乗せることで多忙の極みにあった。この願いは却下ののち承認され、また却下され、再び承認された。そして成功裏に作られ、打ち上げられた。銘板やレコードといった物理的な工作物を作れる時間はなかったが。彼はゴールデンレコードにも匹敵する現代の工芸品（「量子ナノ超電導ボイジャーレコード」などといった）でなければ、と考えていたので、状況にしばし失望していたが、その後もう少し考えを巡らせてみた。ボイジャーは物理的なアナログ工芸品としては高いレベルにあった。その後のプロジェクト、例えば、NASAフェニックス着陸機における惑星協会の「火星のビジョン」や、何千人もの惑星ミッション推進署名などの協会の活動が、CDやDVDを使う技術を先導した。「しかし私たちはまだデジタル・メッセージを送ったことがない。」ジョンは回想する。「コンピュータの中に入れ込むということは誰も考えなかった。物理的な工芸品から次のレベルに高められたわけだ。仮にその寿命がボイジャーのレコードほどは長くないとしても、これもまた重要なジェスチャーとなる。地球を離れる全探査機は何らかのコンピュータを持っていて、私たちはニューホライズンズのデジタル・メッセージによって、とりわけクラウドソーシングの領域で前向きの前例を作れるかもしれない。これまでは地球にとっての意義を語る者は少なかった。しかしニューホライズンズで私たちは可能な限り地球を絡ませる努力をしている。間違いなくカール・セーガンが望んだことだった。」

私はジョン・ロンバーグの「一つの地球（ワンアース）（※15）」と呼ばれる諮問委員会のメンバーだ。ニューホライズンズのメッセージ・プロジェクトで、ボイジャー・ゴールデンレコード第2版メッセージとも呼ばれており、公衆の参画を進めている。作業を進めるにつれ、今日のクラウドに依拠した未来向けメッセージが、40年前にボイジャーレコードのメンバーによって丁寧に作りこまれたメッセージとどう違うのかがわかり興味をそそる。「おそらくニューホライズンズは見つけられないし、メッセージも決して読まれることはないだろう。」とジョン・ロンバーグは言う。「しかしメッセージを作る行為そのもの、そしてそれを送ることが、想像をかき立て、空間と時間の壮大な展望を鼓舞することになる。人類がこの種の展望をかくも希求したことはなかった。宇宙の巨大さを熟考し、探検によってその上に刻印していく。歴史上最も野心的な活動であることは間違いない。」

第2部

壮大な旅・グランドツアー

第4章

木星：宮廷内の新世界
惑星の王

太陽系の質量の99.8％は太陽が占め、残り0.2％の半分以上は惑星である木星が占める。木星は他のすべての惑星や月、彗星、小惑星、宇宙塵を合わせた以上の大きな質量を持つ。古代神話に因み、ゼウス、雷神（トール）、惑星の王と呼ばれるが、まさに至言だ。

木星は2機のボイジャーが最初に遭遇する天体だ。数年前にフライバイを成功させたパイオニアには越されたものの、この太陽系最大の惑星はなお多くの未知と神秘に包まれていた。1610年、ガリレオは初めて木星が自らの月を複数持つ世界だと知った。1665年、天文学者であるロバート・フックとジョヴァンニ・カッシーニは、この巨大惑星の有名な大赤斑、多彩な移動ゾーン、ダイナミックな大気の雲の帯を（独立に）認識した。この3世紀の間、望遠鏡の解像度や測定機器が改善された。木星の風、巨大嵐の速度、巨大嵐に包まれる大赤斑、雲の化学成分、明るい月の組成…多くの情報が得られるようになった。ボイジャーのフライバイまでは木星の月は光の点に過ぎなかったのだが。

ボイジャーは全てを根底から変えてしまった。木星の4つの大きな月、イオ、エウロパ、ガニメデ、カリストは発見者に因み、まとめてガリレオ衛星と呼ばれるが、フライバイの後、それぞれに固有の特徴と性質を持つ一人前の惑星と見る人たちも多くいる。ボイジャーによるガリレオ衛星の探査によって、外惑星領域の生命体について私たちが持つ無意識の偏見もあらわになった。私たちが知る生命の唯一の例は地球上にある。直接太陽を周回する大きな天体で、太陽に比較的近い惑星だ。地球上の生命は、太陽系の内惑星領域にあり、豊富な水と、豊富な太陽光エネルギーを享受している。したがって、地球外生命体は惑星を念頭に置くのが自然だと思われていた。太陽系内惑星領域で最大の月は私たちの月だ。大気がなく、したがって生命は存在しないと考えられている。しかしもしそこに別の月があって、液体の水など適切な成分、潤沢な日光、あるいは火山熱や潮汐エネルギーなどが生命のための生化学物質に燃料補給するとしたらどうだろう。太陽系の外惑星領域には10座に余る大型の月が存在する。月というのは太陽でなく惑星を周回するという理由で公式の定義上取りあえず除外された、従姉妹の惑星に過ぎない。でもそんなことはどうでも良い。生命体の探求では「その場所」が本質的に重要なのであって、たまたま何の周りを回っているかではないからだ。

ボイジャーの軌道設定は輝ける偉業

ボイジャーのミッション設計には、JPLのチャーリー・コールヘイズら10人ほどのチームが関わる。ボイジャーの木星系への軌道を、どのタイミングで方向操作して実現するか、その戦いの先頭に立つ。木星やその大型衛星の画像を望みうる最高品質で撮り、地球と円滑に通信できる位置関係を確保し、同時に探査機の軌道を曲げ、増速して土星方向にうまく振りとばす（スリングショット：天体引力による加速）（※1）のがポイントだ。ボイジャーチームのゲイリー・フランドロ、チャーリー・コールヘイズらよりもずっと前の物理学者たちも、こうしたスリングショットによる増速は可能で、太陽系におごってもらえる無料のランチだとすでに気づいていた。宇宙船が太陽を公転する巨大惑星の背後に入り込むことで、探査機は惑星中心方向への重力の引きに加え、尻押しまでされて加速する。これが重力アシストである。惑星が太陽を公転する自らの軌道の運動量（質量×速度）に由来する。投げられたソフトボールを打ってエネルギーを急激に加えるのに似る。ボールは単にバットから同じスピードで反対側に跳ね返されるだけではなく、バッターが与えるエネルギーが加算される。方向は変化し、かつスピードも上がる。宇宙船を加速できるエネルギー源は、惑星の公転の運動量である（惑星の前方から入る場合は逆方向の重力効果でエネルギーを失う）。さっき無料のランチと言ったが実はそうではない。ニュートンの運動法則によれば、力やエネルギーが加えられると、同じ大きさで反対方向の反作用が常に生ずる。したがって宇宙船が加速することは、惑星が速度を落とすことを意味する。エネルギーは保存され決して失われることはない。しかし宇宙船の質量が惑星の質量に比べてあまりにも小さいために、宇宙船が惑星軌道の運動量を盗み出す効果は惑星にとっては無視できる。例えば2機のボイジャーが木星通過時のスリングショットで重力アシストを使った場合、宇宙船は接近直前の速度に比べて秒速10㎞ほど増速するが、木星自体の減速は1兆年あたり30cm（※2）に過ぎない。

ボイジャーの軌道設定は、金字塔とも称えるべき偉業だった。ミッションの主目標である木星、土星、タイタンの探査のために、チャーリーの言う「1万通りの可能な航行軌道」から選り分ける。チャーリーは、多くの可能性あるミッションを迅速にシミュレートして可視化する新ソフトの開発をチームに促した。探査機軌道のモデリングのひとつに、古くから知られる円錐曲線の短い切片へと軌道を分割していく便法がある。「円錐曲線は誰の発見だったか。ケプラーかニュートンか。」初期の天体力学の歴史に思いをはせながら、チャーリーは自問する。「この数学的トリックを最初に気づいたのは誰か。」発見者はニュートンだ。全ての計算を伝統的な軌道計算手法と当時の計算技術で行なったら何ヶ月もかかっていたはずだ。「私は通信、航法、そして次の惑星への軌道確保といったミッション上の多大の制約を課せられていた。」と静かに回想する。「科学者たちは惑星の夜側ではなく、衛星の見える昼側のフライバイを望んだ。航行への影響を抑制しつつ、新世界に最近接できるフライバイをする試みだった。」

最後の部分が重要だ。木星の質量ははっきりわかっているため、探査機の軌道は木星によって所与の予測分だけきっちりと曲げられる。しかし近接通過しようとする月の正確な質量をチームメンバーは知らない。近寄りすぎない用心が必要だった。訳のわからぬ質量でボイジャー軌道を迷走させないためだ。「技術上の制約を課すことにはなるが、この策は科学観測にとっては魅力的だった。」チームは、これら事例を多数の図表で示し、エド・ストーンの科学運営委員会に送る。これら「コンピュータを駆使したミッション像」が描きだす惑星・衛星の様々な幾何的構成の質と科学的価値を検討してフィードバックしてもらうためだ。

ついにチャーリーのチームはミッション設計という干し草の山から完璧な2本の針を探し出す偉業を達成した。「1万個の可能なミッションのリストから最適の110個を選び出し、その中の2つを打ち上げ対象と決めたことはほぼ完璧な業績だった。もっと謙虚に語るべきなのだろうが私たちはこの仕事を成功させたのだ。」

最後の1979年3月5日、チャーリーとエド、それに、科学運営委員会の委員たちが選んだボイジャー1号の木星プライバイの軌道は、イオ、ガニメデ、カリストの近傍を通せたが、エウロパだけはかなり遠くからの観測となった。エウロパのもっと詳しい観測は、1979年7月9日のボイジャー2号のフライバイまで待つ必要があった。ボイジャー2号はガミメデ、カリストと同様に、エウロパを近接通過するが、イオは遠方からの眺めになる。したがって、両ボイジャーのフライバイを組み合わせることで、木星衛星すべての高精細画像を取得できる。木星の雲と嵐の高精細画像、初登場の木星系の放射データ、磁場、化学組成についての映像と高精細画像についても同様だ。

ボイジャーの時速5.6万kmの超高速をもってしても、木星系というミニ太陽系の中心部を突っ切るのに3日も要した。最も遠いカリストの軌道距離から、この巨大衛星への軌道近点（惑星半径のほんの3-5倍ほどの位置）まで移動し、再び元の距離に遠ざかるまでだ。この間探査機はDSNと頻繁に通信し、最新の画像やデータを今か今かと待ちわびるJPLの科学チームや報道陣に電波送信する一方、搭載シーケンスに対する更新情報を受信する。最善のスキャン・プラットフォームの指向、カメラの露出時間などのパラメータに関するチームの最新推定値が伝えられる。

木星での反転：ボイジャー1号（上図）とボイジャー2号（下図）の木星フライバイの軌跡（NASA/JPL）

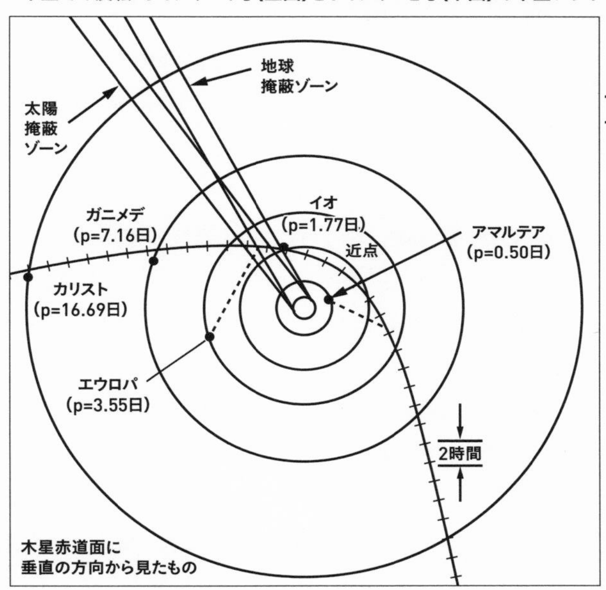

打ち上げ1977.9.1
木星到着1979.3.5

── ミッションモジュール軌道
- - - 衛星最接近アプローチ

アマルテア	415,000km
イオ	22,000km
エウロパ	733,000km
ガニメデ	115,000km
カリスト	124,000km

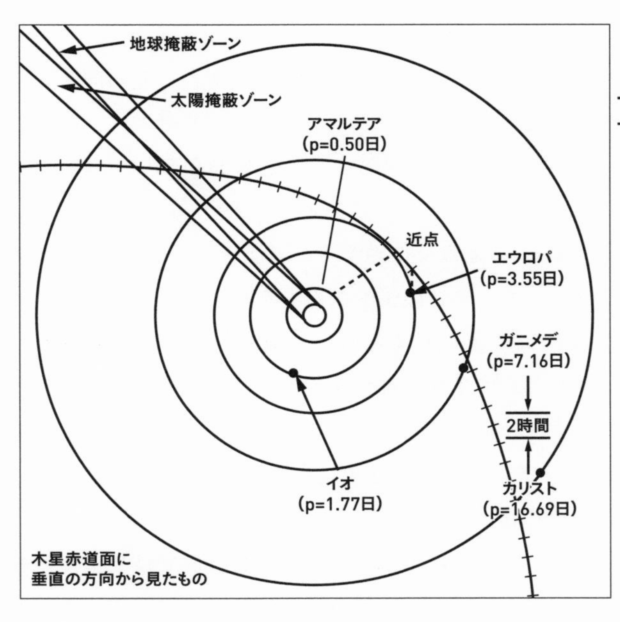

打ち上げ1977.8.20
木星到着1979.7.9

── ミッションモジュール軌道
- - - 衛星最接近アプローチ

カリスト	220,000km
ガニメデ	55,000km
エウロパ	201,000km
アマルテア	550,000km

高エネルギー粒子の放射

最初の衛星イオへの接近はすべて順調で、ボイジャーはクレーターではない奇妙な斑点を見つけた。何だろう。イオは皆の予測とは違っていた。下層に何があるのだろう。誰もが興奮した。しかし異変はその後に起きた。

画像チームのキャンディ・ハンセンらは、パイオニア探査機の木星フライバイから、放射線環境の厳しさをわかっていた。チャーリー・コールヘイズによれば、宇宙船の技術陣は、最も放射線に弱いエレクトロニクスをタンタル約22kg分の追加のシーリングで守る。タンタルはいわゆる遷移金属で、電子を簡単に他の原子に渡して異なったエネルギー準位に遷移する。周期律表ではタングステン、モリブデン、ジルコニウムに近く、かなり高密度の金属だ。鉛や金以上に腐食への耐性があり、宇宙ミッションで見舞われる高エネルギー太陽陽子や星間宇宙線の遮蔽機能がとりわけ強い。こうした最新技術で遮蔽してもなお、木星の巨大磁場からの高エネルギー粒子の爆撃はボイジャーのコンピュータを狂わせる危険がある。

この放射によってスキャン・プラットフォーム（カメラ架台）を制御するコンピュータと、カメラの露出時間を制御するコンピュータとの時計の同期がわずかにずれてしまうのだ。この時計はカメラに開閉時間を指示する。コンピュータは、ソフトウェアという特別のパターンに従い、トランジスタやマイクロチップ中の電圧（電子）に蓄積された1と0の二進数で作動する。電源を切るなど、このパターンに劇的な変化があるとソフトウェアに破滅的な影響を与える。しかし、ところどころで1が0、あるいは0が1に変えられる場合は、破滅的とは言えないものの目論見とは違った形でソフトウェアを振る舞わせる。これが高エネルギー粒子の放射の所業だ。これらの粒子は、コンピュータのチップの中に紛れ込んで、電子を引きちぎり、1を0にフリップしたり、あるいは新たな電子を付け加えて0を1にフリップしたりする。この損傷が、ソフトウェア内の不運な場所に生じると、改変の影響は広範囲に及ぶ。顕在性で重大なものから、潜行性で検知にくいものまでさまざまだ。ソフトウェアやハードウェアの設計陣は、放射の破壊的作用からの遮蔽に加え、万一の改変でコンピュータに破滅的結果を及ぼすコードのような最重要ソフトウェアについては、多くのコピーを用意している。しかし、軽微で潜行性のコード改変まで防ぐのはさらに難しい。コンピュータ内部の時計の進み具合をわずかに狂わせるような場合がその例だ。

ボイジャー1号の初期画像、とりわけイオの画像では、コンピュータの同期はずれのため、カメラのシャッターがまだ開いているのにスキャン・プラットフォームが次の目標に向け動き始めた。結果、画像は、絶望的なほどに不鮮明になり、「素晴らしい衛星データを喪失してしまった。」とキャンディは嘆く。「異常の処理作業に加え、周りの多くの「客員」科学者達が、この状況下でできる精一杯の対処に納得してくれずに辛辣な文句を言うため、ストレスは大きかった。」説明されて理解しても皆文句を言った。宇宙船木星通過時の、たった一回の貴重な測定機会が失われた。その一点で彼らは取り乱しいら立ちを発散させた。

ボイジャー探査機系に向き合い、その個性に密着した作業を進めつつ惑星フライバイのような大イベントに備えていると、キャンディは宇宙船が我が子のように思えてくる。「大きな学校行事で良い成績をおさめるよう指導します。」と彼女は言う。「演技の番が巡って来たらすぐに観客の前で難しいダンスステップを踏めるように…でも最初の木星フライバイの瞬間、演技の真最中にシャンデリアが落下したんです。」 それでもキャンディらは、パニックを克服・対処する時間をひねり出し、フライバイ対応と並行して迅速に問題点の解明を進めた。チームはこの初期の試練から学び、同期の外れたコンピュータに、カメラシーケンスの最終バージョンをアップロードし直し、以後のミッションでの事故再発を防いだ(キャンディにとっては、余計な仕事を作ってごめんなさい…のクッキーを焼く時間も)。

画像の取得と解析

インターネットはまだ発明されていなかった。関係者以外が全画像を見る唯一の方法は、JPL周辺の科学・報道・公共エリアや、カルテックなどチームメンバーの所属大学内に設けられたモニターでDSN提供の「ライブ」を見ることだ。最も見栄えのする写真が夕方のニュースで取り上げられ、新聞にも載る。画像入手の数ヶ月後には、サイエンティフィック・アメリカンや、天文学、スカイ&テレスコープなどの雑誌にも頻繁に掲載される。ボイジャーチームは間髪をいれず画像にアクセスすることが求められる。それはカメラが正常に作動しているか、宇宙船が正しい軌道に乗っているかを確認し、毎日のニュースを待ち望む公衆やメディアに「インスタント・サイエンス」(訳注：記者発表などの場で、刻々と入ってくる生データなどに専門家が解説・解釈を加えていくスタイルの科学情報の提供形態）を提供するためでもある。「今にして思えば驚きを禁じ得ないのだが、私たちはラップトップ・コンピューターもフォトショップも持っていなかった。」とキャンディは言う。「掃除具入れのような窓のない小部屋が二つあった。各部屋にディスプレイ端末があり、テレメトリーが取り込まれ白黒映像に変換される画像処理の建物と繋がっていて、拾い読みの部屋などと呼ばれていた。最新の画像を引き出せ、簡単なコントラスト・ストレッチ（訳注：画面に分布する輝度の範囲にあわせて画像濃度を調整する技法）ができた。この部屋は、画像チームの全科学者の共有だった。」 キャンディによると、この小部屋は画像チームの活動上、隘路になっていた。小部屋は連日、日夜占有され続けていた。プレスリリースを作成し、画像を処理し、表題をつけるのは相当の重圧感を伴った。もちろん上位のチームメンバーが高い優先順位を持っていたので私たち「若者」は夜遅くまで順番待ちした。「それでも心躍る楽しみでした。」と、キャンディは落ち着いた輝きのあるまなざしで回想する。

貴重な三日間の遭遇で得た画像と測定結果の分析は、ボイジャー科学技術チームの仕事だ。較正や航法といった純技術目的のための画像もある。目的の惑星の遠方からのボイジャー画像は、クリアフィルターを通して撮影される。クリアフィルターとは、赤、緑、青、そして赤外線の光を最大限に取り込むフィルターだ。微弱な恒星が撮影でき、宇宙船が正しい方向に航行していることをカメラが確認する、いわばハイテク六分儀だ。ボイジャーは3軸安定型の宇宙船（※3）だ。他の宇宙船の姿勢維持に用いられる、回転式肉焼き器のようなスピン安定型ではない。スピンではなく、スラスターや特殊なスタートラッカー（星姿勢計、恒星センサー）を用いて、宇宙船は恒星に相対して一定の方向を向くようになっている。多くの場合航行中の宇宙船は、太陽と例えばカノープスやシリウスといった1、2個の明るい星で固定の方向（「姿勢」）を確立し、固定する。この種の姿勢構成の一つ優れた点は、カメラやその他の測定機器が、微弱な目標物に対して非常に長い露出時間を取れるということだ。データをぼんやりさせるような宇宙船の動きを懸念する必要がない。しかし時として、明るい星がない領域に宇宙船を差し向ける必要も生じる。こうした場合、これに代えて微弱な星を科学カメラで撮影することがよく行われる（空のどの領域にも微弱な恒星は常に存在する）。明るい星、暗い星のいずれの場合も、この目的での撮影プロセスは光学ナビゲーション、略してオプナビと呼ばれる。宇宙船－太陽－恒星の方向確定はナビゲーションチームの役割だが、いったん捕捉しさえすれば、宇宙船やカメラ操作の担当者は自信を持って装置を目標に向けることができる。

特に目的の惑星・衛星に最接近した時点で撮影される大半の写真は、星間航行用ではなく科学目的だ。科学画像の多くはカラーフィルターを通して撮影される。それは赤、緑、青の画像からカラー画像に編集し、もしボイジャーに搭乗していたら肉眼で見えたであろう画像をシミュレートする。「疑似色彩（フォールスカラー）」の映像を、紫あるいは赤外線フィルターを付加して作り上げることもある。何もしなければ人間の目にはほんのかすかな色にしか見えないものを派手に強調するためだ。こうした芸術的・審美的な価値に加え、カラー画像は巨大惑星の月や大気の雲の層構造の情報をもたらす。しかし、ボイジャー画像中の特徴的な色彩や色調が見えるようにするには、多くの場合特別の画像処理が必要となる。科学・技術チームの出番だ。彼らは専用の閲覧部屋（ブラウズルーム）のあるJPLの画像処理ラボラトリーで働く。

リンダ・モラビトの卓越した画像処理：イオに火山があった！

ボイジャー1号の最初でおそらく最重要の成果は、木星の最も内側の衛星イオでの発見だろう。技術・衛星航行チームの一員リンダ・モラビトの冷静な目による。木星の1番内側の最大の3つの衛星が、共鳴と呼ばれる非常に特徴的な軌道上のダンスをすることは、ガリレオの時代からよく知られていた。木星をめぐるガニメデの1回の軌道周回ごとに、エウロパはちょうど2倍、イオはちょうど4倍の回数だけ軌道を周回する。つまり、時計の時針、分針、秒針のように、これらの3つの世界はときどき一直線にそろう。本来の完全な円軌道がこの時の重力でひしゃげる結果、通常よりも若干木星に近づいたり遠ざかったりする。

イオ、エウロパ、ガニメデの軌道共鳴の数学的処理は、フランス人天文学者のピエール・シモン・ラプラスによって1800年頃に詳細検討された（共鳴という呼称も彼がつけた）。しかしラプラス共鳴の真価が評価されだしたのはボイジャーが木星に到着する直前のことだった。実際、科学出版物が意識的にボイジャー1号のフライバイ3日前に出版された。カリフォルニア大学サンタバーバラ校のスタン・パールが率いる3人の天体力学の専門家チーム（※4）は、科学雑誌にこんな予測を発表した。木星から内側ガリレオ衛星までの距離をわずかに変化させる共鳴は、それらの内部を穏やかに圧縮し、解放する。時間の経過とともに、この圧縮は衛星内部を強く加熱し、おそらくは融点まで温める。これは木星に最も近いイオで起こる。最終的にその正しさが劇的に判明した。検証可能な予測を行った著名な理論家は、予測論文を次の言葉で結んでいる。「ボイジャーのイオ撮影画像（※5）は、惑星の構造と歴史がこれまでの観測とは根本的に異なることを証拠だてた。」

予測は当たった！　イオは全く異形の惑星（訳注：通常は衛星と呼ばれる天体だが、原著者の持論は、あえて衛星・惑星を使い分けない）だった。私たちの月よりも若干大きく、表面は珍しい紅褐色で、黄色や白や黒の円形、半円形の多くの斑点で覆われていた。斑点は衝突クレーターのようではなかった。地球の月や火星の表面に散らばるクレーター状のものはイオの画像には実際見当たらなかった。衝突クレーターの痕跡というものは、惑星表面にゆっくり整然と積み上がっていく。イオにクレーターがないのは、その表面が常に清浄にされ、何らかの作用で綺麗にふきとられたためだ。したがってとても若い。イオの質量は、ボイジャー1号が表面からわずか2万kmの地点を通過した際に、ボイジャー船体に加わった微小なひねりの量を測定することで推定できた。体積も併せて推定された。結果、イオの密度は1立方センチ当たり3.5gと出た。当初予想した氷ではなく岩石質にかなり近いことを示す値だ。イオは実に奇妙な存在だった。

しかし、木星最接近の3日後にボイジャー1号がイオを振り返って撮った写真から、意外な結末がもたらされた。リンダ・モラビトは、背後に見える弱い星のオプナビ光学ナビゲーション画像（この場合はイオの画像）を用いて、ボイジャー1号のフライバイ後の軌道検証を支援する役割を負っていた。その1枚に誰も気づかなかった驚くべきリンダの発見があった。

モラビトの発見に至るまでの状況を示すため、ボイジャーのデジタル画像とチームの画像処理方法に少し触れておこう。ボイジャーのカメラは800×800ピクセルの分解能で画像を取得する。各ピクセルは0（信号なし）から255（最大信号）の間の値をとる。画像チームメンバーでJPLのトレンス・ジョンソンによれば、科学作業室のテレビモニター上で、サイエンスチームに流され、プリント

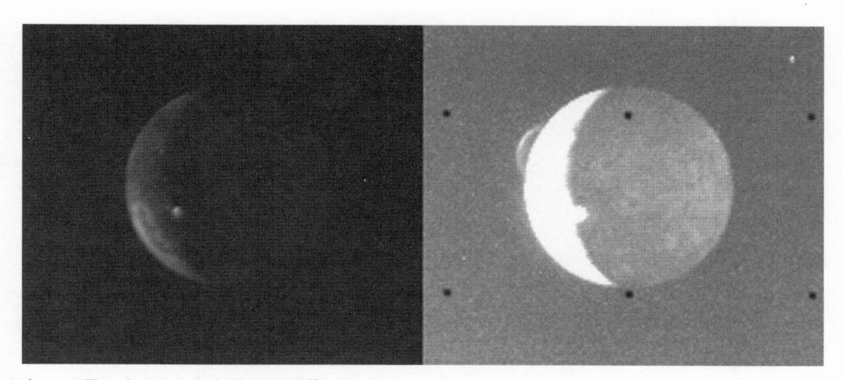

ボイジャー1号によるイオ火山発見の画像：画像C1648109は地球外火山発見につながった最初の証拠だ。左図はボイジャー科学チームのモニターに当初現われたローリングディスプレイ表示。右図はボイジャー航行チームが最初に用いた、厳格なストレッチを施した様式の画像。黒い点はカメラに埋め込まれたレゾマークで、わずかな画像の歪みを正すのに用いられる（NASA/JPL/ジム・ベル）。

アウトされるボイジャーの画像の大半は白黒だ。黒というのは信号レベルが0に近いこと、白は255に近いことを示し、灰色はその中間にある。カメラのダイナミックレンジの全領域を使って正しい露出レベルを導くのはサイエンスチームとシーケンスチームの長年の努力のたまものだ。ただ木星や、イオなどの衛星の通常の写真にはとても有効なのだが、モラビトの探査したイオ画像中の背景の星を探すには最適ではなかった。背景の星はイオよりはるかに暗く、信号レベルとして5ないし10に過ぎなかった。何か別の工夫を施さない限りスクリーン上には現れてこない。プリントアウトでも基本的に黒くしか見えない。そこで航行チームは、星を明るく見るために極めて長い露出時間の画像を要求した（画面の惑星や衛星は別のピクセルを飽和させてしまうだろうが）。航行チームの技師は、画像処理分野で画像ストレッチングと呼ぶ方法を使うこととした。ディスプレイを、例えば黒は依然として0近くだが、白も10ないし20といった低い値に設定することで、星を目立たせるという技法だ。もちろんイオ画像中の他の部分で10ないし20以上の値の所は白として表され、イオ自体も色褪せる。しかしイオの本体部分は既に捕捉済みなのだからそれでかまわない。

リンダ・モラビトがナビゲーション用としてのイオの画像（※6）を眺め、それを画像処理研究所のワークステーション上に拡大表示すると、星は期待通り飛び出てきた。しかし2つの予期せぬものが見えた。イオの昼と夜の境界に沿って明るい円形の小さな塊と、かすかな傘のような三か月形のものがイオ表面の一端から上空に2-300マイル（300-500㎞）突出していたのだ。表面上の雲のような形状は、イオの背後を別の月がまさに通過するさま様に見えた。しかしモラビトらボイジャーのナビゲーション担当は、この現象を説明できる別の月がこの時刻には存在しないと承知していた。カメラの汚れなど人工的なものもなかった。あらゆる省察の後、モラビトらは、そのデータを説明しうる唯一の仮説に至った。三日月形や明るい小塊は、イオの上の活火山からの爆発のプルーム（※7）だというのだ。

JPLのブルース・マレー部長は懐疑的だったと同僚のトレンス・ジョンソンは回想する。マレーは、マリナー・ミッションでのぼんやりした火星の雲状のものを、オリンポス活火山だとする主張を頑張って却下した前歴があるからだ。ブラッド・スミスの画像チームは、コーネル大学惑星科学者のジョー・ヴェヴェルカを長とするサブチームを作り、イオの全画像をさらに精密調査してモラビトの仮説の検証にあたった。ヴェヴェルカのサブチームは、画像内の2つの特徴が火山プルームの性格を持つことを確認しただけでなく、初期のボイジャーのイオ画像の中にさらに7個のプルームをすぐに発見した。モラビトやナビゲーションチームが用いたと同様の画像ストレッチング技術を用いてのことだった。

トレンス・ジョンソンは言う。「近接時のモニターのリアルタイム映像は、ピクセルの上位・下位5%ずつがカットされていた。プルームがそれまで誰にも知られなかった理由がこれだ。事実上の「火山プルーム阻止フィルター」を科学モニター上に設定してしまっていたのだ。」新しく発見されたプルームは、皆暗い表面の窪み付近に位置していた。そこはボイジャーの熱赤外線探査装置が奇妙な信号を検知した場所でもあった。

「私は最初のイオのデータを今でも覚えています。」とリンダ・スピルカーは回想する。彼女は赤外線分光計観測計画の責任者だった。「スペクトルは予想外の傾きを持っていました。イオの背景温度と、はるかに高い火山の温度とが重畳されたためでしょう。私たちは最初それを知らなかった。最終的に画像の中に火山を発見するまでチェックを繰り返し、データが正しかったと知りました。」この非常な高温は、溶岩の融解や冷却と話が繋がる。室内での照査実験によれば、溶けた火山岩は様々な温度を持ち、大量の硫黄を含んでいて、イオ表面のカラー画像で白、黄色、赤、オレンジ、および黒の色調を作り出す。

イオは活発な火山だった！ フライバイ数日前の、ピールらの予測は正しかった。衛星の共鳴と木星の強い潮汐力とが結合したたわみが、イオ内部を温め、融かした。ミッションでの最初の重要な発見だった。地球外で初めて活火山を発見したのだ。4ヶ月後、ボイジャー2号が木星系を通過した際もイオの写真を撮影した。表面は大きく変化していて、新しいプルームも形成されていた。ガリレオ木星周回探査機を含め、3機の探査機でここ数十年来撮られたイオの画像は、火山表面の歪みの変化をも示していた。イオは単に活火山であるに留まらず、極度に活動的であり、太陽系で最も強烈で大量の火山噴火を呈する。

リック・テリルは指摘する。「SFの話ではない。地球に気候変動があるように、地質が刻々変動する月がまさにここに存在し、木星を周回している。」この小さな月はすべての内部熱をはき出そうとしている。

JPLでの惑星科学の同僚ロザリー・ロープスは回想する「ボイジャーがイオの火山を発見したとき私は学生でした。信じがたい発見でした。ボイジャーは10座余りの活火山を見つけて、当時の私たちに衝撃を与えました。」後にロザリーは、最も活躍した火山発見者としてギネス世界記録2006年版に載った。イオの火山は総計71座になった。

まっ平らなエウロパと表面下の大洋

木星に2番目に近い衛星エウロパのボイジャー画像もまた驚きだった。表面下に発見されたものは当初から大きな注目を集めた。それまでエウロパについては、1970年代初めのパイオニア・ミッションで得た低品質画像しかなかった。軌道がイオ、ガニメデ、カリストの近接通過に最適化されていたため、遠い位置からではあったが、ボイジャー１号はほのかに明るいエウロパの氷表面を捉えた。４ヶ月後、ボイジャー２号が木星系を通過し、エウロパの接写写真を撮った。幸運にも待った甲斐があった！　ボイジャー２号の精密画像は斬新で興奮に満ちていた。最初のクローズアップ写真を見た時の画像チームの共通した第一印象は、「うわぁ！　まっ平らだ。」実際そうだった。エウロパは、私たちの月とほぼ同じ大きさだ。しかし、月の山や峡谷に5-8㎞の高低差があるのに対して、エウロパの最大の「山脈」と最も深い「峡谷」はほんの9-15mばかりの凹凸でしかなかった。エウロパをボーリングのボールに例えるなら、表面の最大の凹凸でも糸ほどの微細さしかない。もう一つの驚きは（またしても）衝突クレーターの少なさだった。長期間にわたる小惑星や彗星の衝突で古代の惑星表面に残された傷跡は比較的少ない。何らかの過程がエウロパの表面を覆い直したに違いなく、形成されたクレーターを時間とともに消し去ったことを意味する。ボイジャーが、太陽系の中で最も平坦で、（すぐそばのイオほど若くはないとはいえ）若い表面の月を発見したのは皆にとって驚きだった。

しかしなぜ平坦なのだろう。エウロパ表面の十字交叉したクレージーキルト（寄せ布パッチワーク）が作る線に手掛かりがあった。暗い割れ目で、氷塊を屈曲や三角の形状に混ぜこんでいる。大型ジグソーパズルのピースのようだ。ピースが回転して絡まりあっているようなところもある。できたての新しい火山溶岩が地球の中央海嶺を作るテクトニックプレートの間を湧き上るように、赤茶色の物質があちこちのピースの間から湧き上がる。エウロパのひび割れしたプレート状の表面は、融解中の海氷のようだ。液体の水の表面に浮かぶ氷の薄層がおびただしく撒き散らされている。地球上では、波浪と夏の温暖が極地域の氷を何百万個もの小さな氷の「板」に分解する。エウロパ上でも基本的に同じことが起きているのなら、その意味合いは重大だ。地球上の生命体は海で生まれた可能性があるが、エウロパではどうだったのか。

ボイジャーからのエウロパの眺めはあまりにも一瞬で、欲求不満が募る。二回の素早いプライバイと、かなり遠くからの眺めだった。潮汐力による強い加熱の存在（イオでは十分な証拠がある）、まっ平らな表面、深部から湧昇したかのような鮮明な色の物質を含んだ海氷状プレートが知られている。いずれも表面下の大洋の存在を示す証拠だ。エウロパの薄い氷の殻を突き破って深海に潜れる高速水中プローブがボイジャーに装備されていたら…と想像して欲しい。ヘッドライトを点灯し、潜水プローブが水中深く潜りながらリアルタイム映像を中継する。探査の終盤、海底面に近づくと、水は濁ってきて、プローブの熱センサーはやがてホットスポットを検知する。惑星の潮汐エネルギーは、エウロパを曲げ、氷と岩の内部を加熱し、化学センサーは熱く硫黄成分に富んだ水とガスが地殻から漏れ出るのを検知する。ちょうど地球大洋の中央海嶺のようだ。外圧は高まり、潜水プローブの船壁には圧迫が加わる。搭載された質量分析器は熱い水の中にある有機成分の分析を開始する。広角モードに切り替え、プローブは動きを示すものがないかを走査し始める。圧力は極限状態まで上昇し、潜水プローブの信号は減衰し始める。私たちはすでに表面から100kmの深さにいる。ビデオ画面はだんだん薄汚れてくる。フラッシュ（信号伝送）のあと静止状態になり、また次のフラッシュが起き、さらに奇妙な湾曲した影絵が出てくる。しかしその後信号は失われ、皆はただ茫然とその静止状態を恐懼のまなざしで見やっている。私たちは何を見たのだろう。

もしUSSエンタープライズが、この氷に覆われた水の世界に遭遇したとしたら…「クラス5のプローブ打ち出し、ナンバー１！」スタートレックのキャプテン・ピカードはきっと命令しただろう。「この高圧潜水作戦を成功させよ。」

しかしエウロパが視界から消えたあとボイジャーチームができるのは、手元のデータを最大限活用して、再訪の時を想像豊かに夢見ることだ。謎に満ちたこの世界を少しでも長く深く洞察することだ。アメリカの地質調査所の惑星地質学者であり、ボイジャー画像チームの衛星サブチームリーダー、ラリー・ゼェデルブロームは、エウロパとの二回の短い遭遇のあと画像チームメンバーたちが感じた悩みを思い起こす。地球では経験豊かなベテランの地質学者も、ボイジャーの画像からの奇妙で新鮮な景観をどう解釈すべきか、大いに悩まされることとなった。

一瞥した限り、エウロパ表面に衝突クレーターはごくわずかだった。地質学的には疑いなく若い地表だった。ほんの1億年くらいだろう。」と彼は言う。1億年と言うのは地質学者にとっては実に若いことに留意してほしい。エウロパはおよそ45億年前に、太陽系の他の天体と同時に形成された。1億年と言うのはその2%に過ぎない。もちろんその表面は今日でもなお変化し続けていると思う。しかし何がこうした変化をもたらすのか。精査する機会が欲しいと誰もが思っている。

グランドキャニオンに赴いてしばし散策三昧で過ごすと想像してほしい。毎日毎日、散策路を歩く。そして半年かそこらで歩きつくす。今度は谷底までたどってテントを張り、コロラド川をいかだで下り探検する。しかしちょっと待って。歩き続け、縁をじっと見つめ、色のついた壮大な岩石地層を興味深く観察し、つま先で氷のように冷たい水の流れを感じる…ここまでがあなたにできる限界だとしたらどうだろう。ボイジャーがエウロパをあまりにも急ぎ足で眺めた後にラリーたちが受けた感触だ。近くまでは来たものの、依然としてなお遠い。

詳しく眺める機会は、1995年にNASAのガリレオ木星周回機がエウロパなどのガリレオ衛星を近接フライバイするまで16年間かかった。ガリレオは、木星系で長時間過ごし、巨大惑星を35回周回し、エウロパに11回探査機を接近させる機会を得た。エウロパの亀裂などの特徴を捉えた高精細カラー画像や、表面の氷や各種鉱物の測定から、表面の下の導電物質の存在を発見。エウロパの氷殻の下に深い海水の大洋が存在するという、ボイジャーの当初の推定を裏付けるものだ。とりわけ導電率測定は興味深い。液体の水でできた深い海洋は、ほんの数%の溶解した塩（食卓塩であるNaCl）があればこの測定結果を説明できるからだ。塩分の存在はエウロパの海を地球似にする。実際ガリレオのデータは、エウロパが太陽系最大の海を持つことを矛盾なく示している。地球上の全海水量の2、3倍あると考えられる。

とはいえ、証拠はまだ間接的だ。多くの人々は、エウロパの水の海についての詳細を知りたがっている。本当にあるのか。それとも凍った殻の下には単にぬかるんだ氷があるだけなのか。本当にあるなら深さはいかほどか。潮汐力で温められたエウロパの殻の岩石部分が水と接触する海底はどれほど暖かいのか。海に有機分子はあるのか。熱源、有機分子、液体の水…皆生命体のハビダブル環境の存在を示す優れた証拠だ。わくわくするが、ハビダブルであることは必ずしもそこに生命体が棲む証拠ではない。エウロパの海洋には生命がいるのだろうか。

1979年のボイジャーチームと私は同じ思いだ。再訪が必要だ！　発見に向けた長期・専門的な再探査が必要だ。私たちは、さらなるフライバイと、最終的にはエウロパを周回できるミッションを送り、詳しい地形図を作り、凍結した氷殻の厚さを測り、最も薄い場所を探す。ロボットかもしれないし、乗組員を伴っているかもしれない。薄い氷に穴を開け、その下に海洋の証拠を探す。海洋がそこにあり、覆っている氷を突き抜けられれば、想像上の潜水艇の実機を送ることができ、写真を撮り、科学的、生物学的測定を行える。サンプルまでも採取して地球に持ち帰る。まさにキャプテン・ピカードのクラス5のプローブだ。何十年も先、地球外生命体を探査できそうな最有力の近場を探検するという大冒険の中にいるだろう。これらのミッションは、エウロパの海洋における生命の存在を明かしてくれると思う。私はよく食べて規則正しく運動し、探検の果実を得るまで生きられるよう努めることとしよう（※8)。

イオやエウロパでの想像を絶する発見で、ボイジャーチームはこれら天体の実像を容易に把握できた。さらに理解するには何をすべきか。チームは木星系に驚くべき秘密があるのを発見した。ボイジャーはなお航行している。探査機がこの巨大惑星やその月に突っ込んでいく三日間の貴重な瞬間に、電源とテープレコーダーの処理能力限界まで写真や測定結果を詰め込む。もし私たちが魔法でボイジャーに乗船していたら、驚愕の光景を目の当たりにすることだろう。カメラは不滅の写真を撮り続け、スキャン・プラットフォームの一回転ごとに、風変わりで愛すべき新展望が現れ続ける。

太陽系最大の月ガニメデと、共鳴しないカリスト

太陽系で最大の月であるガニメデ（惑星である水星よりも大きい！）を通過する際、2機のボイジャーは、エウロパのような溝を刻んだ板状の氷殻が過去に動いていた証拠をつかんだ。明らかに非常に古いものだった。表面の多くの衝突クレーターが氷の中に埋まっていたからだ。エウロパとちがい、ガニメデでは下から物質が恒常的に湧き上がってはいなかった。クレーターの表面は全く手つかずに残っていた。チームは、ガニメデの表面下に大洋があるのでは、と推測した。エウロパやイオと同様の、軌道共鳴による潮汐加熱が考えられたからだ。しかしフライバイのデータからは確証は得られなかった。その後1990年代のガリレオ・ミッションで、エウロパとともに詳細・頻繁なフライバイが行われた。結果、氷の表面下に、導電性の層とともに磁場の存在が判明した（自身の磁場を持つ月は太陽系の中でただ一つである）。おそらく塩水の海も確認されることになるだろうが、しばらく待たねばならない。ガニメデの次のロボットミッションはヨーロッパ宇宙機関の木星氷衛星探査機JUICEだが、打ち上げは2022年で、ガニメデを周回するのは2030年からになる。

巨大なガリレオ衛星群の中で、木星の周りで共鳴しない衛星はカリストだ。表面は、大きな兄弟姉妹たちほどには刺激的とは言えないが、カリスト自体が一種神秘的な景観を持つことはボイジャーのデータからわかる。カリストの全表面には激しくクレーターが形成され、何十億年にわたって小惑星や彗星に打たれた衝突の痕跡で覆われている。こうした観察だけでも、クレーターのないイオやエウロパ、穏やかなクレーターの氷表面を持つガニメデの重要性を際立たせることになる。カリストは、大まかには他の3衛星と同程度に近接していて、兄弟たちも

やはり無数の強打を受けてきたようだ。しかし表面ははるかに若く、ダイナミックである。過去の衝突の証拠はすべて覆われ、あるいは消し去られた。相対的にカリストに内部加熱がないことは、カリストをより受け身の世界にした。打撃は平衡を失わせるまでには至らず、内にこもった。打撃の一つが、ボイジャーによって撮影された幅3700kmを超える巨大な多重リングの盆地だ。バルハラと呼ばれ、カリストの歴史の初期に巨大衝突で生じた痕跡を保存している。表面の地質は、一見すると面白みには欠けるが、後のガリレオ・ミッションでのカリスト詳細研究によって、薄い液体の水の層までも存在する証拠が出ている。薄い殻の下にある海洋らしきものだ。

ボイジャーとその後のミッションは、イオ、エウロパ、ガニメデ、カリストがその「太陽」である巨大惑星・木星を周回するミニ太陽系だということを示した。木星や互いの潮汐力、恐らくは各衛星の深部にある岩や金属の核からの放射能、内部の熱…これらがイオにある硫黄を含む火山性岩石の巨大な高温の噴火につながったのだろう。またエウロパやガニメデそして多分カリストも、その上の水の層すなわち表面下の大洋にもつながったのだろう。周辺の衛星を含めた木星系でのボイジャーの発見には、小さなトマトの形をした月、アマルテアの初の接写写真も含まれる。（1892年に発見された）木星の5番目の衛星として知られる。そして3つの新しい星（メティス、アドラステア、テーベ）も。これらは小さく、微弱すぎて地球からは見えない。いずれもアマルテアのように惑星に近い軌道を周回する。

この驚くべき「小さな月」の発見は、近点通過後木星に向かう途上で太陽を振り返れるという、ボイジャー画像系の視座の特徴を利用したものだ。日没の頃に西に向かって運転すると、フロントガラスの太陽のギラギラがすべての塵、埃、虫をライトアップして、視界を妨げることは誰も知っている。前方散乱と呼ばれるもので、ボイジャーの画像チームによって、カメラを後ろ向き、ほぼ太陽方向に向けながら塵など微小粒子を撮るために開発された。この戦略は驚異的な成功を収めた。新たに発見された薄暗いリングがボイジャーの画像に現われ、これらは実際微小な「月」だとわかった。ほとんど塵であり、リングの最大粒子でも髪の毛ほどの幅しかない。

ボイジャーの月とリングの発見は間違いなく劇的・歴史的なものだったが、撮影の完璧さ美しさでは、惑星そのものの映像こそがフライバイ時のハイライトだった。カルテックで私の前任の教授であり研究指導者であったアンディ・インガソルは、ボイジャーの木星接近時、渦巻く嵐の雲の時間変化の映像取得に尽力した空想家であった。ボイジャーの画像は、当初は遠すぎて地上望遠鏡での最善画像を凌駕するまでには至らなかった。しかしカメラが近づくにつれて、より豊かで微細な様相を呈し始めた。大赤斑が初めて観測されたのは300年以上前。単一の嵐ではなく多くの小さな嵐が、地球直径の3倍以上もあるこの巨大・多層・多色・高圧の渦の内部や周辺で吹き荒れていることがわかった。アンディが撮ったボイジャー接近映像を見るとまるで宇宙船に搭乗した気分だ。膨張しつつ迫りくるサイクロンを、幾分の畏怖を帯びた驚嘆の念で眺めている。

木星の雲を最近接で撮影したボイジャーは、感激あふれる光景を私たちに贈ってくれた。これまでなかった宇宙を背景として、波、うず、らせん、それに縞線が、ヴァン・ゴッホの激情あふれる画風に似た紋様を写真上に漂わせる。後にボイジャーの科学者たちは、雲がアンモニアや、メタン、硫化水素、水素化リン（ホスフィン）で構成され、板状の古い水蒸気が赤、茶色、黄色、白のパレットの上で踊り、時速200マイル（320㎞）以上で優美に渦巻くのを観測した。この圧力と乱流は、嵐の上空を飛行する現代のジェット機をも粉々にするのは間違いない。まさに畏怖と恐懼の光景であった。

ボイジャー以降の木星探査：脚光を浴びるエウロパ

1979年のボイジャー通過後、さらに3機のロボット宇宙探査機が木星を訪れた。ガリレオ周回機は1995年に到着。無線アンテナが動かなくなり地球へのデータ伝送量が著しく制限されたものの、周回機はマヌーバー軌道修正の燃料がほぼ尽きるまで木星系を成功裏に探索した。2003年に木星の雲に突入させる指令が出た（NASAの用語法では宇宙船が木星の中に「処理された」と言う）。生命体がいるかもしれないエウロパの海に飛び込んで汚染するのを避けるためだ。巨大惑星の限りなく破壊的な圧力の中にガリレオ探査機は下降していき、最終的には完全に蒸発する（私たちの地球や手作り工作物に由来する原子・分子は、美しい色で優美になびく雲の中で自由に浮遊する）。その後、カッシーニ・ミッションが、2000年後半から2001年初頭にかけて木星を通り過ぎた。そして重力アシストのキックをもらって、土星へと向かった。次に2007年にニューホライズンズ・ミッションが木星を通り過ぎた。そして同様にこの巨大惑星から重力アシストのキックをもらって、衛星の2015年冥王星到達に向けた増速推進に利用した。カッシーニとニューホライズンズの両フライバイ・ミッションでは、木星とその衛星群の写真撮影や諸測定が行われた。いわばボイジャーのフライバイの再試行だったが、より高度な測定器とデータ蓄積機能をもってなされた。NASAの木星探査機ジュノーは2011年に打ち上げられ、2016年木星遭遇への途上にある（訳注：2016年7月5日到達し、現在も観測中）。到達後は巨大惑星を1地球年かけて周回して磁場・放射環境・重力を調べる。惑星の深部や核に関する新たな手掛かりを得ることで、以前のボイジャーやガリレオによる観測結果を補完していく。

最近になっても木星系にはなお新たな興奮がある。エウロパの南極から現れる水蒸気のプルームが発見されている。過去数年間、天文学者はハッブル宇宙望遠鏡を使ってエウロパの水蒸気を精査している（ボイジャーの技術・軌道のもとでの精緻さを凌駕する）。ハッブルのデータからはいくつかの水蒸気の吹上げ（パフ）が認められた。これはエウロパの緩やかな潮汐による。ひび割れた表面氷が伸長・収縮するのに同期している（伸長時にパフが観測され、収縮時には観測されない）。

「この水蒸気を最も簡明に説明できるのは、エウロパの表面のプルームから噴出したという説だ（※9）。」天文学者であり、ハッブル研究の先駆者のローレンツ・ロスは、公式のNASAのプレスリリースにこう記している。エウロパ氷殻の長く暗い割れ目から、少なくともプルームあるいはジェットの噴出があることをハッブルのデータは示している。カッシーニ探査機が、土星の氷の衛星エンケラドゥス上で発見したものに似ている。ロスはさらにこんな推測もした。「もしこのプルームが、エウロパの殻の下に想定される水の海洋と繋がっているなら、将来エウロパのハビタブル環境に関わる化学組成を、氷の層を掘削せずに直接調べられることになる。」胸躍る話だ。

1979年3月と7月のボイジャーの木星フライバイは、巨大惑星とその衛星の理解を大きく進展させた。太陽から遠すぎ、私たちが知るような生命体を維持するには寒すぎるとこれまで考えられていた。しかしガリレオ衛星は、潮汐力によるかなりの内部加熱の存在を明らかにした。エウロパ、ガニメデ、そしておそらくはカリストでさえも、表面下に液体の水でできた巨大な貯水池を持っているらしい。薄めの氷殻の下にある大洋だ。宇宙生物学者とは、地球上および他惑星上における生命体の起源、進化および運命を研究する科学者を言うが、彼らはいま、地球外生命体が存在するか、大昔に存在したかもしれない中核候補としてエウロパを考えている（これ以外で絞り込まれている候補には火星、土星の月タイタンおよびエンケラドゥスがある）。

ここ数年エウロパに焦点が当てられ、木星系へのNASAの支援は実際著しく拡大した（ガニメデへの欧州JUICEミッションへの補完ともなった）。科学界からの支援もあった。科学界は、直近のナショナル科学アカデミー「惑星科学10年の研究（※10）」の中で、エウロパのリターンミッションに極めて高い優先順位をNASAに与えていた。宇宙生物学や地球外の生命体探求に対する公衆とメディアの関心の高揚もその一因だ。また（想定外だったが）アメリカの下院議員ジョン・カルバーソンの個人的関心に負う部分もあった。ヒューストンの西の郊外、テキサス第7選挙区からの議員だ。私は驚くほど首尾よく自分の仕事を説明でき、カルヴァーソン氏はエウロパを好きになってくれた。氏はエウロパの海に生命体が存在する可能性に魅惑された。私はワシントンのオフィス（オフィスの壁にエウロパの写真を掲げているのは下院の535人の議員の中でも多分ただ1人だろう！）を訪問し、キャンディ・ハンセン（近年米国天文学会の惑星科学分科会の議長に就任）らボイジャーチームのメンバーと共にNASAのミッションと望遠鏡からのエウロパに関する最新発見について知識の更新をお手伝いした。カルヴァーソン議員は知識に富む、熱心な宇宙探査の唱道者であった。間違いなく下院での稀ではあるが喜ばしいできごとだった。最も重要だったのは、彼が下院科学委員会の主導的メンバーでもあったことだ。エウロパの状況を踏まえ、NASAに資金提供できるよう、自己の目標と情熱を同僚議員たちの説得に振り向けてくれた。ここ数年カルヴァーソン氏は、木星の高い放射線環境下で長期間宇宙船を運用する新技術開発への資金獲得に成功している。ロケット科学でも、個人の働きかけが大きく効くことはあるのだ。

第5章
土星：リングの中のドラマ

土星リングを突っ切ったパイオニア

二回の壮大な木星フライバイを確実に成功させ、惑星科学における発見と謎解きという秘宝を得たにも関わらず、ボイジャーチームは休む間も幸福感に浸る間もなかった。2機の探査機は、巨大なリング（環）を持つ惑星、土星との遭遇に向けて加速した。ボイジャー1号の土星フライバイは、ボイジャー2号の木星フライバイのほんの16ヶ月後に設定されていた。長いようだが、惑星の衛星やリングを通過する際の軌道最適化の検討時間が必要だった。

10歳頃だっただろうか、本物の天体望遠鏡で初めて土星を眺めたときの情景が目に浮かぶ。地元の天文クラブが運営する小さな田舎の観測所で、ボーイスカウトの遠足の時だった（スカイスクレイパーというクラブで、後日入会した）。無骨な旧式の屈折望遠鏡だ。鏡を使う現代の短筒型でなく、レンズを使った筒の長い望遠鏡だった。給水本管のような鉄製の筒と、巨大な釣り合いおもりを備えていた。1930年代のWPA（訳注：当時米国で失業対策のため設けられた公共事業促進局）の建設プロジェクトに出てくるようなリベットで固定されていた。それでも本物の望遠鏡だった。とりわけ澄み切った夏の夜の田舎のサイトからは良好な画像品質で大きく拡大できた。望遠鏡のオペレーターは皆に楽しんでもらおうと、（頭に入っている）最も壮観な場所に焦点を当てるべく、望遠鏡の筒を手動で忙しく操り、夜空をあちこち飛び跳ねた。連星、星雲、星団、かすかでぼんやりした彗星等々。階段椅子に上がって数秒ずつ接眼レンズを覗き込む機会が皆に与えられた。順番がきて土星を高倍率で覗いたとき、透き通って安定した夜空の視界に環（リング）が輝かしく傾いていた。あまりの優美さに、ほとんど催眠術にかかったようにうっとりした。次の子供が突き始めたので、順番だったから仕方なく譲った。

当時は認識しなかったが、土星に関する知識という点では、1970年代のプロの天文学者はアマチュアとさほど違わなかった。専門家が一般人を超越した存在で、未知の秘密クラブのメンバーだなどと考えるのは滑稽だった。土星大気の化学構造に関する当時の知識は、大きな望遠鏡からの良質の観測や、木星の科学構造からの類推、そしてこの巨大ガス惑星も太陽同様、大半が水素とヘリウム（つまり太陽自体を作ったガスやダストの雲）からなることに基づいていた。土星の有名なリングと当時知られていた10個の月についての情報は少なかった。密で固いリングでないことは理解されていた（イギリスの物理学者ジェームズ・クラーク・マクスウェルは1850年代に、違う速度で周回する内側・外側部分（※1）の間の圧力でリングがバラバラになることを示した）。また、惑星級の大きさの月の存在も知られていた。これらが氷の世界であることは、地上望遠鏡搭載の初期の分光計が示唆していた。

1979年9月のパイオニア11号の土星系フライバイが、重力や磁場の詳細を解き明かしたが、画像能力の限界から、ガス、リング、月の詳細情報はさほど増えなかった。土星の大きな月タイタンは絶対温度100度程度の極寒の世界であり、私たちの知る生命体には過酷すぎることがわかった。またパイオニア11号による土星系通過航行の肝は、単にそれができたという事実そのものにあった。

「パイオニア11号は、ボイジャー2号が天王星に向かう際に通過することになる土星リングを突っ切ろうとしていた。」とストーンは言う。パイオニアは、ボイジャーに先立つほんの1年前だった。したがって、エドとチャーリー・コールヘイズらボイジャーチームのメンバーは、NASAのエイムズ研究センターが担うパイオニア・ミッションを注意深く見守った。探査機は、高密部分からさほど離れていないリング面を無傷で通過できたのだろうか。木星遭遇時以上に危険な、想定外の放射や磁場は、土星近傍の航行に影響しなかったのだろうか。

パイオニア11号と土星とのお別れ映像はリングの下方と前方から撮ったもので、後続のボイジャーからの壮大景観に期待を抱かせてくれた（※2）。パイオニアは土星のリング面を無事通過はしたが、ぎりぎりだった。その後の土星軌道の解析によれば、パイオニアは危うく小さな月にぶつかるところだった（約4000km、天文学的にはニアミスだ）。土星のリング近くを周回していた月で、後で発見された。この経験は、ボイジャー2号に対していくらかの懸念を呼び起こしたものの、ミッション計画者はことさら心配もしなかった。

「探査機が4000kmあたりを通過したからどうだというのだ。」チャーリー・コールヘイズの言「宇宙は広い」。

タイタンに執着したボイジャー1号

とはいえ、重要なタイタン観測を確実に遂行すべく、ボイジャー1号はパイオニアよりはずっと遠方で土星のリング面を突っ切ることにした。一方ボイジャー2号ではリング面自体を詳細に調べる必要があった。土星の重力を海王星や天王星に向けてのスリングショットに使うには、より惑星に接近する必要がある。木星の時と同様、ボイジャー・ミッションの計画者たちは、二日間の土星系中心部の旅で探査機を極力接近させ、困難な制約の中でもできるだけ多くの月をとらえようとした。

エド・ストーンとボイジャーの科学チームメンバーから重大な要求が出された。地球・太陽側から見て探査機が背後・影の位置に来るよう軌道を取れという。

こうすることで探査機に到達する太陽光と、探査機から地球に飛んでいく電波信号とは、共に土星の超高層大気を通過することになる。こうした現象はオカルテーション、すなわち星食（掩蔽）と呼ばれる。惑星が太陽（または地球）を観測者であるボイジャーから掩蔽するからである。「食」は星食（掩蔽）の一種である。惑星大気を通過する太陽光に対する星食（ボイジャーが観測できる）や、あるいは惑星大気を通過するボイジャー電波信号の星食（DSNで地球から観測できる）は、惑星大気の気圧、温度、化学組成を科学者に調べさせてくれる。太陽光が超高層大気を通過するとき、大気で吸収されていくが、大気密度が増していくとついには完全に遮蔽される（巨大惑星の場合）。ボイジャーに搭載された測定器は、吸収される太陽光のパターンを測定し、特定の原子・分子の存在検証のための指紋として利用する。これと同じことがDSNアンテナについても成り立つ。ボイジャーの電波信号は地球の見通し線から惑星が隠れていくにつれて徐々に弱くなる。これは利用すべき強力な科学のトリックで、最適軌道設計において見逃されることはない。しかしチャーリー・コールヘイズのミッション設計チームにとっては悩ましい課題だったのではと想像する。

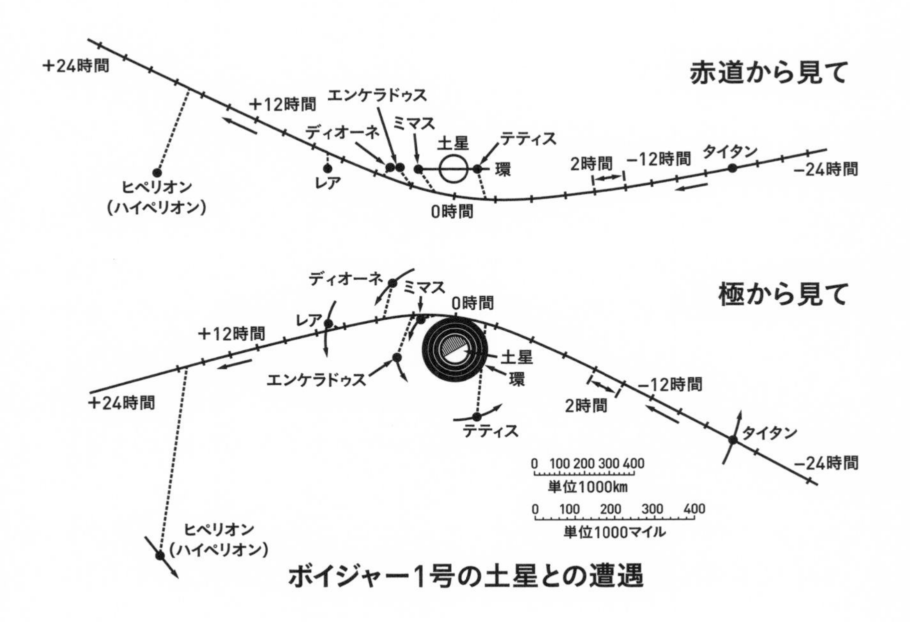

ボイジャー1号の土星との遭遇

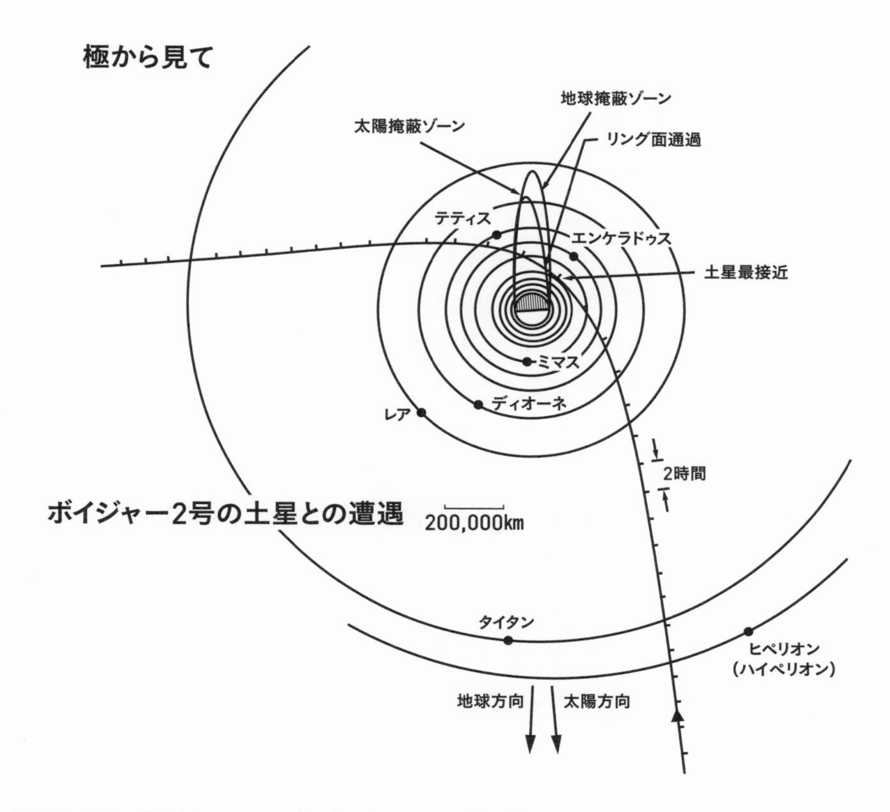

土星でのスイングバイボイジャー1号（左図）とボイジャー２号（本図）の土星フライバイの軌跡（NASA/JPL）

さらに重要なのは衛星タイタンのフライバイだろう。過去のタイタンの情報はわずかだが、初期地球に似た環境だと考えられてきた。フライバイは、原始地球と巡り合う一つの可能な方法だ。それには地球・太陽から見た月の背後通過時を含め、タイタンのクローズアップ撮影ほか諸測定を必要とした。この要求は、通過するボイジャー１号の最終的な軌道と運命をほぼ決する。さらに天王星・海王星に向うボイジャー２号の運命も、ボイジャー１号のタイタン遭遇の成否にかかっている。

宇宙時代に入る前から、タイタンが大気を持つ初めての衛星であることがわかっていた。大気は少なくともメタンと、多分いくつかの炭化水素の混合体だ（※

3)。パイオニア11号による低解像度のフライバイ画像では、タイタンはオレンジ色の球体で、落ち着いてはいるが、大気は濃く、靄(もや)のようだった。極めて低温だったが、初期地球に想定される大気モデルと似る点は重要だった。生命体が私たちの地球の大気に酸素を供給する前、地球の大気はやはり炭化水素（および窒素）に富んでいた。これを化学者は（酸化環境の反対語として）還元環境と呼ぶ。

1950年代の先駆的実験に、生化学者スタンレー・ミラーとハロルド・ユーレイが行った、有名な一連の実証実験がある。炭化水素ガスのみを含む原子炉環境にどのように水とエネルギー（例えば雷撃）を加えれば、簡単なアミノ酸を含む、より複雑な有機分子を作り出せるのかの実験だ。宇宙生物学者を含む生物学者は、この種の化学物質が地球上の生命体形成（※4）をもたらしたと今は信じている。ボイジャーの科学者たちの疑問は、タイタン上でも同様の生物地球化学的な魔法が生じ得たのかという点にある。太陽系最古の単細胞組織はタイタンの原始時代からのスープの中で泳いでいたのかもしれない。

ボイジャーは、際立って個性的な水星サイズのタイタンにひたすら接近する必要があった。大気圧、温度、化学組成を詳細に測定し、極寒の表面を観察するためだ。1年前のパイオニア11号での観測結果も利用しながら、ボイジャー１号は靄のわずか6000km上空まで近づこうとした。タイタンの直径を少し上回る程度の距離だ。フライバイの成功を期し、チャーリー・コールヘイズとミッションデザイナーたちは、タイタンのフライバイがボイジャー１号の土星のリング面通過と惑星最接近の前になるようタイミングをとった。この「タイタン・ビフォアー」アプローチは、土星の大型衛星群との遭遇を確保しつつも、ボイジャー１号を土星リングに深く落とし込みすぎることによる危険を避ける利点があった。地図がない中で、目指すタイタンに焦点を定めた手堅い策だった。

タイタン・フライバイの成功

フライバイは成功した。タイタンの大きさと質量を直接測定し、密度も出せた。エウロパやガニメデと同様、タイタンは岩と氷の世界だった。実際の測定から、タイタンの大気は強い還元性を持つこともわかった。ほとんどが窒素だが、シアン化水素に加え、メタン、エタン、アセチレン、エチレンなどの相当量の炭化水素ガスを伴っていた。この種の気体は、地球初期の還元性大気の主成分だ。表面温度は絶対温度90度そこそこに過ぎないが、ボイジャー 1号の見つけた高い表面気圧と結びつくと、地球の大気よりも約50％濃くなる。今回の遭遇での画期的発見のひとつだ。この気圧や温度では、タイタン上で発見されたメタン、エタンなど炭化水素は気体、液体、固体のどの形もとれる。タイタンを覆う一面の靄は、メタンやエタンからできた濃い異形の「雲」によるものだろう。

この雲は、太陽系で2番目に大きな月とボイジャー 1号の遭遇での唯一つの失望ももたらした。多くの科学者が想定していた、液体の炭化水素でできた地表の河川、湖、海洋の壮大な景観を完全に視界から遮ってしまったのだ。液体のエタンで削りとられた峡谷！　メタンの滝！　意地悪な靄によってどんな光景が視界から遮断されたのだろうか？　ボイジャーのカメラは、気象学者が使う天気予報用レーダーのような雲の透視能力を備えてなかったため、表面そのものに対しては盲目だった（※5）。

もし探査機がこうしたタイタンへの接近を目指さなかったら、ボイジャー 1号は（2号のように）天王星や海王星へ向かうための重力アシストを使うことができただろう。ボイジャー 1号は近接フライバイと引き換えに多くを諦めた。タイタンのより良い情報が得られるとわかっていたら、ボイジャー 2号も天王星や海王星を飛ばしたかもしれない。タイタンを知ることがいかに大事だったかということだ。

ボイジャー 1号のタイタン・フライバイが失敗したら、ボイジャー 2号のグランドツアーも断念されることになっていたのか、公式の方針はどうだったのかミッション設計者のチャーリー・コールヘイズに尋ねてみた。すぐにこんな答えが返ってきた。「そうはしたくなかった。」グランドツアーのオプションに関してはたくさんの非公式の支持が寄せられている（ボイジャー 2号の木星・土星のフライバイの可能性を追求するチャーリーらミッション設計者にとっては心強い支えだった）。他方、初期地球の一モデルとしてのタイタンへの科学的関心も多く寄せられていた。チャーリーも私も、決定がどちらに転んでいたか今は知る由もない。

エド・ストーンはさらに明快だ。「もしボイジャー1号が機能しなかったら、ボイジャー2号も、木星－土星－タイタン・ミッションと同じ流れにいっただろう。」当時太陽系最遠の惑星とされていた冥王星（※6）とボイジャー1号が後で遭遇できるよう、土星のスイングバイを使うことが、早い段階のミッション計画で指摘されていたのは興味深い。しかしタイタン近接通過の必要からその選択肢は見送られた。幸いにも、冥王星は未だに大衆と科学界の関心を集めている。それゆえに公式に冥王星が惑星から除外された後でも、冥王星のフライバイ・ミッションはなお価値ありと判断された。したがってニューホライズンズのプローブは2015年の夏に遠方にある旧惑星を初めて眺めさせてくれるだろう（訳注：ニューホライズンズは予定通り2015年7月冥王星に到達し観測開始）。

なぜリングは規則正しく周回する？

ボイジャー1号の土星系での発見の中でタイタンは序章に過ぎない。チームは、有名な土星リングの初の詳細画像を、上方、エッジオン（見通し線）方向、さらに下方と背後から撮った。さらに他の巨大衛星テティス、ミマス、エンケラドゥス、ディオーネ、レナ、そしてイアペトスの全てについて、初めての高精細画像取得と諸測定を行った。土星のリングは、3つの主要部分（外側から内側に向けてA環、B環、C環…と仮称）があり、その間には空隙が広がる。しかしボイジャーの近接通過ですべてが改訂された。1970年代の高校生は土星とそのリングを載せたポスターを使って勉強し、土星を周回する何百万のリングを眺めたかもしれない。（私のものは、ソルトレイクシティーの旧ハンセンプラネタリウムのスタッフが作ったボイジャー画像だ。）地球から見たリングの明るい部分は、より小さく薄いリングに分解される。細い髪の毛状のものもある。またリック・テリルが発見したような、奇妙な「心向き（ラディアル）スポーク」が埋め込まれたようなものもある。著しく大きいもの、完全な円形ではなく離心率を持つものもある。画像の解像度が上がるにつれ、より詳細がわかってきた。探査機がリングを通過する際に、探査機の電波信号が明滅する様子から、ばらばらの無数のブロックでリングが構成されているのがわかった。塵サイズから家屋サイズくらいまで分布し、乱れずにきっちり隣人達と周回している。なぜかくも秩序正しく周回するのか。

差配する「羊飼い」衛星

一つの解が新しい小さな月から得られた。画像上で発見された月で、うち2つはリングの間の隙間を周回し、その結合された重力でリングをいくらかねじ曲げ、「羊飼い」のごとく差配する。この領域の氷塊があまりにも遠方にさまよい出たら、羊飼いの月の1つがそばに寄ってきて引き戻す。どこかの領域にある家屋サイズのリング片が彷徨しはじめたら、別の羊飼いの月がやってきてそれをもとに戻す。優美で、予想だにしなかった発見だった。

ハイディ・ハンメルは、ボイジャーの土星フライバイの時はMITの学部学生だった。ある同級生がNASAのボイジャーの画像供給装置にハッキングして入り込み、ボストンの寄宿舎の自室で、JPLにいるように全画像を眺められるようにした。ハイディの惑星科学講座の教授たちがこれを聞きつけて、皆でその部屋に「フィールドトリップ」として出向き、一緒に画像を見ながら授業をした。私たちはそこで授業の一環としてボイジャーの土星画像がTVスクリーンに立ち上がってくるのを眺めていた。ハイディは回想する。「Ｆ環の画像が最初に現れたときをよく覚えています。ねじれていて奇妙だった。皆それをじっと眺めていました。決して忘れられないのは、私の師事する教授の一人、アーウイン・シャピロが、それを見ながらこういったこと。「いやこれはありえない。リングにこんなことができるはずがない。」私たちは皆笑いだしました。実際TVスクリーンに現れたのですから。」ボイジャーは行く先々で不可能を可能に変えたかに見えた。

氷火山の活動

もう一つの重要な発見は、リングをつくる成分だ。ボイジャーは、リングがほぼ純水の氷であることを発見した。未知の汚染物質でわずかに赤味がかっていた。1977年の地上観測で天王星の周りに薄い暗いリングが見つかったが、ボイジャーは木星の周りに厚く暗いリングを発見した。これは氷のリングが経年で黒ずんでいくことを示している。おそらく、彗星や小惑星とリングとの衝突で生じる塵や黒い物質がたまるのだろう。とすれば、なぜ土星だけが非常に明るく、すぐれて純粋な巨大リング系を持つのだろうか。惑星科学仲間と今なお議論する難題のひとつだ。土星のリングはどれほど古いのか。明るいリングと綺麗な氷は、天体の若さを意味する。おそらくはほんの数千万年前から数億年前（天文学者にはほんの最近）の大きな氷衛星の大分解によってできたのだろう。一方、リング中のきわめて秩序だった構造と物質の量は、巨大衝突が日常的だった太陽系初期に衛星が壊れたことを示している。したがってリングは古く、周回中に周囲の物体と離合集散することで継続的に「新鮮な」氷（※7）をかき混ぜ、きれいな状態を保った。

土星のリングだけではない。ボイジャー１号は、どの大型衛星も水の氷で覆われるか、または氷そのものでできていることを発見した。さしたる驚きはなかった。これまでの地上望遠鏡観測で、太陽系の遠い領域で形成される月、小惑星、彗星のような小天体は、氷になりやすいことは予測されていた。しかし驚くべきは、月ごとに地質が大きく違うことだった。遠方にある大きな月、イアペタスには、暗い半球がある（常に同じ面を向けて土星を周回する）。他半球に比べて５倍も暗い。例えばテティスのようなより土星に近い大型の月では、全球にわたって谷や割れ目がある。謎に満ちているが、プレートテクトニクスに起因するかなりの応力が過去に氷の割れ目部分にかかっていたようだ。土星の月のいくつかは、長期間にわたる高密度の爆撃の歴史を保存している。氷の表面は、衝突クレーターの痕跡であふれている（太陽系外縁の低温では、氷は往々にして岩のように振る舞う）。他の月では、クレーターが激しく表面に刻まれた場所もある一方、何らかの作用で古いクレーターが覆い隠され平板にならされた場所もある。

この作用を火山活動と見た仲間もいた。ただし太陽系外縁特有の特殊なもので、氷の火山と呼ばれる。「マグマ」は液体の水であり、「岩（固体の氷）」が溶けることで形成され、割れ目や裂け目から噴出し、地球上における溶岩流（※8）のように地表全体に流れ出る。「これほどの規模と範囲の活発な地質活動が、よもや外惑星領域の天体で見つかるとは想定していなかった。」ラリー・ゼェデルブロームは私に打ち明けた。「他の衛星表面では見られない古いクレーターの痕跡群を期待していたが、考えが至らなかった。」幸いにしてラリーとボイジャーチームの地質学者たちは、どんどん学習効果を重ねて火山活動の基本概念を拡張していった。物質の融解でできた流体が割れ目や亀裂など、地下の「配管システム」を通じて輸送されると考えたのだ。「ボイジャーのおかげで、私たちは太陽系（というより宇宙）のどこに行っても、由来はともかく、地質学的な循環をいつでも見つけられるだろう。」「トリトン上では窒素が溶けていて、タイタン上ではメタン、他の多くの氷の月ではアンモニアや水が地質学的な潤滑剤になっている。何らかの形の火山活動が、あらゆる場所で起きているのがわかった。私たちが知る地球型惑星上の従来型岩石なのか、極寒の氷の火山や遠隔の月の多くで目にする噴火なのかは別として。」火山にエネルギーを供給する特別の内部熱源はまだわかっていない。ラリーなど仲間の多くは、イオの火山を作り出したと同じ潮汐熱ではないかと見ている。

とても若いエンケラドゥス表面

ボイジャー1号の画像から、土星の氷の月の一つがとりわけ謎が多いことがわかった。エンケラドゥスの直径はほんの500㎞ほど、ボストンからシカゴにドライブするくらいの距離だ。そしてほぼ完全な球体だ。土星の全衛星中で最も反射の大きな表面を持つ。ボイジャーの遠方画像で発見された衝突クレーターの数は比較的少ない。このことからエンケラドゥスの表面は非常に若く、今なお表面が変化を重ねているとボイジャーチームは考えている。さらに土星のEリングは、エンケラドゥスの軌道距離あたりで最も濃くなっていて、この月がまさにリング粒子の起源かもしれないことを暗示する。こんな小さな月が、大きな地質活動の痕跡を持つのは大きな驚きだ。謎に満ちた奇怪極まる話だ。エンケラドゥスとその隣人リオーネは、（ちょうど木星系のイオとエウロパの関係のように）2対1の共鳴をもって軌道を周回する。同じように軌道絡みの潮汐力がエンケラドゥス内部を温める。そして氷のマントルを溶かし、氷の火山の噴火を引き起こすのではないか。ボイジャー２号が9ヶ月後にエンケラドゥスに接近して、このパズルを解く手掛かりが得られるか。期待は大きい。

ボイジャー１号の惑星ミッションは土星で終わる。タイタンの近接フライバイに必要とされる軌道は、宇宙船の航路を上方に屈曲させ、可能性ある将来のフライバイ・ターゲットから遠ざけるからだ。ボイジャー２号が新たな神秘の世界に向け加速する一方、ボイジャー１号は太陽圏の端と以遠への長い旅路についた。

もしボイジャー１号がかほどのタイタン接近を目指さず、1969－1970年にNASAが提案したグランドツアー・ミッションのように、1980年代の冥王星接近に向けて、土星の重力で方向を転回させていたらどうだったか。薄い大気と窒素の氷で覆われた冥王星と、1978年に地上望遠鏡観測で発見された1小型衛星だけではなく、少なくとも5個の周回機を発見したことだろう。おそらく活発なプルームや、窒素でエネルギーを得た火山群も。

チャーリー・コールヘイズはさほど楽天家ではない。「今ではカイパーベルト天体として知られる彼方の小さな冥王星は、到達時間や実現可能性ではタイタンより難しいとは言えないのではないか。科学者仲間の多くは冥王星を諦めたことを後悔していない。私はボイジャー１号で木星－土星－タイタンを訪れたこと、ボイジャー２号で木星－土星－天王星－海王星への小型グランドツアーを実現できたことを幸運に思っている。

エド・ストーンもやはり現実派だった。「できるとわかっていることを諦める。タイタンについては、行き着けるかどうかわからなかった。この決定に対して真の科学的論争はなかった。」2005年のカッシーニ・ホイヘンス・ミッションでのタイタンへの着陸成功にも触れながらエドは回想する。「私たちはタイタンを全く知らなかった。ボイジャー１号での注目がなければ、タイタンにプローブを着地させることもなかっただろう。」それでも私たちは、2015年7月のNASAニューホライズンズの冥王星接近以降、冥王星を詳しく知ることを間違いなく期待している。遠隔の小さな世界での生命体の可能性を否定する私たちの偏見が、ボイジャーによって打ち砕かれたように、ニューホライズンズによって打破されつつある。

大きな危険を伴った土星フライバイ

1980年11月のボイジャー1号土星フライバイ成功の後、チームは1981年8月のボイジャー2号の土星系通過に集中した。ボイジャー1号のタイタン・フライバイは成功裏に終了したが、ボイジャー2号でこれを凌駕するタイタン接写画像を撮るのは、分厚い靄（もや）の層に邪魔され絶望的だった。ボイジャー2号にグランドツアーへの道が開けた。土星に極めて近い経路に探査機を導いて土星の重力で探査機を90度曲げ、1986年の天王星との遭遇に狙いを定める。首尾よくいけば、1989年に海王星に到達できる可能性がある。しかし必要な経路の変更は、土星にぎりぎり接近させることを意味した。土星を巡る明るいA環、B環、C環あたりまで行くということだ。パイオニア11号とボイジャー1号では、リングの粒子は（大雑把にみれば）まばらに分布していて、惑星近くのリング面を突っ切るのは可能だった。突っ切ることで、最終的に天王星と海王星、さらには謎の多い月であるエンケラドゥスとテティスとの近接を実現できる。パイオニア11号での成功は、危険に挑む勇気をチームに与えてくれた。たとえ危険が大きくとも、土星の環（リング）に宇宙船を差し向けよう！　かくして経路は設定された。

土星での成功はボイジャー1号でほぼ達成できたとの認識は共有されてはいた。とはいえボイジャー2号の土星最近接前後の日々はミッション関係者にとっては悲惨の極みだった。とりわけリング研究陣は神経質になっていた。ボイジャー1号はリングを比較的遠距離でフライバイしたけれど、画像はリング内で奇妙なリップル波形や歪んだパターンを示した。これが説明できない（「リングはそんなことはしない！」と皆思っていた）。画像の解像度が詳細分析には不足していたのも理由の一つだった。リングがどう形成され、進化し、内部に乱気流が形成されるか、という基本的な情報がなかったのだ。したがってボイジャー２号でリングをさらに詳しく観測して何が起きているのかを理解する必要があった。皆過敏になっていた。メインリングに探査機を近づけることはリングの粒子により接近し、濃い密度のリング粒子が探査機に衝突する危険が増すからだ。

泥や砂粒以下の微小なリングの粒子であっても、リングに対して時速5.6万km以上で移動するボイジャーに障害を及ぼし得る。ちょうど時速50マイル（80km）の速度で動いているトラクター・トレーラーを、よく見かける家バエが、時速100万マイル（160万km）で飛び込んで停止させるようなものだ！　微小な粒子は危険でないようにも思えるが、極端に早い速度だと巨大なエネルギーを持つ。かくしてリングに近づくことは、素晴らしい科学上の可能性を得られる一方で大きな危険をももたらす。もろ刃の剣なのだ。

ボイジャー２号の土星フライバイの前半部分、すなわちインバウンドは、巨大ガス惑星の軌道通過を定型処理できる技量水準に達していたため、アンディ・インガソルは巨大惑星大気の映像（土星の北半球をカバー）をふんだんに撮ることができた。タイタンとその氷の月であるミマス、ディオーネ、レアはすべて距離をとった近接ではあったが、ボイジャー１号から高分解能で撮影された。ここから話は佳境に入る。

宇宙船は土星の重力の井戸により深く沈み込み、加速を始める（ボイジャー２号は土星背後の重力アシスト軌道を飛ぶことで、時速5.8万kmから、最終的には時速約8.6万kmに加速される）。惑星やリングに近づくにつれて、シーケンスチームが観測測定器に組み込む操作の種類はどんどん増え複雑になる。とりわけ探査機のスキャン・プラットフォーム搭載のカメラや測定器は、それまでの長時間指向から一転して迅速・広角度指向が求められる。視差（パララックス）の所作で、対象物に近づくほど大きく見えるからだ。自由の女神の写真を、１マイル離れたスタッテン島巡りのフェリーから撮ることを想像してほしい。フェリーは自由の女神に対してゆっくりと進んでいる。自由の女神は十分遠くにあって、カメラを回す必要もなく気楽に撮影できる。さて女神像の100ヤード（90m）以内を時速1000マイル（1600km）で通過するＦ15戦闘機の後部席から同様の撮影に挑むときはどうか。

まさに最高速での土星最接近の局面において、ボイジャー2号のシーケンスチームが向き合う試練だ。

衝撃：スキャン・プラットフォームが停止した！

宇宙船が土星に最接近したとき、すべては計画通りだった。地球から見て惑星の陰にくる「食」に入った。土星上空の各所定位置からの一連の観測が始まった。慎重に組立てられた、過去に例のない試みだった。エンケラドゥスとテティスについて、重要な観測が行われた。土星のリングがエッジオン（真横）の位置から観測された。土星の南半球における雲や嵐が、至近距離から直接に観測された。探査機は土星の背後にある間、太陽の食に入り、太陽光はその外側大気を通じて輝いた。そしてボイジャー2号の観測機器とカメラに戻る道筋で高密度のガスの中で散乱した。かくして探査機は、それまでできなかった土星の雲の化学組成の観測を行った。この旅で宇宙船は主リングの彼方でなくリング面内を飛行した。ボイジャー2号自体は、ほとんどの時間帯は土星の陰に隠れ、通信はできない。このためスキャン・プラットフォームの一連の複雑な旋回手順やカメラの画質は事前に練られ、観測に先立ちアップロードされた。データは観測機の8トラックのテープレコーダーに蓄積され、後に地上との通信が取れたときに再生される。木星のときも、両ボイジャー側と地球側の両方で同様の技法が完璧に取られた。食の期間中は通常よりも冷え、リング面を突っ切るのは危険に満ちた操作だった。およそ90分の間、宇宙船は地球と連絡が取れない。種々の危険はあるものの、すべて計画通りにいくとチームは信じていた（※9）。だが不幸にもそうはいかなかった。

パサデナは午後10時を過ぎていた。真夜中頃までボイジャー2号との通信が途切れることは皆知っていた。チームの何人かは帰宅して短い睡眠をとっていた。画像チームのキャンディ・ハンセンは、最終段の計画策定と、初段のデータの解析で忙殺疲弊し、睡眠をとるために、JPLの駐車場にある自分の車に急いで向かっていた。計画や遭遇の繁忙のピークでは仕事場でいくらかの睡眠時間を確保するのが通例だった。「何も取りこぼしたくないのでJPLを離れないようにしました。」キャンディは言う。「遭遇のたびに私は外に出て2、3時間車の中で眠りました。木星のフライバイのときには、55年シボレーの後ろの座席で、土星のときは、小さなトヨタのピックアップトラックで、キャンプ用の寝袋で寝ました。海王星のときはバンを持っていたので、寝るにはかなり快適でした。」

キャンディらが眠っている間、リック・テリルを含む幹部スタッフは土星の背後からボイジャー2号の信号が現れるのを待ち構えていた。リックは、テティスやエンケラドゥスのクローズアップ画像とともに、土星の背後を探査機が通過する際の、リング面通過時の計画策定にかなりの時間を費やしていた。帰結を知らずに眠ることはできなかった。ボイジャー仲間みんなでが手掛けた共通のテーマだ。「新しいことが目前に来ているのに持ち場を離れたいとは思わない。カメラの次の動きは何か斬新なものを捉えそうに思えた。誰もがそれを眺め、解釈するためその場にいたいと願った。感動的な経験だった。」

ボイジャー2号が土星の後ろから現れたとき、あちこちで歓声があがり、輪番に入っている小グループ内でシャンパンのコルクが弾けたようだった。しかし間もなく何かが良くないとわかった。「突然画像の到来が止まってしまった。凍結のような状態だった。」リック・テリルはこう回想する。「大変だ。大問題が起こった。」テレメトリーは、探査機が惑星の裏側にある間に一連のハードウェア・ソフトウェアのエラーが起きたことを示していた。宇宙船は技術者たちが「健康体」と呼ぶ状態にはなかった。データの取得を妨げる何かが事前設計されたシーケンスに発生したのだ。

驚くほどの挫折感が広がった。衝撃は大きく、「自分は何をすれば良いのか。全く救いようがない状態」とでもいうべき経験だった。リック・テリルは回想する。「何かをすると想定されていた時に宇宙船は突然何もしなくなった。何か進行しているのか想像がつかなかった。何十億キロも彼方のことだ。」リックは自分のさまざまな悲嘆の段階（衝撃、否定、怒り…）が、数分間に凝縮したような感覚に陥ったことを覚えている。「こんなことが起こるはずがない」という思いだった。

エド・ストーンは、その夜家で少しだけ睡眠を補い、早く起きてJPLに戻ってボイジャーの結果と現況に関する東海岸メディアのインタビューに臨んだ。「多分午前4時だったと思う。」とエドは回想する。「私が会場に現れると、彼らは言った。」「スキャン・プラットフォームが停止した！」　私は、聞いたばかりで何も知らない状態で、このライブのTVインタビューに臨まねばならなかった。他の誰もほとんど知らなかった。宇宙船と今後のミッションへの深刻な懸念があるとエドのチームは考えていた。「土星とは既に素晴らしい遭遇を得たので実際上問題は無い。問題は、この宇宙船が天王星や海王星に行き着けるかだ。」

難航した原因究明

当初リング面通過時の事故を考えた人は多かった。ボイジャー2号は、外側リングを漂う氷やダストの大きな塊に激突したのだろうか。プラズマ波動サブシステム観測機のPIである、TRWの故フレッド・スカーフは、スキャン・プラットフォームの異常の翌日、ボイジャーの科学チームに対して、自分の装置が「リング面通過時に近い、平時の100万倍のエネルギーレベルを検知した（※10)。」ことを報告した。スカーフは、「リング面通過の音」を記録したカセットテープを再生し、ダストの小粒が宇宙船に高速衝突することで生ずるエネルギーのバーストを検出したと解釈した。ボイジャー画像チームのデイビッド・モリソンは、土星のフライバイを約1分ごとに報告（※11）しているが、「この衝突はまさに圧倒される量だった（※12)。次から次へと何千もの衝突が、リング面を突っ切る瞬間とその前後数分間続いた。彼がかけたテープ上の咆哮のような衝突音は、まるで激しい霰(あられ)がトタン屋根を叩くようで、会合に出席していた75人の科学者を震撼させた。しかしこの予期しないプラズマの活動が、スキャン・プラットフォームの故障と本当に関係あるのか。誰も明言はできない。」

大きいリスクを取り過ぎたか。ボイジャーが通常より大きめ（1ないし2ミクロン）のリング粒子にぶつかったとしても、ごく小さかったはずだ。土星の背後から現れたときの探査機の軌道は依然として乱れていなかったからだ。ただ、リング粒子との微小な衝突であっても、宇宙船の観測機器やサブシステムに部分的な問題は引き起こしうる。これが犯人である可能性も深刻に捉えておくべきだろう。

もう一つの可能性は、ボイジャー2号が土星の裏で受けた大きな温度変化にスキャン・プラットフォームの機構が影響されたことだ。JPLのフライト・スキャン・プラットフォームの試験結果は、その機構と構成部品の加熱を示している。一方で、宇宙船の外側の温度自体は、土星の影の暗闇を通過する際に、それまでよりも冷える。摩耗や断裂が生じ、スキャン・プラットフォームのギアや駆動軸の「通常の」摩耗や劣化、それに深宇宙環境での潤滑の問題が、想定外の急激で極端な温度変化をもたらした可能性もある。この仮説にも十分留意が必要だ。

究極的にチームメンバーの多くは、この障害が主として宇宙船の機構の複雑さに起因すると確信するに至った。スキャン・プラットフォームが特にそうだが、高速・高視差・最接近の局面では、カメラなどの測定機器は素早く、広い角度にわたって目標から目標へと高速で動かされる。「私たちは機器を何回も何回も回転させた。」リック・テリルはこう回想する。故障原因としてスキャン・プラットフォーム内のギアの疲労が重大視された。この仮説は、予備のスキャン・プラットフォームを直接使うことでJPLにて検証できる。これに基づき宇宙船技術者は、ボイジャー2号搭載のスキャン・プラットフォームを使ったいくつかのテストをすぐに考案した。宇宙船が土星から急速で遠ざかる間に、幾分なりとも科学成果を補填するためだ。スキャン・プラットフォームを土星のほうに向け戻すべく、これまでより小さな刻みで動かすよう指示が出された。この作業は容易だった。

「もし正しく反応したとすれば、最初の画像は午後5時38分に受信されるはずだ。」デイブ・モリソンは1981年8月28日のイベントについて日記（※13）にそう記している。「JPLの仲間が旧式のモニターの前に5時30分に集まってきた。画像と画像の間の3分間の時間差はいつもまどろっこしいのだが、この最後の瞬間はあたかも時間が止まったかのようだった。そしてついに、重要な画像が表示され始めた。スクリーン上に１行ずつ。あった！　リングを伴った惑星が明らかにそこに見えた。初めてリングの暗い側から見たもので、視界全体に広がる弧状を呈していた。研究所内全体に安堵のため息が漂った。」問題への対処が見つかったのだ。いくらかのデータが失われていたが、宇宙船、カメラ、そしてスキャン・

プラットフォームは、トリアージすなわち緊急時の行動順位決定にうまく対応した。結局私たちは天王星や海王星に行けることとなった。

ボイジャー２号が土星の背後に回りこんだときに正確に何が起こったのかはなおミステリーのままだ。スキャン・プラットフォームの土星裏側での故障の適確なシミュレーションと、JPL保管の予備スキャン・プラットフォームでの故障再現の結果、支持されることとなった仮説は、高スルーレートによる疲労・加熱と、機構内微小シャフト上の小ギアの噛みつき（シージング）である。そうだとしても、探査機が冷たい土星の影を通過したことや、とりわけ惑星自体にかくも近接しつつリング面を突っ切ったことを故障原因から除外し去ってよいのだろうか。ミッション計画者たちは、例えば計画中のNASA/ESA合同のカッシーニ土星周回機とホイヘンス・タイタン着陸機のような将来ミッションなど、今後数年間の土星系探査ではより慎重なアプローチが必要だろう。

2004年に、メディアとJPL向けにボイジャー2号の土星フライバイを扱った作家のリチャード・ホーグランドは、NASAバイキング周回機画像からのいわゆる「火星の顔（訳注：火星の人面岩ともよばれる、人の顔に見える岩山）を確認したことで有名になっていた（もっとも有名か悪名かは評価者しだいだが）。カッシーニ周回機を、深刻な危険を承知で土星への「自殺ミッション」（※14）に送り込んだと彼はNASAを非難した。ボイジャー2号は致命的な危険のあるリング面をかろうじて回避し得たにすぎないという。ホーグランドは、さらに厳しい口調で問いかける。1981年の土星の裏に回り込むボイジャー2号が密かに得たであろう画期的な物理的発見とは何だったのか、またNASAのカッシーニに計画に関しても、「こうした「秘密ミッション」実施に際しては、宇宙船がリング面通過の危険に耐えられるのか等について、公表事実以上の準備は整えていたのか。」秘密のミッションだったかどうかは別としてカッシーニは、2004年7月の土星リング面通過という果敢な飛び込みにも耐えた。（訳注：最終的にカッシーニは2017年9月15日、全観測を終え土星大気圏に突入して消滅した。）そしてボイジャーによる発見に重ねて、このリングのある巨大ガス惑星を200回以上も周回し続けた。25年前のボイジャーと同様、この惑星とその月、リングについての私たちの見解を一新した。

土星の遠方側でのボイジャー2号のトラブルは、宇宙探査固有の危険への強烈な認識と、これに伴う心理的苦痛をサイエンスチームに与えることとなった。デイブ・モリソンは次のように報告している。「憂鬱な気分が画像サイエンスの場に漂った（※15)。誰もがこれが土星とその衛星たちの最後の接写写真になるだろうと覚悟した。リック・テリルはこれを「私たちの最後のベスト・データ」と呼んだ。それはまるで病に伏せるスキャン・プラットフォームの、臨終に向かう努力呼吸の一つ一つを見守っているようだった。」キャンディ・ハンセンは、この悲しい光景を覚えている。「異常が起こったこの特別な日に、上司でもあり画像計画担当の同僚でもあるアンディ・コリンズと私は閲覧室に陣取って、撮影されたが的を外した写真の一枚一枚に悲嘆の思いで見入っていた。」リンダ・スティルカーも同様に錯乱状態にあった。「私は計画に関与した科学観測のすべてについて、強度の喪失感にさいなまれた。」とリンダは言う。

スキャン・プラットフォームが動きを停止する前に、多くの高解像度の土星とリングの画像が成功裏に撮られてはいた。しかし、チームの惑星地質学者にとってとりわけ辛かったのは、プラットフォームの障害が、テティスとエンケラドゥスの最高品質の解像度の画像を撮る直前に起きたことだった。「衛星の写真の代わりに、真っ暗な背景だけが映った。」とモリソンは報告する。これが、木星－土星－タイタン・ミッションで本来予定されていた惑星・衛星の最終画像ということになってしまうのだろうか。天王星と海王星への航行継続は望み薄となったのか。予算削減は惑星探査計画全般に決定的な影響を及ぼしていた（当時これ以外の新しい太陽系外縁系のミッションは動いてなかった)。まっ黒な画像のオンパレードをスクリーンで観ていたあるメンバーは、「惑星プログラムの最後の画像だね。」と大きなため息をついた。

2005年、カッシーニ土星周回機が撮った小さな月の写真は、1980年代にボイジャー1号のチームが注目した謎を最終的に解明した。エンケラドゥスは地質学的には現に活動的で、有機分子と混合した水蒸気のプルームが、月南極の地殻表面の一連の「タイガーストライプ」の割れ目から噴き出していた。潮汐力で加熱され、小さなエンケラドゥスの内部は部分的に溶けた氷、すなわち流体の水でできていて、殻の割れ目を伝わる。そして土星のかすかなEリングを作り、粒子の供給に寄与する。エンケラドゥスは、宇宙生物学でいう太陽系の「ホットスポット」の候補として、火星やエウロパとともに重要な位置を直ちに占めることとなった。ホットスポットとは、私たちが知る生命体にとってのハビタブル環境を作る液体の水や、熱源、そして有機分子が存在する場所だ。たぶんボイジャー2号のスキャン・プラットフォームは、1981年時点でエンケラドゥスの破片によって凹まされたのだ。たぶんエンケラドゥスはまだ発見される心づもりができていなかったのだろう。

結局のところボイジャー2号はほとんど無傷で生き残り、航行を続けた。JPLのボイジャー技術者・科学者チームは最善と信じることを行った。即興で様々な工夫に取り組み、遠隔操作で問題を解決した。「幸いなことに私たちには物事を整理する5年間の猶予があった。」とエド・ストーンは言う。予備のJPLのスキャン・プラットフォームの試験を通じ、ボイジャー2号が天王星以遠まで生きのびることを想定して、将来の有効利用に向けた工夫が戦略策定された（迅速ではなかったけれど）。実際、技術陣は宇宙船全体を一つの大きなスキャン・プラットフォームとして使う方法を考案した。トレンス・ジョンソンはそれを「（写真の）汚れ防止作戦」と呼んだ。それは姿勢制御ジェットからの緩やかなパフ（一発が約80gの推力を持つ）を用いて、ゆっくりした穏やかな回転を与える。「天王星や海王星での光量が小さいことは私たちも常に念頭に置いている。」チャーリー・コールフェイスは言う。「したがって露出時間を長く取る必要がある。良い写真を撮りたいなら、汚れも避ける必要がある。フライトチームは、姿勢制御スラスターから2、3発のパルスを打つことで、目標物の見かけの動きを補償するような緩やかな回転を与えることができる。」ボイジャーがこのような方法で制御できることは早くからわかっていた。「ただ私たちは、やらざるを得なくなるまでは我慢した。」とチャーリーは私に言う。幸運にもこれでボイジャー2号をなんとか天王星まで飛ばせるだろう。地球・土星間の距離の2倍もあることは、チームに戦略検証の時間を与え、真に未知のものとの遭遇への準備をさせてくれた。

©NASA/JPL-Caltech

宇宙から見た最初の地球と月

左上：ルナー・オービター1号による宇宙からの最初の地球全景写真

右上：月周回軌道にあるアポロ8号からの地球の出

左：ボイジャー1号からの最初の地球・月同時撮影

ボイジャーとゴールデンレコード

上図：宇宙船とシステム・機器

左下：宇宙船バスの側面に取り付けられたゴールデンレコード・ケースの接写写真

右下：実際のレコードの第一面の接写写真

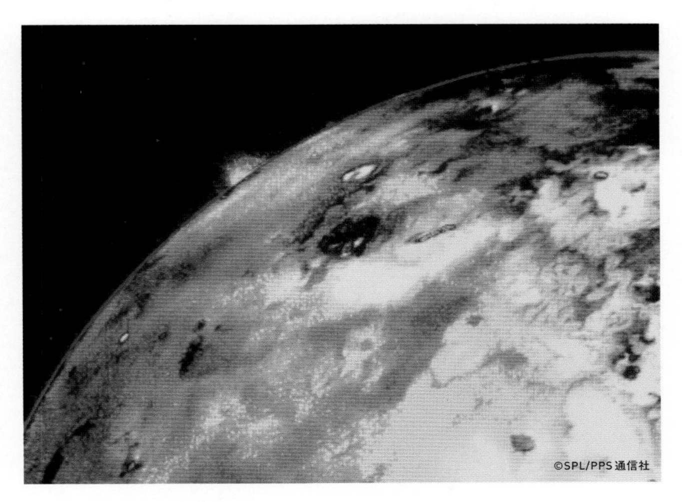

木星の衛星イオでの火山噴火

イオ表面の火山。木星を周回するガリレオ衛星の一つであるイオの周縁部に、漆黒の宇宙空間を背景に巨大な火山噴火が見える。噴火は上部左手に黄色と緑色のフレアとして確認できる（1979年3月4日にボイジャー1号により49万kmの距離から撮影。噴煙の明るさはコンピュータ処理で強調されている）。この噴火では固形物質が高度160kmまで吹き上げられている。硫黄の表面は、大噴火を含めた火山活動が続いてきた証拠と見られる。

木星の衛星イオの全球写真

ボイジャー1号による複数の画像から混成した衛星イオの全球写真（1979年3月4日、86.2万kmの距離から撮影）。暗点を伴った中心部の円形模様は、活火山かこれに近いもの。イオの火山活動には少なくとも2つの種類がある。上空250kmまでも物質を飛散させる爆発的噴火と、表面に溶岩流を流すタイプの噴火である。

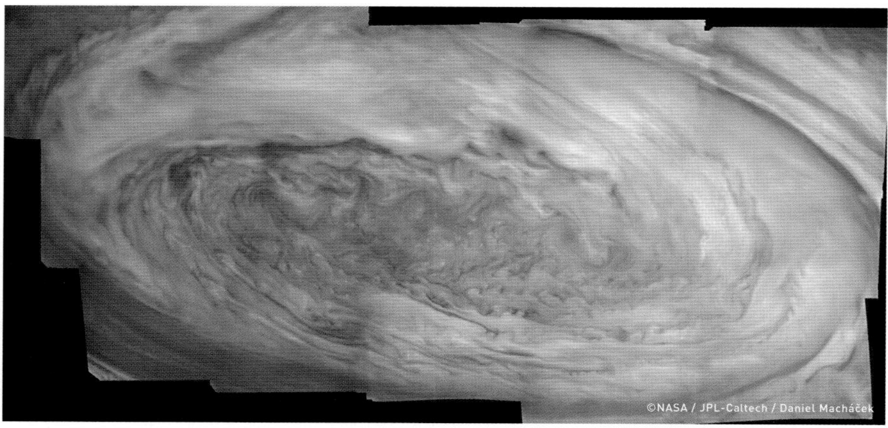

木星：雲と大赤斑木星大赤斑を最新技術で再処理した壮大な2事例。地球3個分の大きさの嵐の系が地域的に出現（上図）　嵐そのものの接写画像（下図）

エウロパの接写画像ボイジャー・フライバイ時に得られたエウロパの最精緻解像度での画像の一つ。このボイジャー2号の最近接モザイク画像を再処理したもので、割れ目、溝、低い峰の壮大な景観が示されている。これは、この月の比較的平坦な氷殻の下に大きな海洋が存在することを暗示している。

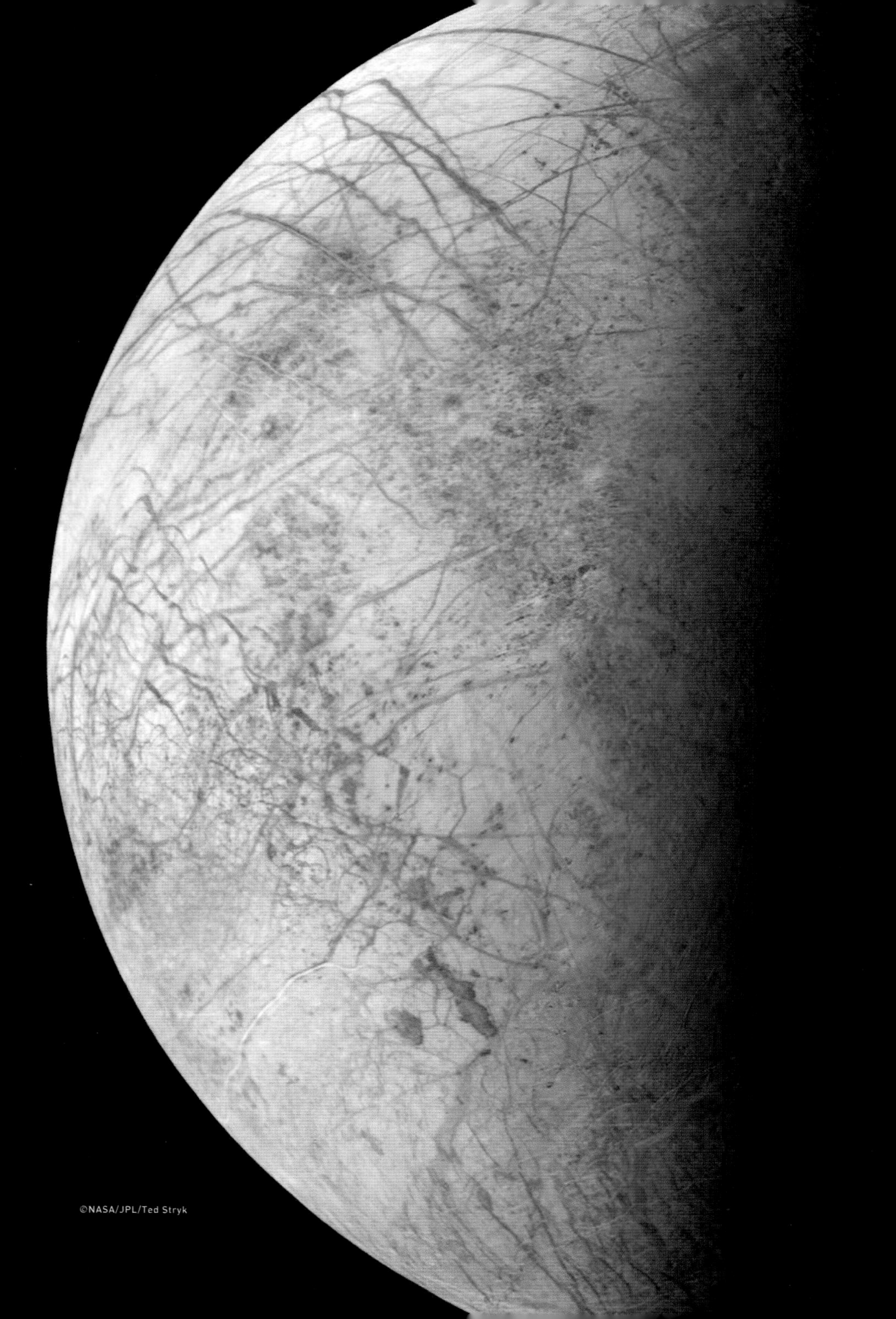

ボイジャー2号の土星との離別土星の背後での最接近とスキャン・プラットフォーム異常での震撼から約3日後、ボイジャー2号のカメラの制御は回復し、その結果地球からでは取得不可能な、リング面下方からの衝撃的な写真が得られた。データを最新のデジタル再生にかけることによって、色調と構造の微妙な詳細までもがわかるようになった。

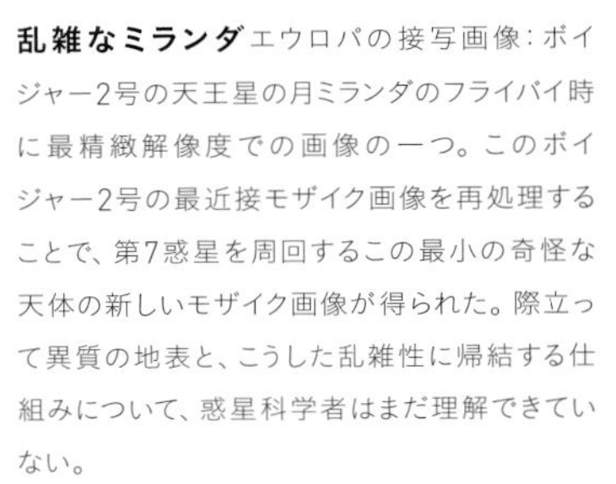
乱雑なミランダエウロパの接写画像：ボイジャー2号の天王星の月ミランダのフライバイ時に最精緻解像度での画像の一つ。このボイジャー2号の最近接モザイク画像を再処理することで、第7惑星を周回するこの最小の奇怪な天体の新しいモザイク画像が得られた。際立って異質の地表と、こうした乱雑性に帰結する仕組みについて、惑星科学者はまだ理解できていない。

海王星、トリトンとリングボイジャー2号からの広角、狭角の展望。ボイジャー2号フライバイ時の海王星、そのかすかなリング、大きな月トリトン、およびシミュレートした背景の恒星群を、ミッションの最終寄港地である海王星をデジタル処理によるモザイク画像として組み合わせた。

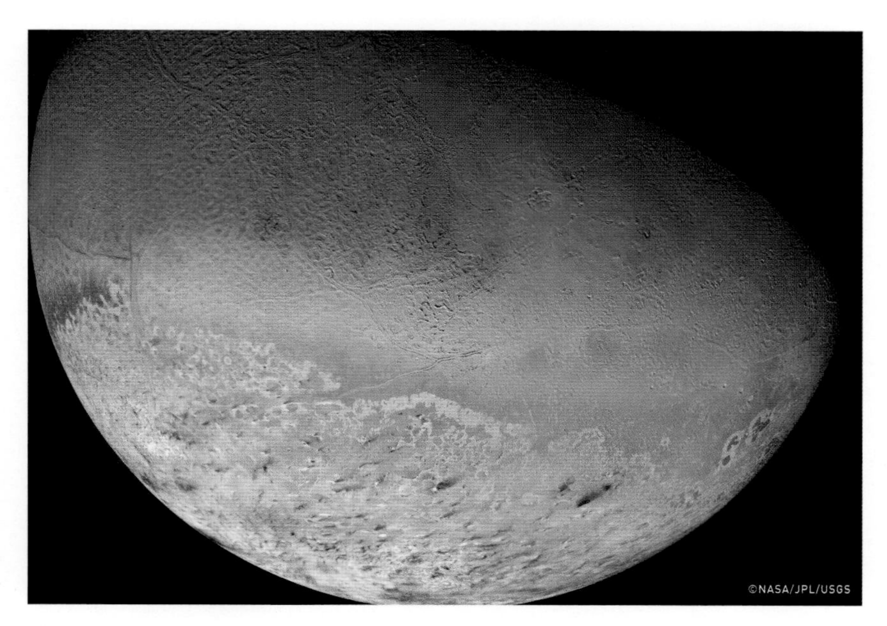

ボイジャー2号からみた海王星の大きな月トリトンのカラーモザイク画像中央と上部の青緑色の「マスクメロン」状地表は、窒素氷の峰々と平原でできている。一方、下部のピンクの斑点領域は、ほぼメタン氷でできた極冠と考えられている。極冠の黒い筋は、ボイジャー科学者が検出した噴泉の位置を示す。

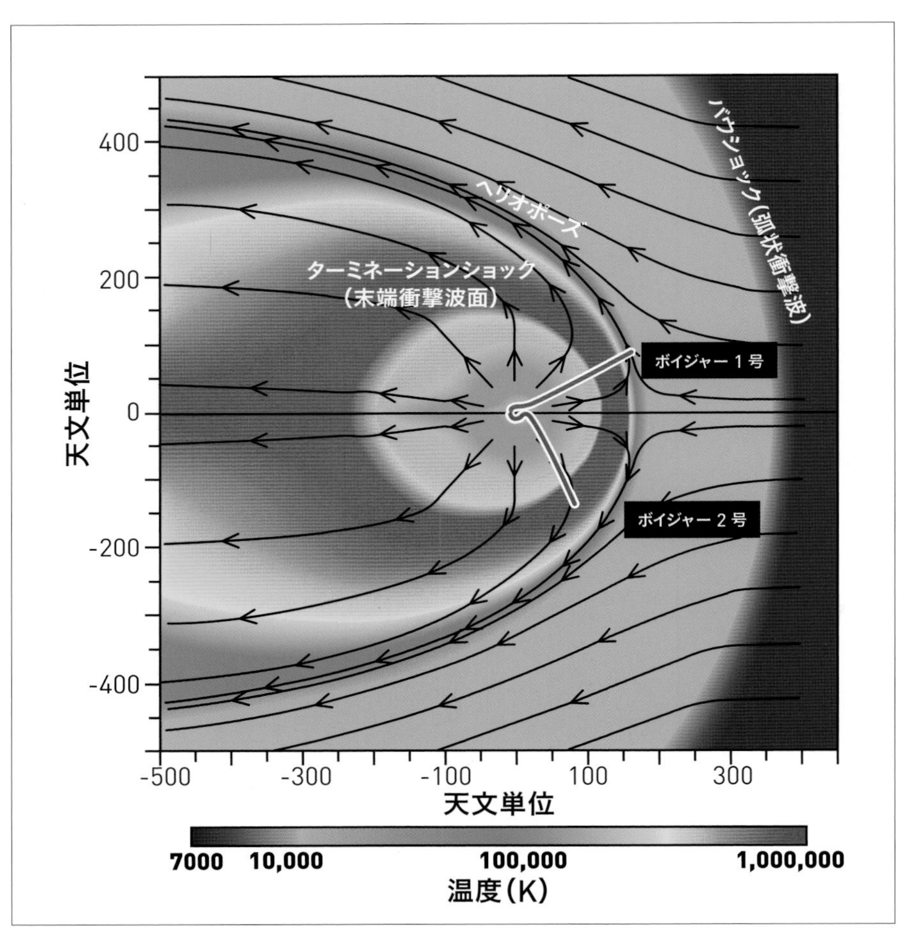

ヘリオスフィア(太陽圏)の簡単なモデル太陽磁力線(太陽から放射される図中の黒線)と太陽風粒子(温度に応じ緑ないし赤で表示)の「バブル」を示すこの模式図の中心に太陽がある。バブルは星間磁力線(右から左へと流れる黒線)および星間粒子(低温であるゆえ、青ないしコガモ色で示す)と相互作用する。2014年初頭におけるボイジャー1号と2号の軌跡をあわせて示す。緑色とコガモ色の境がヘリオポーズであり、ボイジャー1号は2012年にここを通過した。ボイジャー2号ももうすぐ通過すると予測されている(訳注:2018年にボイジャー2号も通過し太陽圏を抜けたことがNASAから発表された。)

第6章

天王星：牡牛の目をもつ傾いた世界

土星から天王星まで5年：猶予期間の人生設計

少年時代の長い夏、ニューイングランドや東海岸を家族で自動車旅行した（ほぼ毎週違った車種で。父はジャンクヤードと自動車修理工場を経営していた）。家には面白い車がいろいろあった。よく覚えているのは、チェビーチェイスのナショナルランプーンの休暇という映画で有名になった「ファミリートラックスター」のステーションワゴンだ。妹と私は後のシートやシートパネル、あるいは荷物とスペアタイヤの隙間でカードゲームやふざけっこをした。いい時代だった。シートベルトがあったかもはっきり覚えていない。使い方を知らなかったかもしれない。間違いなく別の時代だった。

フライバイとフライバイの間の長い惑星間航行の間、ボイジャーチームの仲間はそれぞれに時間の過ごしかたを見つけていた。惑星フライバイの後、ボイジャーが高速通過する際の「一回しか許されない」観測を成功させるストレス（時としてフラストレーション）を払拭すべく、仲間の多くはこの間に休暇を計画した。しかし猶予期間は概して短い。休暇から戻ると、迫り来る次のフライバイのストレスが再びゆっくりと蓄積し始める。新プロジェクトで別の仕事に就いた同僚もいた。ボイジャーでの経験を生かしてJPLなどでより良い地位に就くこともあれば、プロジェクト予算の再削減で、JPL以外の仕事を探さざるを得ないこともあった。

土星と天王星の間で、キャンディ・ハンセンは、JPLから2年半の休暇をとり、オーバーパッフェンホーヘンにあるドイツ宇宙オペレーションセンターの科学・運用連絡員として働いた。他国がいかに宇宙船を運用するのか、ドイツの豪勢な夏休みに小さなキャンピングカーでいかに欧州を探索するかを学んだ。15年、20年前に眼を輝かせて飛び込んだボイジャーのミッションから途中で降りた仲間もいた。結婚式や子供の出産を、何年も前からわかっていたボイジャーの「休止期間」に合わせた仲間もいた。天王星と海王星の間に、キャンディ・ハンセンは娘をもうけ、UCLAの大学院に戻って、修士の学位（その後海王星のフライバイの後でPhD）を得た。リンダ・スピルカーは、家族形成と私生活を職業人生とうまく組み合わせていた。「私は娘のジェニファーとジェシカに、二人は惑星直列を基礎に生まれたのよ、と真顔で語りかけます。ボイジャーの1981年の土星フライバイと1986年の天王星のフライバイとの間に約5年間の窓があり、2人の娘が生まれたのはこの窓の期間でした。他のボイジャーのママたちも似たような選択をし、私たちの子供も一緒に育っていきました。」 占星術の一種現代版だ。人々の人生は惑星の位置によって決定づけられる。とりわけボイジャーの子供たちの誕生は、外惑星がおよそ175年毎に直列すること、そして直近の惑星直列は、それを探検できる技術を人類が獲得し終えたときに起こった。そして両親の少なくとも一方は、惑星直列にかかわる職業についていた。やはり占星術のなせるわざか。

ボイジャーの土星遭遇から天王星遭遇までの歳月は私にとっても事をなせる期間だった。私は高校を卒業し、カルテックの学部学生になるために西海岸に移った。必修の数学と物理の授業を受ける必要があったが、選択科目で天文学、工学、それに惑星科学に手を出した。地質・惑星科学科の教員たちは、ボイジャー・ミッションに直接に関わっていて、時折授業の中で私たちを科学モデルや、ボイジャーで撮った木星や土星の画像に引き合わせてくれた。教授や大学院生たちが議論し合うなかで、手書きのスライドや、35mmスライド、フィルム式の映画を見る機会もあった。クラスの学部学生たちは、教材の専門用語やその複雑さに圧倒されはしたが、至福の時だった。科学と発見が皆の目の前で起きる！　私たちはBやCの評価で苦労はしたが、全部通ったことで良しとした。

私には天王星の議論がとりわけ印象的だった。教授や大学院生たちにとって、未知の惑星とリング、月に関するボイジャー2号による奇跡的な全容解明が目前に迫っていた。ボイジャーが何を発見するかについては多くの推測が飛び交っていた。やや小ぶりで青緑がかったこの巨大惑星は、木星や土星という大きな従姉妹達とどう違うのか。巨大惑星は皆同じなのだろうか。誰もが疑問を持った。巨大惑星はサイズに応じて違う振る舞いをするのだろうか。太陽から距離によるのか。天王星に届く太陽光は土星の4分の1、木星の13分の1という弱さだ。この違いは何をもたらすだろうか。

大規模協働研究の先駆けとなったハーシェル一家

天王星（11歳の悪童がふざけてユア・アヌスなどと発音するが、プロの天文学者は前にアクセントをつけてユ（ウ）ラヌス（またはウラノス）と発音する）は惑星の中で特別だ。第一に望遠鏡で発見された最初の惑星である。ギリシャ、ペルシャ、中国、そしてバビロンの天文学者たちはその存在も知らなかった。遠く離れていて、地球太陽間の距離のほぼ18倍の平均距離で公転している。裸眼で見るには通常微弱すぎる。仮に肉眼で捉えたとしても、恒星のように見えただろうし、あまりにも遅く動く（太陽を1周するのに80地球年を要する）ため、背後の本物の恒星と格別異なっているとは認識されなかっただろう。何人かの気鋭の古代天文学者の報告がある。1610年に最初の天体望遠鏡を発明したガリレオ・ガリレイでさえ、天王星か海王星だったかもしれない恒星状の天体を見ていた。

誰もそれを惑星とは認識できなかった。少なくとも1781年3月までは。

ドイツ生まれのイギリス人音楽家兼天文学者である、ウィリアム・ハーシェル（1738－1822）が独力で太陽系の領域を2倍にした。ハーシェルは、西欧天文学の黎明期における神話的存在だ。1世紀前のアイザック・ニュートン同様、ハーシェルは著名な博学者で、多分野の技術的、学術的技能を身につけていた。彼は自分のエネルギーと生活の糧を作曲と演奏からもっぱら得ていた（24の交響曲に14の協奏曲、その他多くの作品）。天文学、光学、およびその他の科学領域にも手を出した。こうした分野に関わったことは、最終的に彼を大口径の鏡や望遠鏡の設計に至らしめた(ニュートンの設計に基づく)。そして夜の星空の系統立った観測を始めた。バースの自宅観測所で、直径16cm、長さ2mの望遠鏡を用いて、「恒星ではない円盤」が恒星の間をゆっくりと動いていくのに気づいた。恒星のような光の一点ではなく､この天体は円形をしていた。他者との協働のもと､ハーシェルはこの対象物が、土星の軌道の遥か先の惑星軌道（※1）を動いていることを示した。

ハーシェルの最初の着想は、この新惑星を、王であり支援者であったジョージ3世にちなんで、ジョージアム・シダス（ジョージの星）と名付けることだった。（適切さよりも）請求書を受けてくれる人を褒めそやす、従前の天体発見者たちにならったわけだ。例えば1610年にガリレオは発見した木星を周回する4つの明るい天体を、メジチアン・スターと名付けようとした。支援者・資金提供者であるメジチ家のコジモ2世（トスカーナ大公）とコジモの3兄弟である。ありがたいことに天文学者たちは、そうではなく、イオ、エウロパ、ガニメデ、カリストとすることを決定した。ともあれ（おそらくキング・ジョージは別として）誰もハーシェルの提案を好まなかった。とりわけライバルのフランスがそうだった。フランスの天文学者たちも新しい天体を好き勝手に命名する点ではハーシェルと同類ではあったものの、最終的にギリシャ神話の天空の神であるウラヌスに落ち着いた。数年の後、より大きな（そしてより扱いの面倒な）直径47cmの望遠鏡を用いて、彼はウラヌスすなわち天王星を周回する2個の月を発見した。（後に、やはり著名な天文学者になったハーシェルの息子ジョンにより、オベロン、ティタニアと名付けられた)。またその直後にさらに2個の月を土星の周りに発見した。ミマスとエンケラドゥスである。この間作曲と音楽演奏も続けていて、「片手間」で赤外線放射を発見した。これは火星などの惑星の研究に貢献し、望遠鏡を使った生物学的な観察につながった。

ハーシェルは意欲も緻密さも備えてはいたが、全てを一人でこなせない点は、博識と才気にあふれる世人たちと変わりはなかった。最も有能な助手は妹のカロライン・ハーシェル（1760－1848）だった。彼女はハーシェルの音楽のほか、苦労しつつ望遠鏡の仕事を助けた。新たな望遠鏡の設計に貢献し、鏡を磨き、自ら観測も行った。女性が科学や学術に関わる機会が少なかった時代にあって、カロラインは、独力で天文学者の地位を獲得した。そして装置の作成、彗星の発見、微弱な恒星のカタログ化という重要な足跡（※2）を残した。カロラインは、王立天文学会というオールボーイズクラブの正会員となることはなかったが、いかなる女性も（ほぼ1世紀以上）かなわなかったことを成就した。遂げた功績により、より高い栄誉「名誉会員」に選ばれたのだ。

父と妹と息子というハーシェル一家は、他の科学技術分野の仲間と協働して画期的な発見をなした。勃興しつつあった「巨大科学」の先駆けとなる偉大な事例だ。科学、とくに天文科学は、きわだった意欲を持つ個人が手掛けることが多く、慎重な観測や、専門外の分野にも踏み込んだ理論を駆使することで始まる。西欧天文学の歴史に残る好例として、16世紀のポーランドの天文学者ニコラス（ニコラウス）・コペルニクスのような先駆者があげられる。デンマーク人の観測家ティコ・ブラーエと、ドイツ人天文学者ヨハネス・ケプラーは共に16世紀に活躍した。17世紀後半のイギリス人の物理学者アイザック・ニュートン、そしてもちろん1600年代の初頭の、望遠鏡に関する最初の一匹狼ガリレオ・ガリレイがそうだ。多くは中核となる個人の力量で進捗した。個人ベースの科学や「小規模」科学は、はるか昔のギリシャ、アラブ、ペルシャ、中国、インド等の著名な思想家を含む多くの文化にその淵源を持つ。協調科学という理念は一般的ではなかったものの、大きなグループによって黎明期の数学、物理学、天文学が重要で深遠な進展をみた事例はある。例えば天文学者/数学者であるナシール・アッディーン・アルトゥージと、13世紀のイラン・ムラゲー観測所で惑星研究に携わったチームの協働作業があげられよう。あるいは、16世紀のインドのケララ数学学校で、最初の太陽中心宇宙モデルに微積分が併用されたように、学問分野をまたいだ協力があった（記録によれば、前述のポーランドの一匹狼の天文学者、ニコラス・コペルニクスに影響を与えたとある）。また、ハーバード大学の天文学者エドワード・ピッカリングによる20世紀初めの女性主体のグループ「コンピューターズ」は、膨大な望遠鏡データセットに取り組み、星の分類に関する新たな基礎作りに尽力した。

技術が進み、その技術を理解、利用、改良する知識の幅が広がるにつれ、個人や小グループが科学、とりわけ宇宙科学の最先端を解明するのが難しくなってきた。アポロ月着陸、ボイジャー・ミッション、ハッブル宇宙望遠鏡、火星の地上探査車のようなプロジェクトは、詳細な理論計算（例えば、予定シーケンスのもとでの軌道やカメラの露出時間の算定）や、最先端のエンジニアリング技術（新材料、新しい種類の測定器、通信や指令に必要な新しいソフトウェア）、最新の研究室や望遠鏡での発見、コンピュータによる解明を基礎とした明確な科学目標を必要とする。こうした規模のプロジェクトを成功させるには、小グループでは全く歯が立たない。実験を設計し、構築し、運用し、プロセスを進行させ、結果を解釈するのに幅広い専門性を持った大きなチームが必要とされる。巨大科学なのだ。

パンチで転倒した自転軸

ウイリアム・ハーシェルとカロライン・ハーシェルが発見した月、オベロンとティタニアは（後から見つかった月も含めて）天王星の周りを垂直面内で周回していた。例えるならターンテーブル上のレコードでなく、車のホイールだ。天王星の自転軸は、他の惑星と比べると90度近く傾いていた。どういうことか。ボイジャー2号の天王星フライバイでは、この謎を解く手掛り探しが重要課題だった。

なぜ他の惑星は太陽赤道面と（約20ないし30度の範囲で）ほぼ垂直に自転するのか。時代先取りの着想を求めて天文学者たちは思考を巡らす。支配的な考え方は、太陽とすべての惑星が46.5億年前にガスとちりが濃縮しつつ回転する雲から形成されたとする。雲は太陽の北極上方から見て反時計回りに回転していたに違いない。太陽が自転する方向であり、すべての惑星が太陽を公転する方向でもあるからだ。ガスやチリの円盤から形成される惑星という概念が、なぜ極軸が南北方向なのかを説明できる。赤道がすべて比較的平板な円盤平面内部に形成されるからだ。しかし天王星は変わり者だ。赤道は90度も傾いている。地球年で84年かかる太陽公転の一定期間、天王星の北極は太陽の真正面を向く。南半球は完全に真っ暗だ。40地球年の後、状況は逆転し、南半球が夏で北半球は暗黒の極夜となる。その間の期間、春分と秋分の付近では、太陽の光は両半球に降り注ぐ。惑星の傾きが季節の強さを決定する。地球の23.5度という傾きは、北極圏（または南極圏）に住む人々や動物にとって、常に太陽光が当たるか逆に常に暗闇といった極端な気候を作り出す。木星の傾きはほとんど0であり、何にも増して素晴らしいことに季節をもたない。天王星は最も極端な傾きを持ち、したがって最も極端な季節を持つ。天王星の北極圏はほとんど赤道に近くなる。

天王星はなぜこのようになったのか。確たることはわからない。有力な仮説は、天王星は他の惑星達と同様「正常に」形成されたのだが、太陽系の歴史の初期段階で、別の大きな岩石性惑星か小型のガス巨大惑星との激しい斜め衝突でひっくり返ったという。この衝突で基本的には両方の天体が融けた。しかし新たに形成される衝突後のガスと塵の濃縮雲は、衝突の力で垂直にスピンを始める。最終的にその方向は新たに形成された惑星（合体した惑星の可能性もある）の新しい傾き角（※3）に落ち着くことになる。

これは極端な議論で場あたり的だ。一般的に科学者は、周りの世界を説明するのに、このような一回限りの特別な事象に頼るのを好まない。ただ、全く不可能のものは除外したうえで、小さな可能性のあるもののみが残された場合には、有名なシャーロック・ホームズ流の言い換えをすることがあり、それが正解となる場合もある。惑星の変化をもたらす重要な媒介者として、巨大衝突という概念を用いることは、最近の惑星科学でようやく広く受け入れられるようになった。実際、その突飛さにもかかわらず、非常に若い地球と、火星サイズの原始惑星との巨大かすめ（グレージング）衝突という概念は、月の形成を最もうまく説明する。これはアポロの試料や、地球内部の構成成分の分析に基づいている。

したがって巨大衝突は荒唐無稽な話ではない。おそらく惑星の磁力線（磁場があればボイジャー2号はそれを検出できる）や内部構造に関する何かが、いずれかの惑星傾きモデルを支持する決定的証拠となるかもしれない。確かなことは言えないが。

「かなり熟考はしたのだが…」とエド・ストーンは言う。「地球が念頭にあるため、どうしても思考がそれに引っ張られてしまった。当時想定していた磁場は、その極が回転軸の極の近くにあるものだった。だから私たちは太陽風が惑星の磁南極に直接当たるような独特な状況を見られることを期待していた。地球上では、粒子がやってくるところは「漏斗」になった興味深い場所だ。」エドのいう「漏斗」とは、地球の北極と南極の近くで地球磁場が収束することを指す。収束する磁力線は、それに沿って流れこむ高エネルギーの太陽風粒子を集中させるように働く。結果、その密度を高くし、地球大気との相互作用を強める。これが、アラスカやカナダ、そしてスカンジナビアの人々（そして南極のペンギンも）が、強く美しいオーロラの発現を眺められる理由の一つだ。エネルギーを漏斗で集めるようなもので、オーロラはエネルギーを発散させる一手段なのだ。エドらは同様の壮大なオーロラの発現を天王星でも実際見られると想像した。でも現実は全く違っていた。

極端にひっくり返った天王星の形状（ジオメトリ）は何を意味するのだろう。木星や土星の月やリングを、数日かけてゆっくりと通過したのと異なり、ボイジャー2号は、あたかも万歳突撃の如く標的に向かい、天王星系を時速8万km超で矢のように突っ切る。必要な全ての近接観測をわずか10時間ほどで終えなければならない。ボイジャーの航行チームは、（大気の成分や構造を測定するため）探査機を天王星の影領域を通すべく、最接近点を惑星直径のほんの数倍以内に持ってくる必要があった。またボイジャーに重力アシストによるひねりを与えて、探査機を海王星まで送り、期待されたグランドツアーを完遂させる必要もあった。惑星にこれほどまで接近して衛星の牡牛の目パターンに迫るのは、ミッション計画者が、最も内側の小衛星ミランダをボイジャーが近接通過するタイミングをうまく取ることで初めて可能となる。他の月にそこまで近づいて観測できないのは不幸だが、フライバイの幾何構成上の制約ゆえに貧乏クジを引いたに過ぎない。一般には知られていなかったが、天王星の5つの大型氷衛星の中でミランダは最も興味深いことがチームにはわかってきた。

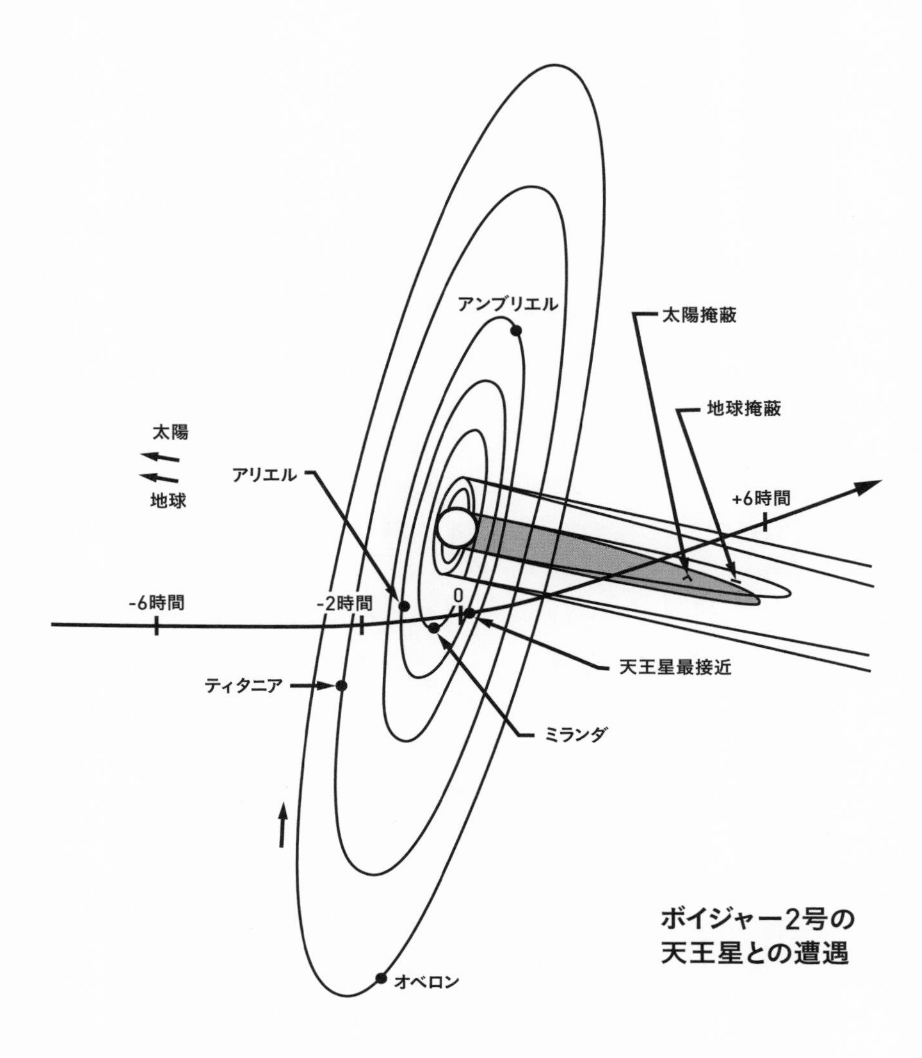

牡牛の目：ボイジャー2号の天王星フライバイの軌跡（NASA/JPL）

画像の汚れを取るために：
イメージ・モーション補償とデータ符号化

天王星フライバイを成功に導くためにチームが解決すべき別の大問題があった。画像の汚れだ。天王星では太陽光の強さは土星の4分の1。カメラで同じ画像品質を得るのに4倍の露出時間がいる。しかし今回は半日足らずの速いフライバイだ。しかも宇宙船は土星での重力アシストでさらに速度を時速2.9万㎞分獲得している。（木星画像の時はグランドツアーを通して太陽が最も明るく、露出は最短で足りたのだが）土星画像では画像に若干のシミがあることに画像チームは気がついていた。シミは、テープレコーダーのオンオフ反復のせいだと思われた。これは長い露出時間の写真をわずかに揺さぶる。さらに長くシャッターを開放し続けると画像のシミはさらに増える。新世界の鮮明な写真でなく、ぼやけてむらのある写真になってしまう。解決策が求められたが、無事見つかった。ボイジャー2号は土星・天王星間でほぼ完璧に再設定され、プログラムが更新された。結果、迅速円滑な写真撮影のできる一層ハイテクの宇宙船となった。

第一は宇宙船に、次の標的に向かう間に宇宙船の「姿勢」すなわち方向を転回することを教えたことだ。ヒドラジン姿勢制御システムを使って、うまく時間制御したスラストの小噴射を行うが、これを以前よりもゆっくり、滑らかに行う。次に宇宙船に対して、同じ姿勢制御システムを用いてテープレコーダーの振動を予測し、補正することを教える。ボイジャーに教えこんだ最新・洗練の機械的トリックは、イメージ・モーション補償と呼ばれるものだ。土星フライバイで最速の連写を要する位置において、科学観測機器を載せたスキャン・プラットフォームを速く動かすことでボイジャー2号の問題点を診断・補正する。チームはこれに数年をかけた。ミッション計画者は、天王星の牡牛の目での高速フライバイ・シーケンスで同じことの繰り返しは避けたかった。そこでスキャン・プラットフォームの予定された動きを制限し、その代わり天王星と月の撮影時に、探査機全体が反対方向にゆっくりとつま先旋回するように教えこんだ。探査機に搭載したカメラの視座からは、標的はより緩慢に動くように見える。まさにバレーだ。

ボイジャーの頭脳のメインコンピュータと予備系コンピュータは、天王星フライバイの準備のために全面オーバーホールされる。メインコンピュータは、画像を主メモリーに入れ込む代わりに直ちに予備系コンピュータに送って処理し、圧縮するよう再プログラムされる。こうしてボイジャーの写真撮影速度を70％上げる。コンピュータはまた、探査機に搭載されている実験用の新データ符号化装置の使い方を教え込まれる。これは木星と土星では使われなかった。「データ符号化」とは、画像その他のデータを1と0の列に圧縮し変換するプロセスだ。それは電波で地球に送り返される。新しい符号化（エンコーディング）技法は、天王星からの微弱電波に対して効率的・頑健で、仮に電波信号のいくつかのパケットが喪失・劣化したとしても、JPLの通信技術者は当初のデータをきちんと再構築できる。

JPLの深宇宙ネットワークチームもゲームに加わった。遠ざかるにつれ微弱化するボイジャー2号の電波信号を受けるため受信機感度を上げ、天王星フライバイの最重要局面では、オーストラリアのパークス電波望遠鏡（1969年のネイル・アームストロングとバズ・アルドリンのアポロ11号月着陸を成功裏に世界に生中継した有名な電波望遠鏡）にボイジャー2号との通信能力を増強した。天王星フライバイは、オーストラリアのDSN局から最もよく見えた。エド・ストーンは初期の科学論文で、ボイジャー2号の天王星での成果をこう記す。「ボイジャー・プロジェクト内部での専門知識とチームワーク、そして組織を維持する高い精神性の全てが見事に証明された（※4)。」 まさに巨大科学だ。

天王星の観測開始

1985年11月、ボイジャーは天王星近辺での観測を、まだ600万マイルも離れていた時点から開始した。私はカルテックのエド・ダニエルソンの部屋や、学内のミリカン図書館の会議室を時折「スイングバイ」して、モニターに写る惑星を一瞥する。JPLに届く定常的な画像の流れが映し出され、学生や職員が、小型の白黒ディスプレイの周りに頻繁に集い、画像のテレメトリ・テキストを、目を細めて読んでいる。カメラの焦点面上にエッチングすることで各画像に表示されるレゾマーク（訳注：座標表示用の印）の間隔と比較することで、惑星の見かけのサイズが徐々に拡大していくのを確認できる。いくつかの画像では、かすかなドーナツ状のゴーストを、まだピンボケの塵粒の段階から認識することができる。年末の休暇に向けて、この青緑色の世界はヘッドライトの中で次第に拡大し始める。

休暇に私はロードアイランドの実家に帰省し、ボイジャーの仕事からほぼ完全に離れたひとときを過ごした。NASAではコンピュータの科学技術が徐々に浸透しつつあった。しかしインターネットは未だ大学と一部政府系研究所の間の小規模な学術ネットワークに留まっていた。今日見られるような無限の知識と接続しうる公共のウエブからはほど遠いものだった。1月下旬の最接近の数日前に至るまでは、フライバイについてのメディア報道は少なかった。パサデナに戻ったとき、エド・ダニエルソンが用意してくれたJPL出入り自由のボイジャー 2号チームのバッジを使った。時折自分の1963年フォードギャラクシー500 コンバーティブル（白の「Three on the Tree」）でキャンパスとJPLの間の数マイルを運転し、訪問者用の昼間用駐車スペースに潜り込んだ。クラスを抜け出て、エドの車に同乗して何度か旅行した。惑星との遭遇の日が近づくと、駐車場の空きは少なくなる。テレビの中継車やバスがフォン・カルマン講堂脇の来訪者用駐車場を埋め尽くす。ここで記者会見が行われるおかげで1マイルも先に駐車する羽目になる。そこから研究所までは駆けていく。

1月24日の最接近日のころはJPLのセキュリティーは一層強化された。264号館の科学ゾーンには警備員が配置され、オペレーションルームに一度に入れる人数も防災面から制限された。周到を要する計算やフライバイ絡みの重要決定のため、静かな環境を維持する必要があったからだ。12月後半、ボイジャー 2号の接写写真の中に、天王星を周回するかすかな新衛星が見つかり、1985U1と仮付番された（シェイクスピアの真夏の夜の夢の軽い妖精にちなんで、後にバックと公式に命名された）。遠くても、小さな新世界ミランダのしっかりした画像を構成できることがミッション計画者に理解された。なすべき仕事があった。

私は実際大した仕事はしておらず、エドやチームメンバーの使い走りだった（これをやれあれをやれ）。画像処理ラボラトリーから検索して印刷したり、コーヒーをいれたりピザの配達をしたり…といった具合だ。人にぶつかって邪魔にならないよう心がけ、激しい息づかいすら注意し、ひたすらにこやかな表情に努めた。

意外な獣性：天王星の強力磁場

天王星が、木星のような強烈なコントラストを帯びた雲や、土星のような明るいリングを持っているとは誰も想っていなかった。しかし、ボイジャー2号が速度を上げて通過する際に高分解能で見ると、大気の穏やかさは際立っていた。青緑の色彩は異彩を放っていて、上層大気中のメタンによるものに違いなかった。メタンは太陽の赤色光の大半を吸収し他を反射する。ある緯度領域では、わずかな明暗の色調を織り込んだ広幅の薄い帯が見られた。頂上部分が広がった積乱雲のような小さな白い雲が時折ひょいと視界に入り、足早に通りすぎる。この巨大惑星は、これまで目にしたものとは違った味わいと獣性を間違いなく備えていた。

エド・ストーンと「場と粒子」の仲間たちは、天王星での強力磁場の発見に沸いた（もっとも「驚きはしなかった」とも述懐してはいるが）。磁場がいささか奇妙なものとわかり、さらに盛り上がった。ボイジャーが木星や土星の周囲で見つけた磁場は、予想よりも遥かに強かった。両巨大惑星の深部には地球サイズの巨大な核があり、そこでは水素が超高圧・高温で圧縮されて金属化し、電気を容易に通す。私たちは地球内部の状況として、電気伝導度をもった核（例えば一部融解した地球の鉄核のような）が回転し、それが磁場を形成すると理解している。磁場の形は、ちょうど鉄のやすり屑を棒磁石に曝したようになる。磁力線は南北の「磁極」に沿っていて、惑星の南北の回転軸と近接している。これこそが、磁石が北を教えてくれるゆえんだ。

木星と土星の磁場は基本的には予測通りだった。中心に置かれた巨大な棒磁石が作り出すような磁場だった。磁力線はねじ曲げられ、折り曲げられて、太陽風で吹き流される。まるで彗星の尾のように、長い磁気テイル（マグネトテイル）を太陽と反対方向に形成する。木星の磁場と磁気テイルは実際巨大であり、もし裸眼で見えたとすれば夜空の満月よりも5倍も大きい。これは太陽系中では太陽自身の磁場を除けば最大の単一構造である。土星の磁場はこれほど大きくはないが、やはり印象的だ。比較するに、ボイジャーが観測した天王星磁場は極めて異質だとわかる。おそらく惑星の自転軸が馬鹿げたほどに傾いているためだろう。あたかも巨大な棒磁石が雲の中に沈み込んでいるようだ。高速で自転する導電性の物質がそこにあるということだ。しかし天王星ではそれは惑星の中心には位置しておらず、雲の上端までの距離の約3分の1だけずれている。地球とは異なり、磁場の軸は自転軸とは一致せず、真横から見ると約60度傾いている。方位磁石はここでは機能しないだろう。

「惑星の自転軸の傾きと中心からずれて傾いた磁場のせいで、太陽風に相対する磁場の角度として、これまでに見てきた全惑星の磁場と大差ないものが形成されてはいる。」とエド・ストーンは言う。「しかし他の惑星と異なり、天王星の磁場のテイル先端部は渦巻き状になっている。傾いた自転のせいだ。」 太陽風は、異様で予測のつかないこの風下側構造を、独特の方法でねじ曲げて吹き流す。

この惑星の奇妙な磁場の意味するところはこうだ。天王星の内核がほぼ地球サイズの岩と氷であることは、ボイジャーの重力データからわかっている。熱くなく、導電性を帯びうるだけの密度はある。ただし磁場は中心からずれている。磁場を生成する導電性の層は、惑星内部で核を包むマントル層の一つかもしれない。

「惑星内部における電流系、すなわち電離粒子の循環は、単純な全球規模の問題でないことは明らかだ。」とエド・ストーンは問題提起する。「惑星内部の差異まで考慮した手法を取り入れるべきだろう。」ボイジャーの結果も理論モデルも、天王星のマントルが、水などの氷の形をとる流動性ある分子に富んでいることを示している。圧力と温度が非常に高い場合、これらの氷の多く、とりわけ（H_2Oのように）組成中に水素を含むものは、蒸発や圧縮によって電気伝導度を持つようになる。何人かの惑星科学者は、ボイジャーの観測の中で奇妙な、中心線からずれて傾いた磁場を発見している。また天王星は実際には木星や土星とは全く異種の巨大惑星だとする。しかし確信に至るのは難しかった。天王星の物理的性質が、他の巨大惑星とあまりにも違うためだ。

片側に傾いていて自身の内部熱は生成していない。「この惑星には何か奇妙なことが起きている。」とハイディ・ハンメルは言う。「天王星型の惑星が、木星や土星とどう違うのかを一般化することは難しい。天王星自体がまだよく把握できていないのだから。」

ボイジャー2号が最近接点に到達するまでの日々、5個の大きな天王星の月が、微細な光の点から、分解能をもって捉えられる小ディスク状の世界に移りゆく様を目撃した。興奮に満ちた過程だった。木星や土星のフライバイではこのような事は経験しなかった。点がゆっくりと出現し、鮮明な世界へと育っていく経過を見ることはなかった。多くの人と同様、私が初めてイオ、エウロパ、タイタンの真の姿を目にしたのは「最高傑作」の接写写真であり、フライバイ直後に新聞や夕刊紙の紙面を飾ったものだ。イオに火山があった！　ミマスに巨大なクレーターがあり、あたかも死の星のようだった！　しかし、ボイジャー2号の天王星接近ではこうした瞬間はなかった。こうした新しい世界は、優美さと期待感を伴って何週間もかけてゆっくりと出現した。緩やかな重力アシストを正確に達成しながら、私たちは探査機に乗って進んだ。

ボイジャーの快進撃：ミランダと多彩な月たち

最後の10時間、ボイジャーはこの第7惑星の重力の井戸の奥深くに飛び込んでいった。息をのむ体験だった。5つの大きな氷の月が順繰りにボイジャーの高精細画像上に現れた。最終的に合計10個の新しい月（※5）が画像中に隠れているのが発見された。大きな月には皆はっきりしたクレーターがあり、概して古い時代のものだった。クレーターは、オベロンとアンブリエル上に最も多く、この2つの月が40億年を超える歴史でほとんど変化しなかったことを意味している。他の4つの大型の月と違って、アンブリエルだけがなぜかくも暗いのかは今なお謎のままだ。おそらく表面に炭素を含んだ氷の割合が高く、定常的な太陽風放射で、時間経過とともに黒ずんでいったのだろう。他の月たちは地質学的にさらに多様だ。ティタニア上にある深さ2-5㎞の割れ目や、過去の活発な内部活動を物語る崖がみられる。同様にアリエル上の大きな裂け目もまた、何らかの氷の証拠、おそらくは氷の火山や氷の流れ、過去のテクトニック活動や、内部加熱の存在を示している。しかし最大の多様性と謎は、ボイジャーが撮った小さなミランダの高精細画像にある。ミランダは天王星の巨大衛星群の中で最も内側にある。

ミランダは小さな世界で直径は500㎞ほど。土星の月でエンケラドゥスと同程度のサイズだ。小さすぎて活発な内部加熱や大規模な地質の変動はないと推測された。内部熱は極めて小さく、あったとしても初期段階で急速に散逸しただろう。しかし現実は予想と大違いだった。ミランダは天王星系で最も地質学的に活動的な月だった。表面は巨大クレーターの寄せ集めだった。明暗入り混じった溝や峰でできた奇妙なレーストラック状のパッチワーク紋様があるかと思えば、比較的平坦な地形が隣接したりする。こうしたパッチワーク地形の各断片は、大きなV字あるいは山形袖章のような尖った角をもっていた。パッチワーク地形の境界あたりには急峻で巨大な崖も散見された。崖の縁から足をすべらせたら、10-16㎞も転落することになる。私のバケットリスト（訳注：死ぬまでにやりたいことの一覧）の中には、高さ15㎞のミランダ氷壁の写真展示も入っている。太陽系で最も眺めの良い場所だ。

ボイジャー画像チームからのこうした写真を見ると気持ちが高揚する。写真はスクリーン上に2、3分ずつ映って次の写真に置き換わる。惑星地質学者たちが作業机の周りに群がって、ミランダのフライバイ時の再生画像を見ている光景を思い出す。うわぁ、何が起きているんだ？　まるで花火大会が佳境に入っていくのを眺めているようだ。皆めまいを覚え、地質学者たちは深刻に考えこんだ。「目標物は小さい。ミランダは地球質量のほんの10万分の1だ。しかしこの小さな世界は、表面が刻まれたレーストラック状の巨大な山稜（リッジ）構造を持っている。」ボイジャーの画像チームメンバーであるラリー・ゼェデルブロームは、海王星の衛星の多様さに圧倒されたのをはっきり覚えている。

ミッション設計者のチャーリー・コールヘイズによると、ボイジャー・プロジェクトの開始当初には、こんな心配をする人たちがいたという。これから多くの月が発見されるだろうが、わが地球の月と同様、激しいクレーターの痕跡を残したものばかりで、皆同じだったらどうしようという心配だ。「いったん一つの月を見たら、それで全部を見たことになってしまうのか？」というわけだ。しかし幸運にもそんなことにはならなかった！　ボイジャーの大きなサプライズだった。面白くない月などなく、全てが興味深かった。イオの火山、エウロパのクラック、タイタンの靄（もや）、そして死の星を思わせるミマスに至るまで。

ボイジャーの画像チームのリック・テリルは、太陽系外縁世界の多様性に戸惑い、そしてこんな喜びも表現している。「ボイジャー以前、私たちはたくさんのクレーターを見るのに慣れ切っていて、かなり「飽きて」いた。バイキング・ミッションで川床らしき痕跡が見つかった火星は、ちょうど面白くなり始めていた。画面の上で起きていることにかくも魅了された経験は今までなかった。以前には起こりえなかったことだ。ボイジャーはすべての潮流を変えた。外惑星領域は私たちの予想とあまりにも違う。冗談だがボイジャーから期待できるのは、唯一驚かされることだった。」

ミランダに何が起こったのか。劇的なまでに異質で奇妙な地質学的特徴が、かくも近接して共存できるものなのか。ミランダはまるでバラバラにされたあと嵌め合わされた巨大な3次元ジグソーパズルのようだ。内と外が入れ替わったようなねじれた破片も見られる。大規模ではあるが比較的おとなしいミランダの分裂は、他の大きな月との低速度での大規模衝突か、その潮汐力による破壊に見舞われ、その後再び組み合わさったとするのが定説だ（※6）。おそらくミランダは、ずいぶん昔にバラバラにされ、その後不器用に縫い合わされたのだ。あるいは太陽系外縁領域の氷の小天体で、何らかの地質学的過程があったのだろう。ボイジャーの快進撃感が皆を快活にしてくれた。こんな驚きに会えるとは誰も予想していなかった。考え込んでしまう場面もあった。地質は予期外に奇妙なものだった。遭遇はあまりにも短かった。同じ場所を再訪して詳しく観測できるのは何十年も先になるだろう。

そんな先の話を誰も当てにはできない。探査機を最接近させ、天王星の影を通過させてその大気やリングを調べるといった、なすべき科学探査がまだある。リングは、今は亡きMITのジム・エリオットが率いる惑星天文学チーム（※7）によって9年前に発見されていた。ジムと、当時の彼の学生であったエドワード・ダンハム（愛称テッド）らは「星食ハンター」科学者であり、惑星や月、小惑星が明るい星の前をいつ通過するかを正確に予測する。そして対象物の表面や大気を通過するときに、星の光が遮断、つまり星食されることを使って研究できる。うまい技法だが、素早く柔軟にやる必要がある。こうした星食は滅多に起こらず、地上のごく限られた場所からしか見えないからだ。そこに望遠鏡が設置されている偶然はまずありえないから、星食ハンターたちは自分の望遠鏡をイベントに合わせて運ばなければならない。ジム、テッドらのチームは星食追跡システムを構築して、NASAのカイパー航空機搭載観測所に乗せて運ぶ。大気の雲や水蒸気のほぼ上にある成層圏を指向するミッションを担った、改良型のC141Aジェット機搭載の観測所だ。そこから、地球の広い範囲にわたって、星食を追いかけることができる。また飛行機は雲の上を飛ぶので良い天気が保証される。

天王星にもリングがあった！

テッドは、1977年3月10日の事象の観測に基づく天王星の大気構造解明を博士論文のテーマにしていた。それは明るい星SAO158687が惑星の背後を通過する事象だった。星が完全に惑星の背後に隠れ込むまでの間、光は上層大気を通過し、その光の色合いや強度の変化を観測できる。そして光が通過する大気の密度、温度、成分に関する手がかりを与えてくれる。実験の準備が整い、天王星がゆっくりとこの星に近づくと、データの記録が始まる。最初星の光の中に5つの小さなブリップ（変異）が惑星との星食の前に見つかった。設定機器のグリッチか航空機や他システムからの雑音だろうと考えられた。しかし星食を完全に記録した後、同じく5つの小さなブリップが惑星の反対側の、天王星から同じだけ離れたところで見出された。それは星の光があたかも5つの細い惑星を回るリングによってブロックされたかのようだった。ちょっと待って！　天王星にリングがある！その後の観測によって、土星よりは遥かに暗いもののリングが確認され、さらに4つのリングが見つかった。これは太陽系のリングとしてわずか二例目だ。

地球を拠点としたこの発見に触発されて、ボイジャーの画像科学者たちは、すべての巨大惑星にリングが存在するのかを知ろうと躍起になった。それが特別の画像シーケンス作成のきっかけとなり、1979年のボイジャー1号による木星の微弱で暗いリングの発見を導いた。天王星リングを調べる最適の機会は、ボイジャー2号が惑星を通過して太陽を振り返るときだ。一種の光散乱のトリックを使うもので、木星のリングの研究の際に用いられた手法だ。計画は成功し、ボイジャー2号の画像と自らの恒星星食データによって、天王星の周りには既知の9層のメインリングだけではなく、より薄い2層のリングと、薄く暗いチリのシートでできた1層のリングが､暗いバンドとしてその間を満たしていることがわかった（後にハッブル宇宙望遠鏡の画像から、さらに2層のメインリングが発見されたので、天王星を巡るリングの総数は13となった)。天王星のリングはセンチメートルないしメートルサイズで、石炭のように黒く、炭素を含む氷塊のようだった。太陽風からの放射や惑星磁場からの放射で黒くなったのだ。海王星もまた、天王星、木星同様の暗いリングを持つことが後で発見されている。ボイジャーが土星で見つけた、より明るい「きれいな」リングとの比較から、リングになぜ若いものと古いものがあるのかについて議論が巻き起こった。ボイジャーの科学者たちに示された手がかりは、天王星のリングは若く、リング円周にそって幅と厚さが変化するという事実だ。薄いリングのいくつかが完全に消失するように見える場所もある。断言はできないが、この種類の変動は、天王星形成時からの残滓に見られるような秩序と安定の状態ではなく、若く成長中の系であることを示唆する。

ボイジャーが天王星に接近した翌年、私は大学を卒業し、ホノルルのハワイ大学惑星地球科学大学院に進学できた。大学院に入れたのはとても幸運だった。研究に明け暮れていて、宿題や勉強をあまりしていなかったのが理由の一つ。私のカルテックでの成績はひどいものだった。GREテストの物理の部門でもひどい点を取ったので、非常に弱い応募者だと覚悟はしていた。しかし幸いにも、私はハワイ大学の同僚達と働くことになる前年夏のフェローシップで、ビッグアイランド（ハワイ島）にあるマウナケア観測所の惑星天文研究に関わっていた。このため、5ページのみすぼらしい成績や試験結果が示すよりはもう少し使える人間だと見てくれたのだろう（応募した他の6つの大学院はそうは見てくれなかった)。私はどんな評価をされたのだろうか？　アリゾナ州立大学の同僚教授たちと大学院応募者の願書を眺めながら、今でもそんな自問をする。

NASAに採択された若者の企画

大学院生時代に得たチャンスは、ボイジャー画像を使って科学に資するものを作り出すことだった。NASAは、天王星データ解析プログラムという企画を公表した。これはボイジャーチーム以外の研究者たちに、新規・異種のデータの解析を競わせる資金提供企画だった。私は、大学院生は応募できないのを知らずに自分のプロジェクト提案を書き上げ、所要期間を推定し、ワシントンのNASA本部に提出した。およそ6ヶ月後、私自身も指導教官も部門長も、皆驚いたことに、私の研究に喜んで資金を提供するという返事がNASAから大学に届いた。ただし仕事を監督する学部のスタッフがいるかどうかを知りたいとのことだった。（私の提案書に係わったNASAの担当者の後日談によれば）ワシントンDCでは鷹揚に構えていた彼らも、ホノルルでは少々慌てることとなるのだが（訳注：原著者に確認したところ、研究者の卵に資金提供することに対して、当初はそれもよかろう、という雰囲気だったが、後になってプロジェクトの管理や煩雑な手続きを整えるのに大変苦労した…といったことのようである）。

私は手首をつねって夢でないことを確認した。研究に青信号がともった。私は天王星の5個の主要な氷の星の上の様々な材料をマッピングするプロジェクトに就いた。ボイジャー2号の撮影した白黒の高精細の写真だけではなく、アプローチする際に撮影された低精細の（より遠くからの）カラー写真も用いた。振り返ってみると、ちょっととぼけた素人っぽいプロジェクトではあった。なぜなら月は皆灰色でひたすら小さく、表面に格別診断可能な色彩の変化などなかったからだ。ボイジャーチームのメンバーは、それをすぐに理解し、私がNASAに提案したようなことに誰も手を付けず発表もされていない状況も認識した。おそらくNASAの担当者や、提案の審査者もやはり気づいていただろう。しかし私の提案した予算があまりにも小さかったために、惑星科学における次段階の重要発見の模索というよりは、学生訓練用プロジェクトとしての意義を見たのだろう。私は学び、時として創造もしなければならなくなった。色を分析し、結果のマップを作成するには、画像処理ソフトウェアを学ばなければならない。成果は基本的にはゼロだった。色彩の大きな変動は存在せず、したがって月の成分に関する新しい手掛かりは得られなかった。しかし私は自分のゼロの結果を発表する場を見つけた。そして科学誌の査読論文の書き方のコツを学んだ（※8）。ささやかではあるが、ボイジャーとの公式の科学的結びつきを持てた良い機会ではあった。

ボイジャー2号が天王星をフライバイした20年後、私たちは地上と宇宙の望遠鏡による様々な惑星とその衛星やリングの観測から多くを学んだ。おそらく最も衝撃的な発見は、私たちがボイジャー2号の画像に騙されて、惑星大気というのが常に退屈なものだと思い込んでいたことだ。ボイジャーが、たまたま非常に退屈な時間にフライバイしたに過ぎなかったのだ。

「航行は夏至の最中でした。」 ハイディ・ハンメルは言う。「当時極域全体が靄に覆われていた。ボイジャー画像の中にはっきりした雲の形は見えなかった。赤外線カメラを持っていなかったので、靄を透視して下にある雲の層を見ることはできなかった。」 ボイジャーのフライバイ後に撮られた、マウナケアの10メートルの巨大なケック望遠鏡やハッブル補修望遠鏡での画像において、さらに多くの目に見える明るい動きや暗いバンド、雲、小さな嵐の系が追跡・検出され、当初想定以上に複雑で動的な気象だとわかった（※9）。ボイジャー2号は、南半球がほぼ定常的に太陽に当たり、北半球が暗黒の時に天王星をフライバイした。それ以降、南半球の秋・北半球の春の春分点（2007年）を通過して季節は進み、望遠鏡による観測ではっきりした季節変動が明らかになった。「ボイジャーが見たときと、今の惑星とは随分違っている。激しい季節変動のためだ。」とハイディ・ハンメルは語る。「天王星は1986年以来、太陽公転軌道の4分の1を周回した。そして今、南極だけではなく、惑星全体が太陽光に浸っている。もし今ボイジャーで天王星をフライバイしたとすれば、当時よりも活動的な姿が見られるだろう。こうした変化が見られるのは素晴らしいことだ。」

ボイジャーによる木星のフライバイのあと、専用の軌道周回ミッション、ガリレオが続いた。これは大気突入プローブを搭載していて、木星系の理解に革命をもたらした。土星へのボイジャーのフライバイの後、専用の軌道周回ミッション、カッシーニが続いた。これには小さなプローブ、ホイヘンスが搭載されていて、タイタンの雲と靄の中を降下し表面に着陸するのに成功した。天王星（そして海王星）でも専用の惑星周回機による同様の手順の必要性が強く裏付けられた。星間空間の時代において、ある場所を真に知るには、その場所で時間をかけて、特有の振舞いをじっくり学ばねばならないということだ。

第7章
海王星：最後の巨大氷惑星

数学者との共働：ペンの先で見つけた海王星

1781年の天王星の発見は、当時知られていた太陽系の領域を2倍にしただけではなく、イギリス人の天文学者ウイリアム・ハーシェルの名をお茶の間に浸透させ、科学界のポップスターに押し上げた。未知の惑星を発見する着想と、結果としての科学の不滅性は、18･19世紀の望遠鏡の技術革新を確かなものにした。ヨーロッパの裕福なジェントルマン・スカラー（訳注：経済学者ハイエクが名づけた知的有閑層、紳士学者）と、彼らを支えた後援者や君主たちの間には、一種の武器競争の様相が漂った。技術の最先端、この場合で言えば、最大の望遠鏡を占有して使うこと（チャレンジングで高価だった）はハーシェルにとって新発見の手段そのものだった。世界の誰もが欲しがり、新しい望遠鏡製作が突如大陸に勃興した。まさに成長産業であった。

数学者たちもゲームに加わった。今や天王星の位置が正確に追尾可能になったし、背景の星に対する各惑星の位置も過去に例を見ないほどの精度でわかる。惑星位置の微小偏移も研究できるようになった。それによって未知の新惑星の重力による引きもわかる。ボイジャーが利用したように、太陽系のすべての惑星、衛星、小惑星そして彗星は、ある意味では小規模な重力アシスト・フライバイをお互いに提供しあっている。そしてヨハネス・ケプラーやアイザック・ニュートンがはるか昔に導いた完全に予測可能な軌道運動から、ほんの少しひねった位置をとることになる。

例えば、JPLのナビゲーションチームが、新ミッションに使える軌道を探す場合、コンピュータに太陽とすべての惑星、そして50個ほどの大きな月、そして50万個以上の小惑星を入力し、宇宙船が受ける「摂動」を考慮する。エドモンド・ハレーや、ピエール・シモン・ラプラスのような天文学者、数学者が彗星や小惑星の運動の理論を検討するのは、物理学者が三体問題を解く仕事に相応する。例えば太陽、木星とガリレオ衛星の一つ、あるいは太陽、木星と新たに見つかった彗星の一つの間の、重力と運動を解くものだ。太陽系の運動を扱う現代のより高度なコンピューターモデルは、いわゆるn体問題の解を探す。nは対象物の数を示す大きな値である。あらゆる物があらゆる物からの力を受けている。私たちはすべからく惑星群に動かされているのだ。

19世紀の極めて有能な二人の数学者、イギリス人コーチ・アダムスとフランス人ユルバン・ルヴェリエはとりわけ天文学者たちと親交をもち、天王星の位置に関する最適のデータを利用できた。コンピュータも機械式の計算機も使うことなく、2人は天王星の予測位置と実際の位置との間にわずかな差のあることに気づいた。そこでより遠方の仮想的な新惑星の位置を予測する計算に着手した。その惑星の重力が天王星の軌道に摂動を与えることでこの差が説明できると考えたのだ。太陽、天王星と、その先に見込まれる未知の巨大惑星からなる古典的な三体問題だ。アダムスとルヴェリエとは独立して研究し、互いに知ることなく同じ問題を解いていた。歴史上の戦場に於けるが如く、太陽系の輝きにも劣らぬ熾烈な英仏科学戦争の様相を呈した（※1）。アダムスは、ケンブリッジで望遠鏡を扱う同僚に、天空の指定領域内でこの仮想新惑星探しを依頼した。ルヴェリエは、ドイツのベルリン観測所の同僚に領域を絞って探すよう説得した（自身が在籍していたパリ観測所の説得には失敗している）。1846年、フランスが戦いに勝利した。ドイツ人の天文学者ヨハン・ガレがルヴェリエの「摂動物体」を見つけたのだ（探し始めた最初の夜に）。そしてそれを8番目の惑星と確認した。

新しい惑星を成功裏に予測し、発見に至ったことは、現代物理学・数学の勝利として喝采を博した。フランス人の数学者であり政治家でもあるフランソワ・アラゴ、ルヴェリエは、「ペン先で」惑星を発見した。ルヴェリエとガレは新たな惑星の発見者として共に認められた（優しいアダムスのお陰でもある）。ルヴェリエはローマ神話の海の神であるネプチューン＝海王星と名付けた。新しい惑星は地球・太陽間の30倍の平均距離で公転していた。再び太陽系のサイズは倍になったが、最後ということではない。現代数学と現代物理学の勝利だったが、多少の幸運にも恵まれた。同種の幸運は、約130年後にボイジャーのグランドツアー・ミッションが新たな惑星を発見するのに役立った。アダムスとルヴェリエは天王星軌道の摂動を研究していた。その際1846年から、遡って天王星発見の1781年までの天王星位置の測定データを用いた。この期間中、天王星は軌道周回中の海王星と近接することがあった（海王星が発見される前の1821年頃）。偶然にも海王星が天王星軌道に最大の影響を与えた時期だった。当時の望遠鏡と計算の「技術」がかくも微小な引っ張りを検出可能にしていた。こうした近接は1650年以降起こっていなかった。当時は両方の惑星とも知られておらず、次に起こったのは1993年で、技術はさらに進んでいて私たちは実際にロボット宇宙船でその両方の世界に到達できた。天王星と海王星の方向が一致する約175年という間隔は、1960年代にギャリー・フランドロらが4巨大惑星を訪れるべく設定した宇宙船グランドツアーのタイミングでもあった。

オハナ！

1986年の天王星近接後、ボイジャー2号が海王星に向かうのとあわせ、プロの惑星科学者を目指す私の人生行路も、西方のハワイ大学大学院に向いた。NASA

の太陽系探査でいえば、1980年代後半から1990年代初頭がとりわけ試練の時期だった。火星へのバイキング・ミッションは、大成功の周回機と着陸機をもって完結した。政府の緊縮財政により、将来の新しい「旗艦級」ミッションは見通せない状況にあった。1986年にスペースシャトル・チャレンジャーと乗組員が失われたのはボイジャー2号の天王星フライバイのほんの数日後。NASAの有人探査プログラムを一気に混迷に陥れた。マゼラン金星周回機や、ガリレオ木星周回機のような、シャトルを打ち上げ機に予定していたロボット惑星科学ミッションの多くが道連れにされた。「より良く、より早く、より安く」という中・小規模の惑星ミッションはまだ発明されていない。惑星科学の限界に挑むために、高出力の地上望遠鏡のような「着実な賭け」のできる施設利用に集中する契機となった。まさに私が携わってきたことだった。ハワイ以上の適地はなかった。大学の3年および4年次、マウナケアの観測所で夏を過ごしたのだから。

占星術めいてくるのだが、惑星配列は人々の生活に否定できない作用を及ぼしそうだ。1965年という私の誕生年は、米国内での小中学校、大学を経て、大学院の開始を1980年代半ばから後半あたりに持ってきてくれた。偶然にも、地球と火星が数年ごとに接近する時期に当たり、この赤い惑星の最適の望遠鏡観測ができる稀有の機会が得られた。これによって私の博士論文の研究グループは、論文テーマの候補としての魅力と際立った利便を享受した。もし5年、10年早く生まれていたら、別の惑星を追いかけていたか、より「純粋な」恒星や銀河の天文学に向かっていただろう。もし5年、10年遅く生まれていたら、望遠鏡を使った研究を飛ばして、現代の惑星科学分野の学生のようにミッションに直行していただろう。しかし私の1965年7月という誕生は、1980年代後半の望遠鏡による火星との占星術的出会いという因縁をもたらし、その後の人生全体を探査機による火星探求に導いたのだ。1965年の7月に世界最初の宇宙船のフライバイ・ミッションが火星に達した。マリナー4号だ。これも現実だった。

私は大学院で主に火星の研究をしたが、ボイジャーからは離れなかった。もはやカルテックには在籍しておらず、良き指導者ダニエルソンや、アンディ・インガソルを通じたミッションとの直接の関わりは終わってはいたが、なお道筋を模索していた。

惑星科学というのは小さめの閉じた世界だ。私が大学院のころ、この分野には大学院生も含めて500人ほどのプロの惑星科学者がいた。今は3倍か4倍になっているだろうが、なお小さく、ほとんどは互いに知っているか、聞いたことがある。一種の家族的雰囲気があり、コミュニティーの多くが、宇宙船の打ち上げ、フライバイ、着陸のような特別なイベントに「休暇中の雰囲気」の気軽さで集う（主要な会議は年間を通じて開かれる）。

カルテックからハワイに移って、すばらしい2家族と知り合う幸運にも恵まれた。一つは親しい友人と指導者からなる家族で、大学での仕事を助けてくれた。もう一つも親しい友人と指導者からなる家族で、仕事のあと舷外浮材（アウトリガー）付きカヌークラブでパドルの操作を教えてくれた。ワイキキ沖の波で兄弟姉妹とパドリングするのは、古代ポリネシア人の航海術など地域の伝統を学ぶことでもあった。その後は「島スタイル」の音楽と食べ物に浸ってリラックスする。私にとっての新しい言葉、「オハナ」は「家族」を表すハワイ語だが、背後にある内的精神を表す言葉でもあった。

もし誰かをオハナの具現者に挙げるとするなら、それはフレーザー・ファナーレだろう。惑星科学の教授（すでに退職）であり、太陽系…火星上や木星の衛星上の水など「流動性のある」分子の歴史の考察を専門とした。誰にもいつでも流動性の話をしていた。どこで見つけるのか。どういう動きをするのか。惑星、月、小惑星環境の時間に伴う進化について、それは何を語るのか。フレーザーは、自由奔放の極みにいる人間だったが、際立った優しさととぼけた雰囲気をもつ教授の代表格だった。ライトをつけ、警笛を鳴らせるハイテクのキーフォブが車になかった時代、会議場の駐車場でフレーザーとはちあわせ。レンタカーの置き場所を忘れたようだ。フレーザーはビューグラフの束を持って話す。OHP上に手書きのメモ。紹介されている間にそれを落として散乱させ、あわてて拾い集める。話は明瞭ながら、整然とはしておわず、時としてコミカルですらあった。しかし何ということか！　この人物は何が太陽系で起こっているかを感覚的・直感的に把握していたのだ。

フレーザーはボイジャーには直接関与しなかったが、木星周回機ガリレオ・ミッションの一員として、ガリレオ衛星表面の不安定性観測の計画にかかわった。

宇宙船チームは、打ち上げや海王星のフライバイといった迫りくるイベントの公的発表に向けて準備を怠らないが、そうした中でも別のミッションチームのメンバーと家族をよくイベントに招待する。惑星科学におけるオハナ流とでもいえようか。1989年の初夏、フレーザーはJPLのイベントに招待された。それは歴史的な、ボイジャー２号の8月の海王星フライバイだった。フレーザーは旅行好きではなかった。当時インターネットの初期のプロトタイプ版が大学キャンパスや政府研究機関に広がり始めていた。ワールドワイドウェブと呼ばれる専用の通信回線の奇抜・斬新な相互接続を介して、メンバー間で「電子メール」メッセージの交換やデジタル写真の授受ができた。フレーザーは座って海王星の画像がウェブに上がってくるのを見ていた。招待のバッジは譲り渡すことができる。彼はボイジャーの海王星衛星画像での私の働きを知ってくれていた。私が行きたかったって？　粋な人だった。

海王星フライバイへの周到な準備

ボイジャー２号は1986年に天王星を正確な位置と時刻で通過し、海王星に1989年8月に到達できるように前方にスリングショットを行った。JPLのナビゲーションチームがボイジャー等の宇宙船を導く正確さは驚異的だ。離した3本の「針」に糸を通していく。探査機を最初に海王星と、かつ海王星だけに正確に遭遇させるために、木星、土星、天王星を通過させなければならない。この偉業の背後にある物理学は、17世紀にアイザック・ニュートンによってその多くが構築された。もっともニュートンは仮想的・理論的な方法でのみ私たちを惑星に導いてくれる。ボイジャーチームによる歴史的探検の大成果を私が意気込んで語ろうとすると、JPLの友人は「それはロケット科学じゃないよ。」とからかう。しかし紙の上でミッションを案出するのは、それはそれで印象深い一つの仕事。ただ実際にそこに行くには、技術面での偉業が必要だ。20世紀後半まではなし得なかった技術革新が必要となる。勘定書を支払う全国の納税者（※2）からの支援はいわずもがなだが。

天王星フライバイの前振りとして、地上局側とあわせ、宇宙船側でも遭遇に向けた遠隔調整がなされた。ボイジャーのスラスターは、宇宙船をゆっくり優雅に動かせるようにスロットルを絞り込んだ。天王星よりも日光が弱い海王星では必須の措置だ。画像の動き補正のソフトウェアとカメラのソフトウェアも改善された。画像のより良い圧縮を可能にし、不鮮明（スメアリング）さを起こさず長時間露出の撮影を可能にする。またNASAの深宇宙ネットワークの改善は、宇宙船からのかすかな電波を高信頼度で受信するのに必要だ。ボイジャー2号は故郷からあまりにも遠く旅し、地球・宇宙船間の交信は海王星あたりだと光速でも片道4時間以上かかる。大きな電波アンテナ（現在は直径約70m）と、ニューメキシコと日本にある新たな受信局が、宇宙船との高品質の通信を保証する。

「私たちは非常に多くのアンテナをオンラインで繋いでいる。」チャーリー・コールヘイズは回想する。「これでかなりのデータ速度が得られる。毎秒数10キロビットくらいの！」古いダイアルアップのコンピューターモデム速度より遅い。しかしこのデータ速度は60億㎞も離れた惑星間空間におけるインターネットの接続としては悪くない。ボイジャーの科学シーケンス・コーディネーター、ランディ・ウェッセンは、米国西海岸からオーストラリア、日本に及ぶ、印象的な巨大電波望遠鏡30基の集合体を想いおこす。これらはすべて連結され、「並べられて」海王星にある宇宙船からの微弱信号を拾う。「ボイジャー2号を聴くために太平洋海盆を全部使ったよ、などと冗談をとばしたものだ。」

ボイジャーが海王星で何を見つけるか、惑星科学者の間で様々な憶測がある。海王星での太陽光の強さは木星の3%しかない。このことから、海王星は比較的もの静かで、天王星のように特徴のない大気を持つ姿を思い描く人々もいる。太陽に近い巨大ガス惑星のような、強い嵐を起こす太陽エネルギーに欠けるからだ。海王星は、木星や土星のようにかなりの内部エネルギーを蓄えているのでは、と見る科学者もいる。これはかなりの大気活動を引き起こす力を持つ。このパターンが維持されれば海王星は強力な磁場を持っただろう。磁場は木星・土星と似ているだろう。海王星の自転軸はほとんど傾いていないからだ。この磁場からの放射は、太陽風と共に、リング（10年も前に、天王星のリング発見と同じ方法で、地上望遠鏡での星食観測から発見されている）や惑星近傍の小さな衛星群を暗くするだろう。ボイジャーによって多くの予測が可能になった。巨大ガス惑星の上部、内部、周辺で起こっている基本的な特性や過程の新知識を加味した予測ができるようになってきた。

トリトン撮影の難しさ

もう少し推論を進めると、海王星の大きな月トリトン（土星の月タイタンと混同しないでほしい）がどのようなものであったかが問題となる。1846年のトリトンの発見は、海王星発見のほんの2、3週間後だった。太陽系における最大級の月として特筆される（ボイジャーのフライバイのかなり前から知られてはいた）。そして海王星の自転と逆方向に、海王星の赤道面と約25度傾いて公転する。親惑星の自転方向と逆に公転する惑星サイズの月という意味では太陽系唯一のものだ。これを根拠の一つとして天文学者は、トリトンは別の場所で形成された後、海王星に「捕獲」されたと確信するようになった。コンピューターモデルや思考実験でも、逆回りの理由を解き明かせなかったからだ。どこで形成されたのか。どのように捕獲されたのか。なぜ逆回りなのか。ボイジャーがこれまでに見つけた大きな氷の月でこんなものがあったか。幸いにして、トリトンはボイジャー2号のグランドツアー最後の寄港地なので、探査機がきっちり「次」に備える必要はなく心配無用だ。ミッション計画者たちは、海王星間近に接近させ、かつ影を通過するよう狙いを定めた（ただし惑星の北極大気上では十分な高度を通過させ、探査機への重力の引きや、上層大気のイオンとの摩擦から生ずる異常放電を避ける）。およそ5時間後の、謎多きトリトンへの近接フライバイに向けて、惑星の重力で探査機を方向転換することになる。ボイジャー2号を70億km超もの旅路を経て海王星の上空約100km以内に運ぶ。チャーリー・コールヘイズによれば、これに必要な精度は、ゴルファーがワシントンD. C. からアリゾナ州フェニックスまでの距離のパットを沈めるのにほぼ相当するそうだ。ただし二、三の必要な「微調整」を途中で施しはするが。驚くべきことに、フライバイ後の実際のナビゲーション誤差は必要条件の10分の1の小ささだった（※3）。

ボイジャー科学チームメンバーのキャンディ・ハンセンとトレンス・ジョンソンは、苦悩の極みにあった瞬間を思い出す。トリトンの写真撮影を計画したときだ。もちろん誰も接写写真を撮ったことはない。最適撮影をするにはかなりの不確定さがあった。地上の望遠鏡観測では、トリトンは海王星のそばにあるほんの一光点にすぎない。「土星のときは、地上観測に基づいて容易に露出時間を推定できた。「しかしトリトンを伴った海王星でやるのは怖い」とジョンソンは回想する。露出時間は、厳密測定が可能な太陽光の総量に左右される。しかしその明るさは、（氷のように）小さいが反射が極めて大きい結果なのか、それとも（岩や煤のように）大きくて反射が少ない結果なのか。チームは天王星から海王星への航行中にボイジャーのカメラで何枚かトリトンの写真を撮って情報を増やそうとした。依然光の一点ではあったものの、地球ベースの望遠鏡とは別の角度から写真を撮ることで、露出時間選定の手掛かりが得られるのを期待した。違ったアングルからのこうした一連の画像構成は、惑星、月、小惑星の位相関数（フェーズファンクション）という難解な呼ばれ方をしている。表面が氷、岩、金属など、どんな物質なのかを遠隔で情報収集するための天文学者共通の手法となっている。

太陽光は弱いのに…予想外の激しさをもつ海王星

まだ遠方ではあったが、ボイジャー 2号が海王星系に近づくにつれ、位相関数データは、トリトンが当初推定より小さく、明るいこと（反射率が大きく、氷の多い表面のよう）を示し始めた。「これに基づき私たちは遭遇のほんの数週間前に短い露出に切り替えた。」とジョンソンは言う。「私たちはシーケンスが変わるたびに露出時間を変えた」とキャンディ・ハンセンは付け加えた。「宇宙船搭載のシーケンスが変更を許されなくなるぎりぎりの時点まで。幸いにして最後の最後で固定できた。」クッキーを焼く時間が取れた。

1989年のボイジャー 2号の海王星フライバイまでの夏の数ヶ月は、期待と興奮で満ちていた。光の点だった惑星に、高分解能で観測できる位置にまでゆっくり近づく。この接近の間、画像チームのダニエルソンらから折々送られてくる画像を、新しい電子メールアカウントを用いて遠く離れたホノルルからずっと見守っていた。第一に惑星の色が違っていた。海王星の驚くほどの緑色は数ヶ月前のフライバイで撮られた画像でも明らかだった。天王星の藍玉（アクアマリン）の色合いはまさにメタン存在の証拠だ。メタンは大気中に散乱された赤い光を吸収する。しかしフライバイが進行するにつれ、淡青の色合いもまたメタンに起因することがわかってきた。天王星よりも冷温、高圧の状態では、太陽光中の赤色光に加え緑色光も幾分は吸収してしまう。ボイジャーの測定器は最終的にその正しさを示すフライバイデータを取得した。私たちは、太陽系に2番目の青い惑星があったことに、ただただ感激した。

驚きと喜びを与えてくれたのは海王星の色だけではなかった。画像チームのアンディ・インガソルらは、このフライバイで別の方策も練っていた。スナップ写真を毎日欠かさず撮ることだ。惑星への長いアプローチの間、時として一日何枚も撮った。フライバイ2ヶ月前の1989年6月に約1万km離れた地点から撮った写真でも、雲の形をくっきりと捉えることができたし、海王星の大気の中まで追跡（トラックイン）できた。明暗さまざまの帯がこの惑星円盤の各緯度で見られた。土星や、特に木星のベルト（縞）やゾーン（帯）のような色彩豊かで芸術的なものではなかったが、天王星ののっぺりした大気に比べればはるかに興味をそそる。キャンディ・ハンセンと、新人の画像担当、ハイディ・ハンメルは、JPLの検索ワークステーションで深夜まで科学研究に没頭した。そして海王星の南半球に暗い大きな卵の形を最初に見つけた。木星の大赤斑と似た形をしていたので、すぐにグレート・ダークスポット（大暗斑）と名付けられた。

まもなく小さな白い模様が画像の中に現れた。グレート・ダークスポットの周辺を回転していた。これらの模様は最終的には雲の形になり、グレート・ダークスポットは巨大な（地球サイズの）嵐だと確信された。おそらく木星のグレート・ダークスポットに似たようなものだろう。宇宙船がさらに近づくと、より小さな雲や暗い点が目に入りだした。ハイディとキャンディのチームは、そのいくつかが、グレート・ダークスポットの速度よりもずっと速く惑星を駆け巡っているのを計算で示した。太陽系の中で計測された最大級の風速（時速2000km！）で、海王星の際立った特徴だ。明らかにいろんなことが進行していた。

「毎日入室するたびに、海王星の神秘のヴェールが一枚一枚剥がれていくようでした。」ハイディは、遭遇前のアプローチの段階を振り返りながら語る。海王星は、望遠鏡観測での小さくぼやけたシミのような状態から、ボイジャー観測でヴェールを脱いだ豊かな世界へと変貌する。「まったく信じられない。」「新しい一連の画像が届くたびに、はっと息をのむ興奮の瞬間があり、私たちは「うわぁ、素晴らしい」と感嘆する。私がマウナケアから追いかけ続けていた巨大なふわふわした塊は、多数の中の一つに過ぎなかった。」ハイディは驚きを隠さない。「海王星との遭遇における大悲劇」の中で彼女は、ボイジャーへの最接近と同時刻にマウナケアから写真を撮ることを思いついた。ブラッド・スミスとのこんな会話を思い出す。「地上の真実を知る必要がある。探査機データを過去と将来の地上からのデータと比較しよう。」「そうですね。とても有意義だと思います。ブラッド」「君はこの世界のエキスパートだよ。」 ハイディはフライバイの間をマウナケアの頂上で過ごした。そこで画像チームの同僚アンディ・インガソルがJPLから刻々と送られるボイジャー画像のファックスに見入っている。ハイディはしんみりと述懐する。「あらゆることが名残惜しい。あなたの科学への貢献の大きさをつくづくと感じます。」

目もくらむ壮観さもさることながら、天王星に比べた海王星の大気活動の激しさは大きな難題でもあった。海王星は天王星に比べて太陽の熱が40％少ない。もし太陽光がこれら巨大惑星の大気運動の源泉ならば、海王星の大気は、比較的落ち着いた天王星よりもさらに活動性が低いはずだ。ボイジャーによって観測された雲の数、ベルトの数、嵐の数は、木星から、土星、天王星へと航行するにつれて実際減少してきた。これは、惑星の気象の源泉がほぼ太陽エネルギーだとする考え方と整合する。しかし海王星では、こうした単純な説明が大間違いだとわかった。

ボイジャーは各巨大惑星から放出される熱エネルギーの総量をフライバイ時に測定した。もし太陽からの熱エネルギーと均衡していれば、入ってくる太陽エネルギーの総量は、出て行く熱エネルギーの総量に等しい。この種の均衡は、金星、地球、火星といった地球型惑星の基本的な特徴だ。表面や大気の温度に大きな違いはあっても、究極的には皆太陽熱で駆動される。しかし木星では、入ってくる太陽エネルギーのほぼ2倍もの熱エネルギーが出ていくのをボイジャーは観測している。同じことが土星にも言える。これら巨大惑星に関しては、大気中のエネルギーに寄与する追加的な内部熱源が存在するのは明らかだ。惑星科学者は、この余分の熱は惑星深部に蓄えられた高圧、高温の重力エネルギーだと推測する。かなり深部に存在するらしい岩石性コアの中の放射性元素の崩壊熱の可能性もある。あるいは各惑星の内部において、圧力と温度の上昇に伴って物質が一つの相（例えば氷）から別の相（例えば水蒸気）に、変化する際に放出される熱に起因すると考える。

しかし天王星では、出ていく熱エネルギーの量は、基本的には入ってくる太陽エネルギーと等量だった。このことは天王星を基本的に木星や土星とは異なったものにする。科学界は、小ぶりの巨大ガス惑星は、大型の木星や土星と違って内部熱源を持たないのだと理解した。しかしボイジャー2号は、入ってくる太陽エネルギーの3倍もの内部エネルギーが海王星から出ていくのを観測している。もう一つのうれしい番狂わせがあった。新しい発見が予期せぬ細部に潜んでいたのだ。

地上からの望遠鏡観測やボイジャー2号フライバイ以降の宇宙からの観測は、天王星と同様に海王星の大気も時間とともに大きく変化することを明らかにした（※4)。第一に南半球のグレート・ダークスポットが消失した。次に別のグレート・ダークスポットが北半球に形成された。その際、2番目の北半球ダークスポットを伴っていた。白い雲や、小さなスポットは生成・消滅を繰り返した。様々な緯度にあるベルトは時間とともに明滅した。

ハイディ・ハンメルは言う。「ほぼ5年ごとに、新しいグレート・ダークスポットが生成されては消滅していくようです。理由はわからない。」しかしHSTやケックのような高精細の手段を頻繁に使うことはできない。一つ見て次は何も見えないことがあるが、その間に何が起こったのかは知り得ない。特徴を追いかけて解明していくには、惑星気象の連続的な観測が必須だ。165地球年という海王星の太陽公転期間のごく一部ではあったが、高精細研究を進めるにつれ、海王星にはダイナミックな大気と、なお秘められた神秘性のあることがわかってきた（実際私たちは、わずかに1海王星年の間だけその場所を知ったに過ぎない）。今日ですら、海王星での強い内部加熱の存在と、天王星でのその不存在については十分には理解されていない。

天王星と海王星

ボイジャーによる天王星と海王星の全球的な化学組成や内部構造の観測は、より巨大な木星型惑星に対する私たちの視座を覆した。ボイジャーはこれらの世界を覗くのを助けてくれた。4つの巨大惑星すべての外側の層と可視「表面」が、雲とガスでできていること、内部には、地球から見たのではわからないさまざまな違いが惑星間に存在することだ。木星と土星はおよそ45億年前に形成されたため、ダストの雲の中に膨大な量の水素とヘリウムを捕獲した（太陽系星雲と呼ばれる）。ここから私たちの太陽と他の太陽系構成部分が形成された。このガス状の包みは木星や土星の比較的小さい地球サイズの岩石・金属コアを完全に包み込んだ。これは惑星群が基本的には太陽と同様の水素に富んだ成分を持っていたことを意味する。惑星の奥深くでは、超高圧・強高温の下で水素は金属のように働き、導電性を持ち、惑星の巨大磁場を作り出す。木星と土星はまさに巨大ガス惑星であった。

これに対し天王星と海王星は、太陽系の歴史の初期に形成された。太陽から離れていたためさほど多くのガスは存在しなかった。太陽系外縁の低温では、太陽近くの温暖領域よりも、より多くの氷が太陽系星雲から凝縮された。その結果、天王星や海王星の内部では、木星や土星の内部に比べ、気化した氷（例えば水の氷や、メタンの氷、アンモニアの氷、およびその他の流動物質）の割合が多い。やや小ぶりの天王星と海王星は地球サイズの岩石/金属核をもっていて、後から比較的薄いが水素に富んだ気体に囲まれた。天王星と海王星は、実際のところ巨大ガス惑星ではなかった。これらは巨大氷惑星で、従姉妹（いとこ）の古典的巨大ガス惑星の木星・土星に比べ、氷物質が支配的であった。全く新しく、予期せぬ種類の惑星（※5）であることをボイジャーの観測は明らかにした。

「巨大ガス惑星を起源とする巨大氷惑星という概念は、明らかに海王星との遭遇までの話だった。」ハイディ・ハンメルはこう回想する。でも海王星は違っていた。海王星は完全に正常に傾き、木星や土星と似た内部熱源を持っていた。しかし、ボイジャーが接近するにつれて、巨大惑星ではあるが木星や土星とは違うことも見えてきた。木星や土星が持つ渦巻いた雲のパターンがなかった。海王星には大きなグレート・ダークスポットがあったが、細かく見るとグレート・レッド・スポット（大赤斑）とは違いがあった。安定でなく、丸くもなく、奇妙な卵型をしていた。全体に明るい、随伴雲の特徴を呈していた。あちこちに移動し、時として潜り込んだり乗り越えたりした。細部の特徴も、木星や土星の細部と著しく異なり、雲の作られ方も全く違っていた。近づくにつれ雲は小さな点に分解されていった。まるで連結した積乱雲の小塊のようだった。天王星と海王星は、惑星系という動物園の中で本質的に異なった獣だ。これは思いつきではない、着実に積み上げられた定説だった。

エド・ストーンらの海王星磁場の予測は当たった。磁場は強く、木星や土星周辺の磁場のような振る舞いをする。しかし天王星内部の磁場のように、惑星の中心からずれ、海王星の自転軸に対して傾いている。とすればおそらく、天王星の磁場における奇妙な傾きとずれは、大きく傾いた惑星の特徴というよりは、高圧の気化氷と導電性中間層・マントルを持った惑星の特徴というべきだろう。おそらくどの氷巨大惑星も、傾いて中心線からずれた磁場を持つと思われる。もちろんわが太陽系内のものを含めて。

ハイディ・ハンメルは言う。「天王星と海王星は、青いことを除いては木星や土星と異なる。」「進行しているプロセスは根本的に別物だ。」

海王星のリング

ボイジャー2号は海王星系でも胸躍る発見をした。ボイジャー画像チームは、惑星を取り巻くリングの位置から太陽方向を振り返る特殊な画像撮影を企てた。これまでの地上望遠鏡での観測結果を踏まえた企画だ。リング内の超微細粒子の検知能力が高まり、完全なリングなのかそれとも惑星周回物質が形成する円弧の一部なのかがわかる（この課題は数学者を熱狂させた。というのはこうした構造は、ほんの2、3年の間に消散か完全なリングへの凝集かのいずれかに帰結すると見込まれるからだ)。画像は美しく仕上がり、海王星の周囲に少なくとも5つの独立リングを、恍惚となるほどに魅惑的な系として現出させた。リングは完全で、こんもりとした塊だった。地球から見てきたこれまでのリングの弧に対応した、最も分厚く、荒い塊だった。最も薄い部分は暗く、細粒や埃のような物質からできていて、微細すぎて地球からは見えなかった。

ボイジャー2号は、最も外側の2つのリングの間隙を航行したが、それでも数分間にわたって毎秒何百個もの小さなダスト粒子と衝突した。幸運にも無傷だった。リング粒子がダスト状であまりにも小さかったのだろう。髪の毛の100分の1ほどしかない。何がリングを塊に保つのかは、まだわからない。しかし惑星科学者たちは、海王星のリングの塊が、羊飼いに見守られるかの如く、ボイジャーからは見えなかった極微小の月の群れによって、土星の薄いリングのように、軌道内に導かれると考えている。リングは最終的には、海王星を最初に発見・解明した初期の天文学者に因んで名づけられた。ルヴェリエ、ガレ、アダムスが含まれていて、最も外側のアダムス・リングの中にある最も高密度の塊はリベルテ・エガリテ・フラテルニテ（自由・平等・博愛）と呼ばれる。星の発見レースにおいて1846年に勝利を収めたのがフランスであったことに敬意を表して。

ボイジャーの海王星フライバイの週、私はパサデナに戻って過ごした。フレーザー・ファナルの魔法の招待バッジのご利益もあったし、天王星フライバイ以降私が格別問題を起こさなかったことをチームは覚えてくれていた。今回、この分野の大学院生として私は重宝がられた。部屋に再び足を踏み入れると、まっさらの画像が太陽系の最深部から流れ込んでいた。私は嬉々として画像チームメンバーのための使い走りを買って出た。淡々と皆のランチの注文をきき、コピーをとり、用のないときは席を外した。それでも学術的雰囲気に浸れることができた。ここが恒星群へ向かうボイジャーの最後の停車場となるだろう。

海王星の月たちとの出会い

海王星に至る間、リック・テリルらボイジャーチームは、新しい小衛星や、巨大惑星の周りのリングの奇妙な紋様を見つけ出すのに大活躍した。木星、土星、天王星を巡る20個の月をすでに発見していた。当事知られていた太陽系全体の月の個数を約70%増やしたことになる（※6）。

「楽しさに満ちていた。」リックは回想する。「天文学者として、ノイズに埋もれたデータの中から有意の信号を掘り出す訓練を積んできた。新しい小さな月を見つけるというのはまさにその手の問題なのだ。」 ボイジャーチームの一人が、議論でこの点を冷徹に指摘した。「見つけるのはさほど大仰なことではない。皆データの中に含まれているのだから。」 そこでリックはその人物に、最近見つかった月の写真の何枚を見せてテストした。すぐに失敗した。リック・テリルのような画像チームメンバーが微細微小な月をかくも素早く見つけ出せるのは、星の癖や特徴、宇宙線の衝突、カメラに起因する画像中の人工的な乱れについて、長年経験を積んだ結果だ。ボイジャー画像上の新しい小さな点がこれらのどれにも該当しないと識別できるのだ。とりわけそれらの点が画像から画像へと渡り歩く場合には。

最後のフライバイ前の、ボイジャーのアプローチ画像が入ってきた。リックとチームメンバーたちは、事前の望遠鏡観測で存在を確信していた海王星の6個の小さな新衛星の発見に向け忙しく動き始めた。キャンディ・ハンセンは、新しい月やその特徴を発見するリックの腕前について、皆の軽口を楽しそうに回想する。「発見するまではネス湖の怪獣（研究所近くのバー）に一緒に飲みにいけないよ。」とリックに言った。「やがて彼が現れ、楕円形のリンクを示したボイジャーの写真のハードコピーを携えてあの実にみすぼらしいバーに行く。」

「本当に起きたんだ」とリックが確認する。「仕事を続けてもっともっと発見したい。順調に事が運んでいる。」 巨大な月トリトン（エウロパや私たちの月くらいのサイズ）と、より小さく楕円軌道で周回する月ネレイドをあわせ、海王星の月を8個に増やす結果となった。ボイジャー以来、これまでに小さくかすかな6

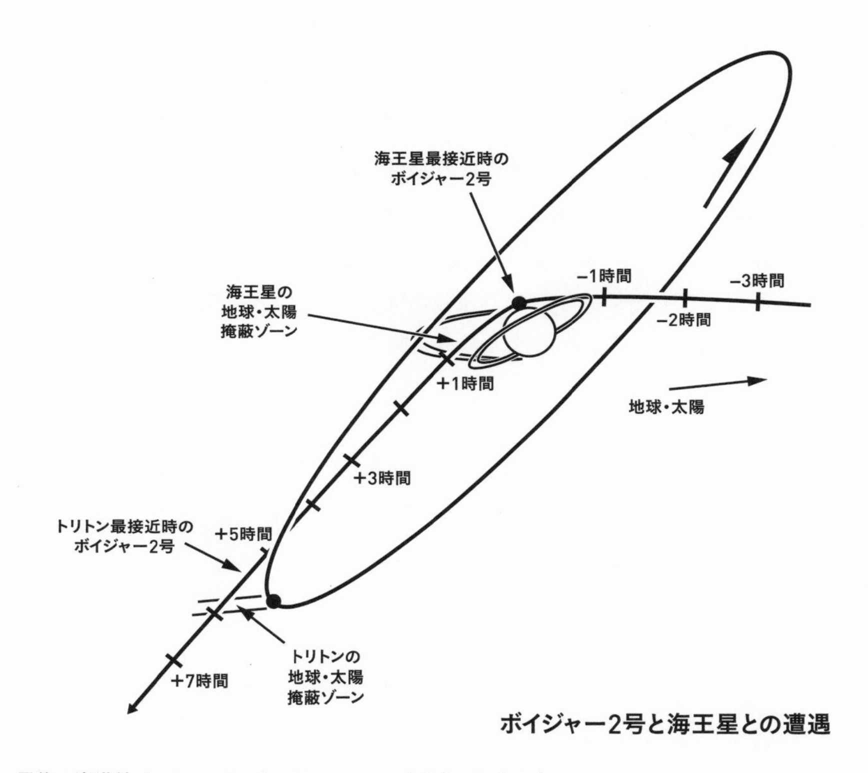

最後の寄港地ボイジャー2号の海王星フライバイの軌跡（NASA/JPL）

個の月が地上と宇宙の高感度望遠鏡で発見されていた。

もし海王星の月が、ボイジャーにとって最終目標たる天体での大成果だったなら、高らかな凱旋のファンファーレとともに恒星群へと突き進んだことだろう。海王星の雲の上5000㎞ほど（地球を離れてから探査機が訪問した惑星のうち、最も地表に近い）を航行した後、ボイジャー2号の軌道は最後の、栄光に満ちた、未知の目的地トリトンに向かった。この月は1866年の海王星発見の直後に見つかっていた（際立って大きく明るかった。）画像チームはそれを一種の変わり者だとみていた。尋常でない逆回りで軌道を周回していたからだ。探査機はトリトンの4万㎞以内を航行する。そして表面の様子を直径13-26㎞に小さく絞って撮影する。何が期待できるか誰も理解していなかった。あまりに明るく反射し、また太陽からあまりに離れていたために、トリトンは太陽系の中で最低温の表面をもつ天体の一つだった。平均気温は絶対温度38度という低さだ（理解し難いが華氏マイナス391度（－235℃）。トリトンの明るさは、表面に比較的綺麗な氷が存在することを示していた。おそらくは水以外でできた低温の氷だろう。不思議な逆回りの公転は、何らかの惑星スケールの外傷を受けたことを示唆している。海王星に捕獲されたとか、ある種の巨大衝突に遭遇して軌道を変えた、などだ。偉大なるボイジャー・ミッションでの地表画像撮影を、この驚異的遭遇をもって完結とするのは、それから何がわかるにせよ偉大な方策ではあった。

冥王星似のトリトンはカイパーベルト天体なのか

海王星最接近の5時間後、ボイジャー2号はトリトンを通過した。数日後私はJPLの作業室で、画像チームのラリー・ゼェデルブロームと、入ってきた最初のトリトンの高精細画像を眺めた。ラリーは実に気さくで、時にいたずらっぽい、惑星科学コミュニティの尊敬すべき一員だった。アリゾナ州フラグスタッフにある米国地質調査所の天体地質学科学（アストロジオロジー）センターに勤務していた（名称に関して時に混乱があるが、アストロジオロジーは技術的には「星の地質学」を意味する。しかし星（恒星）には地質学は無い。惑星や、月や、小惑星や、彗星にはある。しかしこれもまた、「宇宙飛行士」が少なくとも今は星には行っていないのと同じだ)。ラリーは、ボイジャーの画像チームの一員であり、時々私に頷いたり、目配せや手招きをして、暗い部屋の隅で邪魔にならぬよう控える私を、大テーブル越しに画像を見られるよう計らってくれた。この幸運にどうしてあらがえようか。

私は飽きることがなかった。何とも奇怪な画像ばかりだったからだ。ラリーもまた戸惑っていた。衝突クレーターや、割れ目、峰、など氷の月でおなじみの紋様が表面を覆うでもなく、トリトンは全く異なっていた。フライバイの際に太陽光が当たっていたトリトンの南半球には2種類の奇妙な地表があった。暗い地表には穴や小さな凹みがあり、マスクメロンの皮を想像させる。明るい地表には、なめらかな平坂状の物質が、凍った湖のような台地（テラス）状のくぼ地とともに散在していた。半透明で赤みがかった窒素の氷の層や、窒素の雪や霜の場所もあり、地表の大部分を覆っているようだ。衝突クレーターが比較的少ないことと併せ、これは地表が地質学的に非常に若いことを意味する。ボイジャーがこれまでに探索した中で、際立って奇妙な、予期せぬ場所だった。「これが美しくないって？」修辞疑問を発しつつ一人微笑んでいるラリーを私は一度ならず目撃した。

最近ボイジャーの紫外線分光計チームは、締めともいうべき大サプライズを発見した。トリトンは、ほとんど窒素とメタンでできた非常に薄い大気（地球大気の0.001％以下）を有する。ラリーはこの薄い大気と地表との相互作用についての証拠を探していた。ラリーらはすでに、南極近くに黒っぽい風紋のようなものがあることに気づいていた。薄い大気が地表沿いに沈殿物を移動させているようだった。ラリーはUSGSの同僚たちと開発したソフトウェアを使って、ボイジャーが高速で通過する際のトリトン表面の時間変化を短い動画に仕上げた。風が能動的に引き起こした変化の痕跡を探すためだ。彼らは何か顕著なものに気づいた。トリトンの明るい地表の8kmあまり上空に黒いプルームが湧き上がり、そして100km以上風下に広がる。ボイジャー 2号の近接通過の際、4つのプルームが噴火活動の中に捉えられた。そしてプライバイの間にそれらを別の角度でも撮影する。立体的に眺めることでラリーらは高さを決定できるのだ。

「私は新しく受け取ったトリトンの画像を、USGSフラグスタッフでの長年の友人・同僚トミー・ベッカーと解析していた。」ラリーは発見の感動の瞬間を回想する。「私たちはトリトンの新しい地形図を作っていた。ボイジャーで撮った画像をモザイク状に重ねながら糊付けして行く。フライバイ画像は、飛行して通り過ぎる間に、全て違った角度から撮影されているので、全球的な地図にするためには、それら画像をトリトン表面の球面モデルの上に貼っていく必要がある。しかし明暗を伴う縞模様のいくつかは、きちんと重なってくれなかった。少々戸惑ったが、間もなく理由がわかった。縞は表面上ではなくその上空だったのだ。私たちはこれらの2枚の画像を一緒にステレオビューワーに投入し、赤青めがねでトリトンのプルームを表面から飛び出させ、完全に見えるようにした。」

生きている間欠泉がトリトンにあった！　ラリーらは、観測結果を説明するモデルを提案した。ほぼ透明な窒素の氷が季節によっては表面が1-1.5mの厚さになり、その底を太陽光が温める。その結果（氷が固体から直接気体になる）昇華が起こり、氷の下の圧力のもとで集まる。どこかで氷が割れると、窒素ガスは爆発的に解放され、黒っぽいダストと鉱物の粒を運び、低重力と大気圧（※7）のもとで高い高度まで持ち上げる。発見の瞬間に、その発見の解明を試みるチームのそばにいられるのは衝撃的なことだ。現に噴火が存在する太陽系で3番目の場所となった（あとの2カ所は地球と、ボイジャーが発見したイオのプルーム）。その後私は火星の地上探査ミッションでラリーと働くこととなった。同時に彼の息子ジェイソン（同じぐらいいたずら好き）。の博士論文のアドバイザーも務めた。バトンは引き継がれた。

ボイジャー2号がトリトンを素早く通り過ぎた後は再び振り返ることはなかった。トリトンがどこから来たかに関していくらかの進展があった。1930年の冥王星の発見が端緒となって、海王星軌道のはるか先に広がる同様の小天体群からなる大型円板の存在を天文学者が議論することとなった。このような空想の中から現代惑星科学の父が現れた。オランダ生まれのアメリカ人天文学者ジェラート・P・カイパーだ。1990年代初頭、惑星天文学者は冥王星の先にある最初のグループを発見し始めていた。非惑星の群集（ソサイエティ）とでもいうべきものだ。ここ20-30年の望遠鏡とカメラ検出器の著しい改善のおかげで、KBOとして知られる1200個を超えるカイパーベルト天体が発見されている（※8）。その多くは冥王星のように、海王星と軌道共鳴のダンスをする。そして常に巨大惑星の重力からはるかに遠いところに位置する（冥王星が太陽公転軌道を2周する間に、海王星は太陽公転軌道をきっちり3周する）。太陽系の45億年超の歴史で、KBOのいくらかは不幸にも海王星の間近に置かれるため、海王星にぶつかったり、太陽系から弾き飛ばされたり、あるいは太陽に突入することまで想定されている。しかしその一つであるトリトンは、近接した遭遇を生き延び、海王星の重力に捕えられた可能性が高い。

とするなら、ボイジャーによるトリトン接近航行は、人類初のカイパーベルト天体との遭遇ということになる。もともと太陽系の外縁領域という極寒の果てで形成された小さな惑星状の天体であり、すべての巨大惑星の初期核を作る氷や岩の中にも垣間見ることができる。トリトンのフライバイがいかに稀有で貴重であったか。私たちはKBOとの二回目の遭遇までにさらに26年を要したのだ。2015年7月に、NASAのニューホライズンズ探査機が冥王星をフライバイする（※9）。これまでに打ち上げた中で最も速いミッションとして、宇宙を9年間航行する。その後ニューホライズンズは最高の科学のすべてを実行し、冥王星に最接近する30分の間に最善の映像を取得し切る（チームのプレッシャーはいかほどだろうか）。

冥王星とトリトンの類似性については多くの推測がある。両天体のサイズは似ていて、冥王星の表面はトリトン同様、窒素の氷を主体とし、薄い大気があることはすでに知られている。しかし大きな違いもある。私たちの月よりも小さいが冥王星には自身の月が5個ある。この中に比較的大きなシャロンがある（冥王星の半分の大きさ）。表面は窒素ではなく専ら水の氷で覆われている。結局のところ冥王星は、従姉妹（いとこ）かもしれないトリトンと多少の類似性は示しつつも、冥王星系全体としては、太陽系の旅で出会った他の場所に負けず劣らず、斬新で風変わりな存在だと思う。惑星、準（矮）惑星、月…呼び方が何であれ、皆多様で興味深く、私たちと太陽系を共有する、ただただクールな隣人たちだ。

冥王星の高速近接フライバイに大きな期待を留めつつ、ボイジャー２号の海王星フライバイに立ち戻って思考を巡らす。海王星では瞬時に膨大な事実が明らかになった。そしてなお私たちはバックミラーを覗き込んでさらなる情報を望みつつ、高揚感と後悔の混じった思いに浸っている。ラリー・ゼェデルブロームは回想する。「ボイジャー２号が太陽系での最後の遭遇を終えて無窮の星間空間へと去っていくのは、気が滅入るほどに切ない。その夜私は、画像チームのリーダー、ブラッド・スミスに前向きのコメントをした『ブラッド、あなたは太陽圏を初めて一回で探検し切ったんですね。』」

ボイジャー２号の冥王星フライバイは完了した。人類が過去に実行した探検の最高峰に立つものだった。海王星フライバイの数日後私はホノルルに戻る準備をしつつ、最後にJPL264号館の科学ミッション運用の一角を散策した。誰かがボイジャーの最後の海王星写真の一つの大型フォーマットの画像を指差した。それはボイジャーが振り返るときの、細い三日月となった海王星及びトリトンとの離別の光景だった。

1989年に立ち戻って、三日月の海王星とトリトンが後退していく写真「最後の寄港地」を初めて見たとき、チャーリー・コールヘイズは何を考えていただろう。「顕現日（訳注：キリストの顕現を記念する祝日）を迎えるような新鮮な感覚だったのだろうか。」「郷愁で胸が一杯だ。最後の世界に別離を告げるのは悲しかったけれど、同時に大きな満足感もあった。過ぎ去ったすべての年月で私たちは事を成したのだ。大きな成功だった。」ゆっくりと語りつつ、彼は部屋の隅や屋外に目をやった。「そして、海王星やトリトンの表面を見ると、私たちが出発するときの…」チャーリーの目から涙が溢れ出た。「私は決して忘れない。」

ボイジャー・ミッションの一局面の終りと次の局面の始まりを迎え、ジョン・ロンバーグもやはり感傷的になっていた。「いつもこんな空想をしているよ。」とジョンは私に言う。「ボイジャーに搭乗して進んでいく。金色に光るレコード面を覗き込みながら、イオの火山を見ながら、エウロパの割れ目を見ながら、土星の編み込まれたリングを見ながら、そして溢れるまでの数々の驚愕の光景を見ながら。ボイジャーは皆に新しい世界すべての証拠を見せてくれる。この冒険に感動する多くの人々に与えたボイジャーの影響を、最も簡潔直截に要約するのはリック・テリルからの言葉だろう。「ボイジャーは私の人生でまさに驚愕の経験だった。」

第3部

過去を振り返り未来を見る

第8章

ピクセルあたり50億人

ルナ・オービターによる「地球の出」写真

このところ「セルフィー」が大はやりだ。子供たちが腕の長さに置いたスマートフォンを自在に構図決めして自撮りする器用さには驚かされる。私も先日習って虜になった。「ドローン」は、気球やタコ、あるいは動力の付いたクワッドローターに搭載され、遠隔制御したカメラを上空でホバリングさせて自分や友人を撮影する。しかしこの自撮りの魅力は一時的な熱狂ではなく、メカに強い若者達という範疇をも超えている。私たちは外の宇宙を眺めてきた一方で、宇宙での立ち位置を模索すべく内側にも目をやってきたのだ。

地球が丸いという事実はさほど意識されない。大気と水の薄い殻に囲まれた岩と金属の球体が宇宙の中に浮かんでいて、太陽の重力下、速く動いている。速く動く？　そんな感じは全くしないのだが、数字が事実を物語る。地球は、赤道では時速1600km以上となる自転をしている。そして皆太陽をめぐる公転軌道上を時速10万km以上で移動している。さらに太陽系全体が天の川銀河の中心の周りを時速70万kmくらいで動いている。ただ私たちはどの動きも正確には意識していない。重力が勝っているからだ。私たちの惑星の質量とその重力が私たちを支えていて、大気、大洋、山脈など全てのものが、振り飛ばそうとする力の作用に対抗して表面にへばりついている。そしてもちろん地球は丸い球体だ。誰もが私たちのビッグ・ブルー・マーブル（訳注：太陽を背に撮影された輝く地球）が宇宙のインクのような漆黒中に保持されているのを見ている。アポロの宇宙飛行士が、1960年代と1970年代に月へ往復する際に撮ったものだ。

こうした知識は、過去に生きた推定1000億の人類（※1）にとっては自明ではなかった。想像はしたかもしれないが、簡単な実験で知るすべはなかった。（いったん、宇宙旅行の技術を開発してしまえば簡単なのだが。）地球の実際の姿を知りたければ、外部から見ることだ。紀元前6世紀のギリシャの哲学者、数学者、天文学者のサモスのピタゴラス（$a2+b2=c2$と同じ人物）は、現在の宇宙時代なら使えたはずの知見の恩恵を受けずに、地球が球体だと理解し得た最初の科学者の一人だと考えられている。証拠は間接的なものだった。ギリシャの船乗りたちは南に航海を続けるにつれて南十字星が高く見えるのを見ていた。さらにずっと南に行くと、太陽は（北半球のように）南からでなく北から照った。また稀に起こる月食では、満月が完全に地球の影に隠れたとき、その影は曲線だった。

ピタゴラスにとってこの事実は自明に思えた。それを証明したのは有名なギリシャの数学者・天文学者エラトステネス。地球の大きさを正確に求めるのにさらに250年を要した。エラトステネスは、最も単純かつ有名な科学実験を実行した。今の小学生にも再現は易しい。二本の棒きれと天気の良い日を用いるだけの話だ。一本の棒はエジプト南部の都市シエネ（現在のアスワン）にあり、正午に太陽が直接真上から照らし、棒は影を作らない。もう一本の棒は、自分が住むエジプト北部の都市アレキサンドリアにある（エラトステネスはアレキサンドリアの図書館長。当時世界で知られていたすべての書籍が驚異的に収集されていた。紀元前3世紀の惑星地球におけるインターネットに相当するものだった）。ここでは同じ日に、正午に棒は短い影を投げかけた。彼は、この二本の棒の間の角度が、球面上の異なった場所に存在する結果であると理解していた。そこでエラトステネスは、自分のアシスタント（研究生だったのだろう）を歩かせてアレキサンドリアとシエネの間の距離をはかった。

エラトステネスに先立つプラトンとアルキメデスは、数学が不得手であろうはずはなく、地球直径をそれぞれ22000km、18000kmと算定した。エラトステネスは、自らの簡単な測定からのデータを武器に、14000kmあたりであるとの結論を得た。これは現在の正確な値（12700km）から約15％の誤差に収まる。

ほぼ2200年を早送りすると、実際に惑星を離れ、周回して眺められる時代がくる。初めて実現したのは1940年代後半だった。第二次世界大戦後にアメリカ陸軍が捕獲し、ニューメキシコ州のホワイトサンドミサイル基地（※2）に運び込んだドイツの準軌道飛翔体（サブオービタル）V2ロケットに搭載したカメラだった。画像粒子の粗いV2の写真は、およそ160kmの高さから、地球表面の優美な曲線を捉えていた。しかし宇宙から見た「グローバルスケール」での地球写真は、最初の地球周回衛星（※3）が打ち上げられる9年後まで撮られなかった。1966年8月23日にNASAのルナー・オービター1号探査機で撮られたこの写真は、美しい白と黒の三日月の地球が月の地平線から上ってくる様子を捉えていた。

多くの人にとってルナー・オービタ・ミッションはあまりなじみがなかった。1966年から1967年の間に月の軌道に送られたロボット宇宙船のシリーズで、アポロ宇宙飛行士の着陸地点を偵察した。天才的工夫というか、まったく独創的な写真現像が宇宙プログラムに取り入れられた。一連のコダックフィルムカメラが、70mmのフィルム画像を撮影できるように配置され、搭載された小さな化学ラボの内部で自動的に現像される。現像したネガはデジタル化して、デジタルデータとして地球に送り返された。基本的には、ルナー・オービターは撮った画像を送り返すのにスキャナーとファックスを使った。このようにして月面の99％以上のマッピングに成功した。ルナー・オービター1号の管制官が地球写真撮影を承認するに際し、カメラを月の地平線に向けるために衛星搭載のスラスターを使うという、危なっかしい手段を講じる必要があった。危険は大きかった。もし傾きを元に戻せなかったら、始まったばかりのミッションはそこでおしまいだ。ボーイングの技術者は心配したが、NASAはこの操作を承認した。結果、得られた写真は壮観の極みだった。月面探検に関するソヴィエトの切迫した追い上げや、「10年以内に」宇宙飛行士を月面着陸させるという、不気味に迫りくる期限の中で、世界向け広報が米国の宇宙計画促進に有用だとして、NASA本部の管制官や（ミッションを管理する）ラングレー研究センターは、承認を強いられたのだろう

ルナー・オービター1号の「地球の出」の写真は実際、広報上の大ヒットとなった。すぐにNASAを訪れる議員や有力者たちにポスターとして渡された。NASAは、ロボット探査プロジェクトという新分野での実力を誇示し、月着陸に向けた目に見える進捗の実証例を提示した。数週間後、ライフ誌は写真を2ページに拡大した。8ヶ月後、NASAのサーベイヤー3号月着陸機は宇宙から見た地球全体の最初のカラー写真を撮ることで一歩進めた。これもまた美しい三日月の眺望だった。こうした黎明期の努力は、地球を宇宙から眺めるという広報活動にゾクゾクするような動機づけを与えてくれた。

宇宙から地球を眺める次なる飛躍は、アポロ8号の飛行士がなし遂げた。月着陸成功に必要なほぼ全要素を完璧に試験するミッションで、故郷の惑星からさらに離れた人類未踏の最遠隔地への旅だった。アポロ8号は1968年12月21日に打ち上げられ、乗組員とミッション支援チームは成功裏に2日半の月への航行をさせ、コマンドと、サービスモジュールのメインエンジンを点火し、月面軌道に乗せた。次に船長のフランク・ボーマン、コマンドモジュール・パイロットのジム・ラヴェル、ルナー・モジュール（LM）パイロットのウィリアム・アンダースが20時間かけて月を10周し、人類初の記録を達成した。アンダースは、技術面ではミッションのルナー・モジュール（LM）パイロットという役回りだが、アポロ8号は実際の月面着陸のためのLMを装備していない。彼は科学者としての訓練を受けていたので、もっぱら月の写真撮影を担当して、月の地質学の研究を助けた。これは後のアポロミッションでの着陸可能地点の分析に役立った。NASAの記録やトランスクリプトによれば、月の4周回目にあたる1968年12月24日、アンダース、ボーマン、そしてロベルはこんなやりとりをしている。

アンダース：素晴らしい！この眺めを見てくれ（※4）。地球が昇ってくる。実に美しい！

ボーマン：（冗談で）写真に撮るなよ。予定にないから。
アンダース：（笑）ジム、カラーフィルムはあるか。
　　　　　　早く新しいロールをくれ…
ロベル：なんという素晴らしさだ！

3人は「地球の出」を別の世界から観測した。アンダースとボーマンは、その後の数分間に多くのカラーとモノクロの写真を撮った。戻ってフィルムを現像したところ、アンダースが最初に撮った写真がほとんどの新聞と公衆の関心を集めた。秀逸な構成のカラー写真だった。忙しいフライトプランにありながらも、イベントが幸運なタイミングに収まったことも幸いした。飛行士たちは地球の出の写真が撮れた数時間後にまた世界の注目を浴びた。クリスマスイブに聖書・創世記の天地創造物語の一部を世界中の膨大な数のテレビ視聴者に向けて朗読したのだ。

あるコメンテーターは、アポロ8号の「地球の出」の写真を引用して1970年の第一回地球の日を盛り立てた。現代の環境配慮の潮流を主流に押し上げたのだ。地球上に立てば、私たちの自然の世界が巨大で無限のようにも感じるが、宇宙の無窮の中に孤立して浮かぶ球として地球を眺めると、資源がいかに限られたものかがしみじみ感じられる。ライフ誌の2003年要約「世界を変えた100枚の写真」で、自然写真家ギャレン・ローレルはこれを「地球の出」と名づけた。雑誌の表紙を華々しく飾るもので、「これまでで最も影響力ある環境写真」だという。メディアやポップカルチャーの世界では人気は数年で移ろうが、1972年12月のアポロ17号飛行士撮影の全地球のブルーマーブル写真（議論はあるも、写真史上最も広く流通した写真）は宇宙からわが惑星を初めて眺めたもので、今や聖画像（イコン）的存在だ。宇宙からの最初の地球の眺めは、私にとっては驚嘆そのものだった。無窮の宇宙で私たちの惑星・故郷の脆弱さと孤立を視覚化し、新しい地球意識の夜明けをもたらした。今なお限界質量（クリティカルマス）（訳注：一気に普及が加速する分岐点）達成に苦労してはいるけれども、それは人類が地球という生命の貴重な繭の世話役として負うべき責任を認めるものだ。

地球と月をあわせて自撮り

ボイジャー1号の画像チームは、次世代の「惑星自撮り」を担っていた。地球と月が一緒に写った初写真を、打ち上げ数週間後に撮るのだ。JPLの故アンディ・コリンズなどミッション・画像チームの計画担当によれば、宇宙船が地球から1千万kmかそこら離れれば、地球と月を同じ視野内で撮影できる。画像シーケンスの正しさは、過酷な打ち上げ後の最初のカメラテストである程度は検証できる。打上げ前の機体に比べて、強烈な衝撃と振動で損傷や性能劣化が生じたか。ロケットの各段階や、スラスターの点火で、レンズを曇らせる汚染が発生していないか。誰か頭のキャップを外し忘れなかったか。実際、画像チームの機器担当科学者キャンディ・ハンセンは、このシーケンスが宇宙船システムの重要な機能を構成したと回想する。キャンディは1977年夏のボイジャー・プロジェクトから働きはじめたばかりだ。ボイジャーのスキャン・プラットフォームは、打上げ時は畳まれているが、いったん宇宙空間に出ると正しい位置で展開しなければならない。しかし、展開の指令の後で、スキャン・プラットフォームの正常な展開・固定を確認するセンサーが故障したため、展開の成否を知るすべはなくなった。しかしキャンディによれば、アンディ・コリンズらはこう考えていたようだ。プラットフォームが正しく展開され、写真に地球・月ともに想定通り収まる状態だと仮定して、地球・月写真撮影を命じるコマンドを送れば、結果が証明してくれるはずだと。そして実際証明に至った。

私はその後アンディと、火星地上探査機スピリットとオポチュニティのカメラ開発に携わった。キャンディが回想するこの「賢い応急措置」は才気と創造性で切り抜けるもので、ロボット宇宙探査での問題解決のいわば典型手法だった。しかし重要なのは、アンディら画像チームが、1977年夏に宇宙で地球と月が一緒に踊るさまを初めて撮影した事案を下敷きにして進めていることだ(歴史的な「最初の」シリーズはボイジャーがもたらした)。実際、ボイジャーの目を通して、私たちの地球と最近傍の天体とを、これまでにない角度から眺めたいとの関心は皆が抱いていた。カール・セーガンのいう「可愛らしいペア」だ。1980年のTV

シリーズ、コスモスでのエピソードの一つとして、歴史的なボイジャー写真を示しながら、カール・セーガンはそう語った。

3年後、ボイジャー1号が土星を通り過ぎ、黄道の上方・外側へと跳ね飛ばされ（スリングショット）、ドッグレース場のような惑星公転面上で写真を撮る探検ミッションは終わった。計画通り宇宙船は上方へさらに高く航行を続け、残る惑星の上空高く昇っていく。カメラは停止され、主要科学実験として場と粒子の測定が残され、太陽系での太陽の影響の限界の探検へと移行した。カメラの機能自体は良好だった。緩慢に減衰するプルトニウムが主電源だったことに加え、ボイジャー1号は土星・タイタン以降は写真撮影をしなかったからだ。

「太陽系家族写真」までの紆余曲折

カール・セーガンは別の夢を描いていた。愛おしくなるような史上「初」の遠近写真を少なくとも1枚、ボイジャー1号のカメラで撮ることだ。ボイジャー1号は、あたかも飛行機が滑走路から離陸するように黄道面を駆け上り、地球からでは見えなかった事象を徐々に解明してくれる。カール・セーガンやキャンディ・ハンセンらボイジャー画像の企画者は、地球だけでなくほぼ太陽系全惑星の肖像画をボイジャーの新しい視座から描けると考えた。初めての「太陽系の自撮り」だ。セーガンが自撮りという私の命名を喜んでくれれば幸いだ。

しかし皆が皆この着想を支持した訳ではなかった。宇宙探査機の技術者やボイジャー画像チームは、高感度の画像科学サブシステムのカメラを不用意に太陽に向けないよう入念に作業してきた。望遠鏡の光学系カメラで画像に焦点を合わせる際、太陽光が間違って拡大光学系に入り込むと、光検出機構を加熱し、システムを茹で上げてしまう。太陽に向けるのは悪いことなのだ。セーガン博士は何を言いたかったか。太陽に向けろと言う。誰だろう、この人物は。

「しかしほかに見るべきものはない。」とセーガン構想への賛同者は反論する。「もしカメラを燃やしたとしてもそれがどうだというのか。」 1980年代後半の木星フライバイの後、ボイジャー1号は他の映像を撮ることはなかった。双子のボイジャー2号は、1986年に天王星フライバイを行うために着実にスピード上げていて、1989年に海王星にフライバイすることを期待されていた。宇宙船上のカメラは同じなので、起こりうる問題点の較正や診断は、理論的にはボイジャー1号のカメラも、ボイジャー2号のソフトウェアやハードウェアの診断に使える。こうしたバックアップ機能の必要が現実化する可能性は低いとはいえ、万が一ボイジャー1号のカメラが、太陽系ファミリーの肖像画に挑んだあげく茹で上がってしまったらもはや利用できない。

加えて画像チームは、土星以降の予算削減で縮小されつつあった。プロジェクトに残って関わり続ける人たちは、天王星との遭遇の準備に忙殺されていた。セーガンらは、太陽系家族写真の要請を科学的根拠で援護し切れないのは承知していた。「画像の主眼が科学的なものとはいえない（※5)。」とセーガンは記している。「土星の位置からみた地球はあまりにも小さく、ボイジャーのカメラで詳細を見られないのはわかっている。私たちの惑星はほんの一光点にすぎない。1つのピクセルでさえ埋められないし、近くの惑星や遠く離れた恒星（太陽）のつくるその他の光点から識別するのも難しい。しかしこうも言える。全地球をフレームいっぱいに写した有名なアポロの写真同様、宇宙での人類の立ち位置を展望する点でこうした写真もなお有用だ。」 何という視野の広さだろう。しかしチームがボイジャー2号に注力する状況で、この「愛すべき画像」は後回しになった。セーガンらは10年待った。ボイジャー2号はさらに天王星と海王星で著しい発見をなし、またボイジャー1号は黄道面のはるか上方に着実に昇りつつある。

1989年8月の海王星フライバイは成功した。取得画像データの全てを再生送信し終えて海王星を去った後、セーガンらは太陽系の肖像画の問題を再び提起した。ボイジャー2号は海王星の北極上空を弧を描いて優雅に飛行した後、南側に航路をとった。今なお黄道面に比較的近い。ボイジャー1号は今や30度以上も太陽系公転面の上に出てさらに上昇を続け、素晴らしい眺めを供していた。1989年後半、この企画は再び上げられた。しかしカメラの追加較正作業の実施まで延期された。この較正は、海王星の画像解析の妥当性を確認するためだ。もっともな配慮であるがゆえにセーガンらの提案はさらに待たざるをえなくなった。

しかし海王星フライバイの後、可能性が浮上した。ボイジャー計画への厳しい予算削減が引き金だった。カメラ操作担当の技術者や、宇宙船の指向制御を行う技術者の多くが解雇や急な配置替えになった。彼らの技術は、肖像画の計画・取得・処理には必須だったので、やるなら大急ぎでという話になってきた。NASA内部で討議が始まった。無駄な宣伝行為だと指弾されかねないことに、資金難のボイジャー・プロジェクトの時間と労力を費やす価値があるか。JPLとNASAの惑星探査計画のリーダーたちには、こんな画像には科学的価値がないばかりか、余計なことに気を散らすのではという懸念もあった。プロジェクトはスタッフを切り詰め、ミッションの長い星間空間フェーズにむけて準備している最中なのだから。

当時のNASAの指導層の間ではこうした姿勢は決して稀ではなかった。セーガンの太陽系肖像画のような教育・広報の問題は、惑星探査ミッションの予算の中で認める価値はないと見る。こうした姿勢は1970/80年代の科学界で浸透していた。カール・セーガンが米国科学アカデミー会員に選ばれなかった一因でもあった。セーガンの仕事の多くは、同僚たち、特にアカデミーのメンバーからは「ソフト」サイエンスとみなされていた。コミュニケーションや教育の話に過ぎず、スタンドプレーとすら見なされた（同僚たちの妬みの感情は想像できる）。

時代は変わった。NASAと米国科学財団の提案書では、個々の科学者の研究計画への資金提供に際しては、成果を公衆にいかに伝えるか、計画が人間や社会にどう関わり影響するかの明示が求められるようになった。

幸運にも、海王星探査後の科学部門の副統括者であるレン・フィスクや、統括者のリチャード・トゥルーリーといったNASAの高官が、太陽系家族写真の歴史的、心理学的価値をカール・セーガンと共有するようになった。エド・ストーンもこの着想を強く支持した。エドは、1989年のボイジャーの海王星フライバイの直前にセーガンと惑星協会がカルテックで催した夕食会を回想する。そこでエドは、セーガンと、フィスクと、ボイジャーのプロジェクト・マネジャー、ノーム・ヘインズと、「世紀の画像」をいかに実現するかを語りあった。基本的には予算の問題で、当時ボイジャーへの資金提供は海王星後に急減することになっていた。幸運にもフィスク、トゥルーリーと折り合うことができ、人と資源をこの最後のボイジャーのモザイクに利用することを確認した。1990年の2月14日、バレンタインデーのことだった。

ボイジャー画像チームの連絡役キャンディ・ハンセンはモザイクの計画に関わった。NASA本部の決定の後でも、プロジェクト指導層になお軽視傾向は残っていたとキャンディは回想する。「臭いものに鼻をつまむような扱われ方でした。」彼女は詳しく語ってくれた。「一連のキックオフミーティングで、基本的にはシーケンス・エンジニアとして働いてくれと言われました。いつものサイエンスチームのまとめでなくプレゼンテーションをする役どころです。私にとっては、画像がいかに意義深いかを演壇に上がって皆に説明できる素晴らしい機会でした。」エドとキャンディが支持し、カール・セーガンの熱狂が際立っていて、NASAのトップ層の祝福とともにそれが実現した。

成果物たるモザイク画像は25年たった今でも魅力的だ。海王星から始まり、カメラを誤って損傷しないよう内向きに操作していく。ボイジャーは私たちの惑星地球のスナップ写真を次々にとるように命令される。水星から火星までの内惑星を写真に収めるべく太陽にカメラを向ける。太陽のギラつきでほとんど盲目状態になり、画像に一種の飽和が起きる。しかしカメラは茹で上がることはない。ランディ・ウェッセンはこう説明した。「内惑星の画像をとる際に、太陽からのギラツキを最小化するために、カメラをまぶしい部分から遮蔽するようボイジャー 1号の高利得アンテナを操作する。海岸の人が太陽光を遮るために手をかざすように。」 キャンディ・ハンセンの仕事は、画像が入ったときに、観測の全てが順調か、万般を確認することだ。彼女はリック・テリルと同様に、ミッションのこの時点でボイジャー画像中に星がどう見えるかを子細に理解している。キャンディはあらゆる小さな人工物体やボイジャーカメラの傷も記憶している。だから写真ではほとんど何もない真っ暗な宇宙空間であっても、すばやく星や傷をズームして、他のものと識別することができる。「海王星発見。チェック。土星チェック。火星チェック。予想通り三日月の眺めは暗すぎる。」 キャンディは最初の太陽系の肖像画を見たときを回想する。最終的には地球に向いた写真にたどり着けはしたが、最初は見つけられなかった。写真の中には非常に多くの散乱光線があるが、その一束の中にあった。牧草の束のように黄色に散開した太陽光線の一束は、ボイジャーの地球写真の中をきちんと通過していた。

「われらが世界は真っ青な点（※6）。太陽光線の中に浮かぶ塵のかけら…」カール・セーガンはこんな詩を口ずさんだ。「私はここに座ってこれまでの経験を思い起こしている。」キャンディは私にこう書いてきた。「身が引き締まる思いです。ちょうど私たちの小さな惑星を遥かなる展望台から眺めた日のように。」

地球写真のもたらすパラダイムシフト

50億を数えた惑星地球の市民が、包括的な視点で次なる偉大なパラダイムシフトの証人となる。自宅庭先だの地球外だのといったスケールではない、太陽系全体を眺め渡せる位置からの眺望という壮大なパラダイムシフトだ。セーガンは自らの流儀で、この新しい展望をわが物とし、前進への道標とすべく挑戦状をかざして皆を鼓舞する。セーガンはこう記す。「天文学は謙虚で、人格形成の修練に資すると言われてきた（※7）。」「私たちのちっぽけな世界をこうした遠くからの画像に写し出す。人間のうぬぼれという愚行をこれ以上端的に実証してくれるものはない。私たちが知る唯一の故郷である真っ青な点を皆がもっと丁寧に扱い、保護し、いつくしむことの大切さを過小評価している。」

ボイジャーの真っ青な点の写真のもつ強力なメッセージ性と形象イメージとは、後の惑星探査ミッション（※8）での自撮りにつながった。NASAのロボット惑星探査ミッションのリーダーの多くは、カール・セーガンの指導を受けた者や同僚・弟子だった。それは措くとしても、彼らは人類の故郷を宇宙から写真に撮ることが、象徴性と、意識高揚、そして教育上の価値ありと理解した人々だ。宇宙船ガリレオとメッセンジャーが、それぞれ木星と水星に向かう途中、地球を利用した重力アシスト・フライバイを行っている間に地球自身が優美に自転するという、催眠術にかかりそうな映画がある。私の好きな惑星の自撮り映像だ。日本の月周回機かぐやによる、地球全体が月の地平線から昇る輝かしいHD高精細映像、土星の影をカッシーニ周回機が通過（※9）する間に撮られた土星のリングに寄り添うかすかな惑星…。

壮大なカッシーニの最新写真の際には、NASAとカッシーニ画像チームが、地球上の人々に対し、2013年7月19日の日中の昼間（あるいは夜間）、10億マイル彼方のカッシーニのカメラを見上げてにっこり手を振るように呼びかけた。70億人が1つのピクセルに詰め込まれる写真を撮るためだ。カッシーニの画像チームのリーダー、キャロライン・ポルコは、ボイジャーの画像チームでセーガンと働いていた。彼女は自分のフェイスブックのページにこう書いた。「多大の努力（※10）を通じ、地球の住人が生きる喜びを鼓舞され、微笑む瞬間をとらえたモザイクがまさにここにある。美しさと意義深さの融合だった。過去の宇宙プログラムの歴史を通じて最も非日常的な画像ではなかろうか。」

私たちの故郷を自撮りした探査機はほかにもたくさんある。新しい視座から自己を眺めたい欲求には止めどがない。私は撮影を手助けする役目を果したいと願っている（自撮りはその典型だ）。私自身は、カール・セーガンの初期のコスモステレビや書籍・雑誌に影響を受けたので、勝手に弟子だと名乗っている。コーネル大学で短期間ながら同僚になれた素晴らしい機会を持てたことも理由の一つだ。火星の地上探査機スピリットとオポチュニティに乗せたロボット惑星画像調査から、私はステレオカメラ担当の主任科学者だった。ロボット惑星画像の研究をリードするチャンスを得たことで、私はペール・ブルー・ドットのような美と芸術と霊感にあふれる写真撮影（※11）のチャンスを待ち望んだ。幸いにして私の友達であり、セーガンの弟子の一人で地上探査機チームのリーダーのスティーブ・スクワイヤーズは、気の置けない間柄だった。

チャンスは2004年3月に到来した。スピリットもオポチュニティも太陽電池で動く。ということは移動や撮影のための電力は、大気中の塵の量や、太陽電池パネルが埃っぽいか清浄かに多分に左右される。地上探査機チームの同僚であるマーク・レモン、マイク・ウルフと私は最初宇宙飛行士として訓練されたので、天文写真撮影には習熟してきた。地上探査機のカメラで恒星などの天体を撮るのだ。グセフ・クレーターでの約63火星日（ソル）のスピリット・ミッションの間、太陽電池は潤沢な水準にあった。したがって地上探査機とカメラのヒーターに通電することで日昇前や日没後の極寒の薄明かりの中で撮影できた。当時火星から見ると私たちは地球が「明けの明星（モーニングスター）」だったのだ（ちょうど彗星や金星が、黄昏の時間帯に地球から「星」に見えることがあるように）。そして私たちは電力を持っていた。火星の空の中に自分たちを置くことはできるだろうか。黄昏は明るい。火星大気の高層にある塵のおかげだ。このため午前5時の夜明け前の空に地球が見えるかどうかは定かではない。しかし翌日、画像をビームで送り返すと・・・(※12) あった！　私たちは別の惑星の表面から初めて故郷の写真を撮ったのだ。

私たちは、2005年末に他惑星の表面からの最初の地球の出の映像を得るという偉業を他に先駆けて達成した。オポチュニティ地上探査機の搭載カメラで、地球と木星が、メリディアニ平原の砂丘の上の夜明け前の空に優雅に昇ってくるスナップ写真を撮ったのだ。こうした地球の写真を撮る科学的有用性も実証できた。例えば早朝の火星大気中の塵の厚さや水の氷の雲・霧の濃さをこれで測定できる。ともあれボイジャーのように、見上げたり後ろを振り返るのはスリルそのものだった。滅多に得られない構図で歴史的・内省的な写真を撮り、地球人が異邦人となる宇宙の一隅でロボットの目を通じて間接的探検をすることの意味を熟考できるからだ。

第9章
太陽圏から星間空間へ

惑星と衛星を区別すべきか

太陽系はどこで終わるのか。私が小学生の頃は9個の惑星があったが、冥王星が抜けて現在がある。ある年の科学展示会に向け、私は箱の内側をスプレーで黒く色付けした。そして星を表すのに白いペンキで小さな斑点をつけた。箱を横にして、片方の端に太陽の絵をテープで貼りつけ、上部に9つの穴を開けて糸で惑星の切り抜きをぶら下げた。箱の中の太陽系だ。当時の科学者はこれ以上のことは知らなかった。

その後ボイジャーなどのロボットミッションは、信じがたいほどに多様な太陽系内の世界を明らかにしてきた。木星や土星の周りの、ミニ太陽系ともいうべき世界も含まれる。ガニメデやタイタンのようないくつかの月は、惑星である水星よりも大きい。エウロパ、エンケラドゥスその他の月は、地下に海洋を擁する。

太陽系で最も火山活動が活発なのは地球ではなく、イオだ。大きな小惑星、例えばベスタやケレスはどの惑星にも引けを取らない地質学的な歴史を持っている。そして最も驚くべき発見は、太陽系が冥王星で終わらないことだ。1992年以降、天文学者たちは比較的大きな、冥王星サイズの惑星が海王星より先のカイパーベルトの中に潜んでいるのを発見した。現在約1300個のKBO（カイパーベルト天体）が知られるが、この集計はまだ完成には程遠い。これまでに見つかった最大のものはエリスと呼ばれ、約2400kmの直径（冥王星より大きく、月の質量の約4分の1）を持ち、ディスモニアという自分の月を持っている。軌道は平均すると、太陽・冥王星間の約2倍の距離がある。したがって2005年のエリスの発見により太陽系の大きさは再び2倍になった。天文学者たちは、直径160km（100マイル）超の大きさのKBOが10万個以上存在すると見積もっている。直径数km級の彗星はおそらく数億個だ。

最近膨大な数の冥王星サイズの天体が海王星以遠で発見されている。これは冥王星そのものを当然のようにトラブルの渦中に巻き込んだ。新しく発見された何百もの惑星に加え、さらに無数のものが発見されようとしている。この状況に対し、天文学者たちは「併合」に代えて「分割」を選んだ。国際天文学連合（IAU)、これは惑星、月、小惑星、彗星に名前をつける役割を担った国際機関だが、2006年、激しい議論を重ねた末に冥王星や同類の天体から「惑星」という地位を剥ぎ取った（※1）。その代わりこうした世界に「準惑星（矮惑星）」と言う降格した地位を与え、太陽系における真の惑星を8個に減らした。この結果、教科書や小学校の科学展プロジェクトを混沌と混乱に陥れた。

私はIAUの正会員で、世界の天文学・惑星科学の仲間たちの働きを誇りに思い、支持もしている。しかし今回のことは間違っている。私自身は惑星を（人を見るときのように）どのような外見をしているか、どこにいるかではなく、内部に何をもつかによって判断する。水星は惑星である。核、マントル、地殻、地表での火山噴火の形成を含め、複雑な地質学的歴史を持っている。これらはすべて本質的には内部の熱によって引き起こされる。水星はたまたま太陽を回る軌道の中にある。これとほぼ同サイズのイオは、同様に複雑な表面と内部の地質学的な歴史を持っていて、たまたま木星を周回する軌道にある。しかしそれでも同じ種類の天体だ。したがって私はイオを惑星と呼ぶ。エウロパ、ガニメデ、カリスト、タイタン、トリトン、エンケラドゥス、ディオーネ、リア、テティス、アリエル、ケレス、ベスタ、エリス、そして私たちの月とその他多くの天体も同様だ。さらに冥王星も。ありがたいことに冥王星には大気があり、自らの5個の月がある。これが惑星でないというなら、何と呼ぶべきなのか私は知らない。私の計算では（この問題では私は天文学仲間の間でやや変人なのだが）太陽系はこれまでに知られた約35個の惑星があり、これから数十年以内にさらに数十個が追加されると見ている。「月」だとか「準（矮）惑星」と言った下位基準を意味する分類を区別して設けるのではなく、多様性に溢れた惑星が、かくもふんだんに宇宙の隣人として存在することを祝福しようではないか。私は細分派ではなく併合派だ。

太陽風

天文学者や惑星科学者は、太陽の重力の影響が隣の恒星方向にどこまで及んでいるのか（半分から3分の1あたりだろうか）を正確には知らなかった。しかし10年ほど前から、ボイジャーのような遠隔の探査機によって太陽の重力が尽きる太陽系周縁部を解明できる期待が高まった。太陽は、内部深くの超高圧と何百万度の高温のもとで、4個の水素原子を1つのヘリウム原子に変えることでエネルギーを得ている。この変換は、光子や、陽子、電子といった原子よりも小さい粒子の形でエネルギーのごく一部を放出する。そして太陽の内部で飛び跳ね、最終的には外に出てしまう。太陽光である光子は、陽が燦々と照る午後に私たちの顔を温めてくれるが、それは平均すればおそらく5万年以上前（※2）に太陽の深部で形成されたものだ。毎秒太陽からやってくる陽子や電子は、太陽風と呼ばれる荷電粒子の流れを形成する。太陽風は太陽の周りの星間空間に巨大な球体の「バブル」を形成する。ヘリオスフィア（太陽圏）と呼ばれる。ヘリオスフィアは、海王星の軌道の遥か彼方まで広がっている。ヘリオスフィアは、どんどん拡散して薄くなり、星間に広がる希薄な水素とヘリウムという背景物質の中へと混じり合っていく。太陽や他の恒星は、それぞれこうした繭（まゆ）に覆われている。自らの太陽風または星風からのバブルを星間物質の中に吹き出している。バブルの内側と外側の間には境界をなすエッジがある。バブルの内部は太陽風が吹き、そしてバブルの外側には星風が吹く。このエッジを見つけ、さらに超えることでいよいよ星間空間の探究に入ることになる。

壮大でゆるぎない冷静さをもって、ボイジャーはバブルの境界へと粛々と進む。いつ太陽の支配領域を抜けて「外側」、つまり星と星の間の「星間空間」に達したと言えるのか。

今日までボイジャーが航行した膨大な距離は、人間の尺度感覚を凌駕しているが、宇宙船がさらに無窮の星間空間へ向かう孤独な未来は、さらに想像を絶する。しかし、宇宙の無窮に臆することなく、私たちは、ゴールデンレコードの夢を抱きつづけている。いかほどの未来か定かではないが、はるかに進んだ生命体が、今日の大陸間飛行の気軽さでこの距離を航行し、私たちの真面目なメッセージを受け取る。遥か昔に作られた人類の永遠の使者、ボイジャー上の小片として搭載されているものだ。

しかしボイジャーが星間空間に入ったと宣言するには、太陽起源の粒子や場を太陽系バブルの外側のものと共に追跡し、変化を直接に実証しなければならない。太陽系天文学者は、地球上の風のように、太陽風の流れは定常的で、独自の太陽気象システムを作り出すことを発見した。時として太陽風は穏やかに、そよ風のようになめらかに流れる。ゆっくりとした太陽風（「ゆっくり」というのは時速150万kmしかないという意味）は太陽の上層大気から加速された粒子の延長である。つまり太陽の膨張した「コロナ」である。そして高速の太陽風（時速270万km以上）は、太陽の可視表面（光球（フォトスフィア）と呼ばれる）から遠ざかっていく流れである。太陽から毎秒離脱していく数十億kgの物質の流れは、時間がたっても、太陽全体の質量のごくわずかにすぎない。目には見えないけれど、美しい彗星のイオンの尾に太陽風の存在の証拠を見ることができる。尾は常に太陽風の下流側に向いている。こうした安定したそよ風は、時に発生する粒子の暴風雨で掻き乱される。コロナ質量放出と呼ばれ、太陽表面から湧き上がる熱いプラズマ気体が旋回する巨大アークだ。電磁衝撃波と電離した放射を惑星に向けて吹き出す。時としてこれらの波と放射は地球の極域に素晴らしいオーロラを創り出すが、周回機や地上電力網の電子機器に大惨事をもたらすこともある。気象に左右され、電気で成り立つ私たちの文明にとって太陽は特別の重要性がある。

これが宇宙物理学者エド・ストーンの手がけてきた領域だ。エドは自らの研究経歴を、太陽ほか宇宙起源の高エネルギー粒子を理解することにあててきた。高エネルギー粒子は太陽や惑星の磁場といかに相互作用し、惑星、太陽、恒星の作用について何を語ってくれるのか。エドの宇宙線サブシステム（CRS）測定器は、太陽や他の銀河系宇宙起源の高エネルギー粒子の強度を測定するために特別に設計された。太陽の磁場を距離の関数として図表示し、磁場が惑星に与える影響を調べる。「曲がりくねった線の科学」（生命機能モニター用の医療機器や、科学博物館にある地震計の記録などに見られる）の実例だ。エドの観測機は、画像ではなくプロットやグラフ上にデータの流れを作成するものだが、科学者たちはそれをいともたやすく読みとる。惑星表面の地質学的な多様性を調べるなら、写真が目になる。しかし宇宙における原子より小さい粒子のエネルギーと密度を把握するのに写真だけでは足りない。別の種類の測定器が必要となる。ボイジャーや火星探査機等のミッションからはあまり知られていないことだが、最重要の発見は、必ずしも写真からではなく、曲がりくねった線の科学の研究から生まれている。

海王星フライバイとこの太陽系家族写真ペール・ブルー・ドットの撮影成功の後、ボイジャーはその焦点をもっぱら場と粒子の観測にあてた。太陽風と巨大惑星の磁場の相互作用を解明するためだ。私たちの愛する惑星達が遥か彼方に遠ざかっており、これは残された「何か」を観測する装置だ。しかし単なる何かではなく、深遠な意味を持つ何かだ。太陽風はどこで止まるのか。太陽の影響が、星間空間を満たす別種の場と粒子に凌駕され始めるのはどこなのか。ヘリオスフィアのバブルの端、ヘリオポーズして知られる境界域を見つける。そして星間空間の性質を初めて探求する。これがボイジャーに与えられた主任務となった。

太陽風粒子と銀河宇宙線

エド・ストーンのCRS測定器は、太陽から来る高エネルギー粒子と太陽系外の銀河のどこからか来るもの(宇宙線)とを区別できる。いくらかの高エネルギー宇宙線は、ヘリオポーズの境界をこえる。ボイジャーはそのことを何十年も示してきた。しかし銀河のどこからかやってくる宇宙線を形成する多くの低エネルギーの陽子や電子は、太陽のヘリオスフィアのバブルを破れない。そしてちょうど水が川中の島で分かたれるように、太陽系の周りにそれる。太陽風だけではなく、星間を特徴づけるあらゆるエネルギー粒子を測定すること、これが1970年代初めの装置設計・製作時からのエドの研究目標だった。

エドの野心的な意識の奥に宇宙線実験が表れたのは1960年代か、それともプロジェクト・サイエンティストとなった1972年なのかを尋ねてみた。ボイジャーの少なくとも1機が惑星間空間まで生き延びて、星風、銀河風を測れるようになるという意味だ。「待ち望んではいた。ミッション開始当初の目標の一つは、20天文単位まで行くことだった。」とエドは答えた。(AUとは、天文単位の一般的な略語であり、1AUは地球と太陽の間の平均距離で、約1.5億㎞)「境界がどこかは誰も知らない。ボイジャー2号が土星観測を終えたとき、ミッション延伸のための新提案が必要になった。私たちはそれをボイジャー天王星・星間空間ミッション」と名付けた。一度に片足ずつということだ。「星間」という言葉は常に念頭にはあったが、バブルがかくも巨大で、そして宇宙船がここまで生き長らえるとは誰も思わなかった。

ボイジャーの惑星探査後のミッションとして「星間空間」に焦点を当てるのは決して偶然の所産ではなかった。エドは、自分の宇宙線測定装置がミッション延伸の期待に添えるものだと確信していた。星間粒子を検出することが装置の本来の機能だった。「星間空間に目が向いていたということになるね。」とエドは言う。最近の予算削減傾向の中で、念入りに作り込まれた特定のミッションの目的は厳格に維持される傾向にあった。エド・ストーンは、自問するようにこう付け加えた。「今だったらできたかどうかわからない。」

2機のボイジャー探査機は、打ち上げ時速度と、度重なる巨大惑星との重力アシストによって、太陽の重力から離脱できるまでの高速に既に加速されている。ボイジャー1号は1980年の土星のフライバイの際に、秒速約16㎞(時速約5.8万㎞)

で、北方向に進路が曲げられた。ボイジャー 2号は、1989年に海王星の北極上空に弧を描いたのち、南側に進路変更された。この高速度は秒速約15km（時速約5.4万km）を大きくは下回っていない。他の3探査機、1972年と1973年打ち上げのパイオニア10号・11号、それに2006年打ち上げのニューホライズンズは、やはり太陽系から離脱する軌道に乗っている（※3)。しかしこれらは皆、星間空間へのレースを先導するボイジャーよりは遅い。

ヘリオポーズへの到達

私たちはもはや2機のパイオニアとは通信していないが、パイオニア11号は今後10年かそこらでヘリオスフィアを通り抜ける。しかしパイオニア10号はずっと長くかかる（多分30ないし50年後）その理由はこの探査機が太陽の磁場の伸びた「テイル」に沿って下流側に向かっているからだ。太陽の磁気テイルはどこまで伸びているのか。エドは言う。「はっきりとはわからない。何百天文単位か、さらに遥かなる遠方か？」 驚くほど大きい距離のようでもあるが、考えてみてほしい。星風の流れに逆らう「上流」側でさえ太陽の磁気バブルは100天文単位以上に伸びている。反対側がどれだけ広がっていようと不思議はない。バブルの外の流れと同じ下流方向に流れている場所だ。「太陽の磁気テイルの端は、疑いなくボロボロの状態か、あるいはフィラメント状になっている。これは巨大惑星の磁気テイルの形状を考察した結果だ。そしてたぶん最終的には星間空間の背景物質と混ざり合う。」とエドは付け加えた。 ニューホライズンズは、ボイジャー達と同様に、星風の中を上流側に航行している。しかしヘリオスフィアを抜けるにはやはり20から30年を要するだろう。スタートが遅かったことと、ボイジャーに比べて速度が遅いためだ。

エド・ストーンら宇宙物理学者たちは、いつ探査機がヘリオポーズに到達するかのコンピュータ・モデルと予測に関わっている。こうしたモデルは、何十年にもわたるボイジャーやパイオニアの観測から得た太陽風の強度と形状変化の情報を用いている。「1990年代、私たちは2、3年ごとに会議を開いていた。」とエドは言う。「会議では予測の範囲を示すヒストグラムが示され、そのヒストグラムは、パイオニアが太陽圏境界内の宇宙空間を航行する間中、外側に張り出し続けた。バブルの端は、常に現在位置から20天文単位先にあるかのように見えた。物事はゆっくりと変化しつつあるが実際のところは私たちにはわからない。しかし2000年代の初頭には、ヘリオスフィアの大きさ推定の別手法によって、ターミネーション・ショック＝末端衝撃面、と呼ばれる最初の主要な境界の議論が90±10天文単位のところに収斂しつつあった。したがってあと数年の航行でそれが見えれば、私たちはバブルからの離脱に近づいていることになる。」

別の近傍恒星を取り巻く同様の「バブル」の性質について、天文学者からの画像情報なども用いられた。例えば近くのオリオン星雲中の、ガスと塵の雲でできたいわゆる「星の育児室」に埋め込まれた若い恒星はとりわけ便利だ。その星から吹き付ける暗い星風の繭は、背景の明るい星雲のガスや、背後にあるダストに対比させて簡単に見分けられるからだ。例えばハッブル宇宙望遠鏡のオリオン星雲画像で、恒星物質と星間物質との境界線が見える場所（恒星風が背景にある星風とぶつかる場所）では、境界線の上流側に強い衝撃波がありそうだ。それは超音速航空機の鼻先での衝撃波とよく似たものだろう。宇宙航法の専門家は通常、天体物理学者と同様、そうした先導部分の衝撃波のことをバウ・ショック=弧状衝撃波（あるいは、流体中で速度差がさほど大きくない場合には、単にバウ・ウエイブ）と呼ぶ。これは船が水を切る舳先（バウ）からの類推である。

実際、ボイジャー等の探査機の測定（1964年のマリナー２号以降）は、太陽風は超音速で、先端部あるいは上流側の端では衝撃波が存在することを示していた。近くの星や天の川銀河に対する太陽の相対的な動きは知れているので、どちらが上流側かもわかる。それはまさに2機のボイジャーの航行方向だ。エドらは、古典的なバウ・ウエイブが、ヘリオスフィアの上流側先端にあると予想していた。その領域の星間物質に対する太陽の相対速度が、秒速約24kmと予測されていたからだ。高速の太陽風が、反対方向に高速で動く星風に真正面から飛び込んでいく（ちょうど反対方向にある谷からの2つの川の流れが激しく一つに合わさるように）。これは（おそらくは）強烈な波面、おそらくは衝撃波面の発生をもたらす。ボイジャー1号は、バウ・ウエイブが実際に予測される位置に向かって（波面の

「鼻先」に沿って）最短路で突き進み、一番乗りで到達できると予測された。ボイジャー1号がそのバウ・ウエイブを通過するのは正確にはいつか。皆が推定した。海王星の10年後か、20年後か、30年後か。ヘリオスフィアの端がどこにあるかは誰も知らないが、ボイジャーのプルトニウム電源が永久でないのは衆知のこと。もし探査機がそのラインを2010年代後半までに、あるいは2020年代初めまでに通過しなければ、確認できるまで電源は持たないだろう。

ボイジャーの新任務「星間ミッション」

増速した2機のボイジャーが星間空間に向かう時点で、科学チームと運用チームの任務は変更された。画像チームは基本的には解散となった。もはや写真に収めるべきものは残っていなかったからだ。カメラは運用が停止された。紫外線分光計チームも同様だった。ただ、折に触れ近傍の星間空間水素の天体物理的測定を「自動実施」するために分光計は残された。測定器の停止や間引きは電力節約になる。ボイジャーの電力減少は緩やかになった。ボイジャーの放射性プルトニウム電源は電力レベルが半減するまで88年だ。プルトニウムが生成されて既に40年以上経過した。つまり電力はピーク時の75％ほどに落ちている。電力の最も重要な用途は、コンピュータ、電波送受信機の電子機器、測定機器類を温めることだ。深宇宙の寒冷に浸したままに置けば、機器の温度はすぐに絶対温度10度あたりに落ちてしまう。半田はとれ、抵抗は壊れ、数多くの致命的故障が生ずる。

測定器を間引いて運用ミッションを減らすのはお金の節約にもなる。議会が承認した最近のNASAの年間総予算は平均約170億ドルあり、連邦予算全体の約0.4％だ。NASA予算のうち科学関連は年間およそ50億ドル、そのうち太陽系科学（ロボット惑星ミッションデータ解析、実験室研究、技術開発）は合計で平均年間約15億ドルである。惑星科学会の同輩ケイシー・ドライヤーは、米国人が、ペットの犬に去年支払った総額と同じだという。誤解しないでほしい。私が犬は好きだし、かわいがってもいる。でも納税者の負担をこうした壮大な事業に投じるのも大事ではなかろうか。年間15億ドルのうち、ボイジャー・ミッションの継続に年500万ドル要る。かなりの金額であることは確かだ。エド・ストーン傘下のボイジャー科学者たちや、JPLのプロジェクト・マネジャー、スージー・ドッドが率いるミッション・オペレーションチームは、毎年500万ドルの要求の理由付けに苦労している。「ボイジャーの延長、再延長のミッションは、11回の徹底した検討を経てきた。」とスージー・ドッドは言う。関係する誰もが、はるか彼方のこの実験室を最大限有効に利用したいと真に願っている。人類の知識の前線を遥か遠方へ押し広げ、太陽系周縁に関する多くのことを学ぶためだ。プロジェクトの寿命を過ぎ、ボイジャーの全コストは米国人1人あたり年間10セント。お買い得ではなかろうか。

スージー・ドットは言う。「星間空間に達して、もはや私たちの手の届かない宇宙船。ボイジャーは、私たちすべてに帰属し、私たちすべてを表徴し、私たちの時代の語り子となるでしょう。」

JPL/NASA本部による海王星探査以降のミッション運用は、ボイジャー星間空間ミッションとして知られるようになった。NASAはボイジャー星間空間ミッションの目標を、「NASAの探検を、太陽外縁惑星周辺から、太陽の影響が及ぶ限界域まで広げること（※4）」に置いた。重要なのは、公式にも、またエド・ストーンら科学者の夢の中でも、ヘリオポーズすなわち太陽磁場と太陽風の流れの限界を見つけ、さらに太陽の影響を越えたところで、星間磁場、粒子、波動を直接測定しようとしたことだ。人類の感覚を星間空間に及ぼそうという、夢あふれる話だ。

作動するカメラがないのでボイジャーは盲目だが、それでも手探りで太陽圏外縁を進む能力は持っている。5種類の科学測定器が今なお使われ、星間空間ミッションの開始以降ほぼ連日、遠く離れたヘリオスフィアの感触と臭いを求め続けている。これらの測定器は、太陽風の中のプラズマイオン（「プラズマ」とは、正電荷を帯びたイオンと負電荷を帯びた電子からなる電離気体をさす物理用語。身近な例は蛍光ランプの中のガス）、太陽風粒子と星間宇宙線の成分と方向、エネルギー、太陽磁場または星間磁場の強さと方向、近傍の星間空間に起因すると考えられている自然電波の強度を測定する。しかしボイジャー 1号の重要な測定器の一つがうまく作動していない。惑星間空間の電離水素プラズマ密度を測定するための宇宙線測定器は、1981年の土星フライバイの直後に止まってしまった。ボイジャー1号が遭遇する水素の量を測る間接的手法は別にあるものの、直接測定ができないことは後でいくつかの議論を引き起こした。

ボイジャー1号は、1981年に土星でのミッションを完遂し順調なスタートをきったのだが、打ち上げ時に比べ、太陽からの距離はすでに40倍に達していた。星間空間ミッションは、公式にはボイジャー2号の1989年の海王星通過から始まった。このときの距離は約31天文単位。この距離でもボイジャーの測定器は、高エネルギーの太陽粒子と太陽磁場の定常的な流れを今なお観測しており、「放射状」の軌道で宇宙の中に飛び込みつつある。太陽からひたすら離れる方向に飛んでいるということだ。ちょうど膨張する気球の中の空気のようだ。しかし、磁場と粒子は必ずしも完全な放射状ではなく、ある程度の歪みをもっている。ちょうど、未知の距離だけ前方に立ちはだかるヘリオスフィアの縁に呼応するかのように。

1989年以降、カリフォルニア、オーストラリア、およびスペインのNASA深宇宙ネットワークの通信技術者たちは、毎日6ないし8時間宇宙船からのデータをこつこつと捕捉した。直径34メートル（111フィート）の「小さいほう」のDSN電波望遠鏡を用いてボイジャーからの23ワットの送出信号を捉えるのだ。電波信号が、光のスピードで10時間以上かけて地球から100天文単位以上の極めて長い距離を伝わる。23ワットの微弱信号は、0.0000000000000001ワットに減衰。まるで蚤のささやきだ（※5）。しかしボイジャーは、アンテナを正確に地球に指向させる点では良い仕事をした。そしてDSNも、アンテナをボイジャーの方向にぴったり指向させるという点で良い仕事をした。極めて狭い送信周波数は、地球固有の、あるいは天体の電波雑音源からはかなり隔たっていた。信じがたいことだが、それらはすべて作動した。ほぼ6ヶ月毎にDSNはボイジャーに向けてより大きく、高感度の直径70メートル（230フィート）のアンテナを指向させた。そして宇宙船は、週2回、プラズマ波動測定装置の（高分解能で、より鋭敏な）高品質「広帯域」データの束をダウンロードした。これらはプラズマ密度を推定するのに用いられるが、リアルタイムで送信するのでなく、8トラックのテープレコーダーに記録された。データが地球に着実に届いたことが確認されたら、テープレコーダーは巻き戻され、手順を最初から繰り返す。寂しく何年も何年も。

台所の流しでヘリオスフィアをシミュレート

ボイジャーの磁場と粒子の科学者たちはこう予測した。宇宙船が最終的にバブルを抜けて星間空間に達するまでに、ヘリオスフィアの数種の領域を通過しなければならない。遭遇が想定される最初の場所は、ターミネーション・ショック（末端衝撃波面）として知られる境界面である。エド・ストーンは一般向けにボイジャーの話をするのが好きで、情熱あふれる講師だった。エドの好きなスライドは、「台所のシンクの中のヘリオスフィア」だ。ボイジャーが抜け出るまでに遭遇する様々な場所を、台所のシンクのアナロジーでこんな具合に説明する。まずシンクを空にする。蛇口に角度をつけて、（排出口（ドレイン）がある真ん中ではなく）ドレインのどちらか片方の側に向くようにする。そして水を全開で流す。水はシンクの底にぶつかり、そこから放射方向に、直径13-15㎝の可愛らしい水の円盤へと展開していく。衝突の地点から広がるように流れる。これがヘリオスフィアのバブルの奥深くで起こっていることだ。ただ現実の太陽系では、太陽風と太陽の磁場は（太陽の25日の自転周期で）、概ね太陽から放射状に外へと動く腕を伴って、巨大なアルキメデス・スパイラルへと巻かれていく。次にドレインの反対側にあるバブルの側の水を注意して見てほしい。水の流はゆっくりと、そして薄くなっていき、シンクのわずかな上り勾配によって方向を変える。水が多少泡立ち、撹拌された小さな乱流域が生じている。ここで放射形状は終わり、スピードと方向が変わる。これがターミネーション・ショックであり、流れが新たに乱流型に移行することを示している。そこでは水は回転し、排水口に向かって進んでいく。実際のヘリオスフィアでは、ターミネーション・ショックは、太陽風が速度と方向を変えるところで起きる。ヘリオスフィアの外側からやってくる星風の圧力のためだ。このターミネーション・ショックの少し先の領域は、ヘリオシース（ヘリオスフィアの皮・カバーの意）と呼ばれ、その領域がどれほど大きいかは、外側からの圧力の大きさがわからないため誰も知らない。ヘリオシースの先にある次の停車場は、ヘリオスフィアの真の端部でなければならない。ヘリオポーズだ。

星間空間ミッションの始めの10年間、2機のボイジャーは、太陽風密度が漸減しつつ遥か彼方まで広がる様を観測した。土星通過24年後、打上げ27年後となる2004年12月、太陽から94天文単位の距離のところで、ボイジャー１号は、太陽風速度の急激な落ち込み（時速160万㎞の超音速から、時速「わずか」40万㎞の亜音速に）を観測した。そして太陽のヘリオスフィアの粒子の密度が、まるで混雑した高速道路の渋滞のように急上昇した。同時に測定器は、太陽の磁場強度の上昇を感知することができた。ボイジャー１号はターミネーション・ショックを通過したのだ。2007年8月、太陽からはるか84天文単位南の地点で、ボイジャー2号もターミネーション・ショックを通過した。両探査機とも現在、乱流状のヘリオシースの中にある。次の停車場はヘリオポーズだがそれはいつになるか。1年後か10年後か、もっと先か…みんなで賭けあったりしたんだろうか。「いやいや、賭けなどはない。皆の予想したものを追跡したヒストグラムがあるだけだ。誰が何にかけたかの記録があるのかどうかも知らない。」とエドは言う。残念だ。私はエドが賭け金を手にする方に賭けたのに。

信じ難い高速にもかかわらず、太陽圏外縁の茫漠さゆえに2機の探査機はスローモーションで進むかのようだった。ボイジャーは毎秒16㎞で航行していた(あなたのそばをその速度で通過する様を想像してみてほしい)。それでも探査機が最後の惑星との遭遇を終え、ターミネーション・ショックを通過し、乱流状態のヘリオシースに突入するまでに約15年もかかるのだ。外に向かう長い航行の間に、エド・ストーンらボイジャーの科学者たちは別のプロジェクトやミッションに移った。退職した科学者もいた。「私は2010年にプロジェクト・マネジャーになったことを非常に幸運に感じています（※6)」とスージー・ドッドは回想する。「私がプロジェクトから離れていたこの20年間は、どれほど遠方かも知らぬまま星間空間へと漕ぎ出していた状態でした。今の私の仕事は、ミッションが途中で打ち切られないように常に戦い続けた先達のプロジェクト・マネジャーたちのおかげです。」ボイジャーをかくも長く維持するのは技術的観点だけではなく、財政的観点からも容易ではなかった。2000年代の初めには、ボイジャーを打ち切りたい懐疑的な人たちがいた。しかしターミネーション・ショックを通過すると、「オーケー、もう少し詳しく見ていこう」となった。実際ボイジャーが境界をこえると、人々はこのミッションに再び熱い関心を寄せ始めた。ボイジャーが測定する磁場や粒子の密度エネルギー、方向の変化を観測し、次の究極の境界面を通過する証拠となる手がかりを探し続けている。

ヘリオポーズ：2012年8月25日の異変が意味するもの

ターミネーション・ショックを過ぎ、ヘリオシースに入った後、ボイジャー1号は時速約6万㎞でほぼ7年以上遠ざかり続けている。時の経過とともに、太陽圏「外縁」の宇宙線（水素、ヘリウム、および自由電子）の背景強度は緩慢に上昇しつつあった。エドらはこう解釈した。最終的に（もうすぐというべきか）遭遇するであろうヘリオポーズの外側の宇宙線強度は高く、そうした「外側」宇宙線の一部が、ゆっくりとヘリオスフィアの中に漏れこんで拡散していると。ボイジャーがヘリオスフィアの奥深くにある間は、これら太陽圏外の粒子には出会わない。しかし今ボイジャーはエッジに近づいていて、外側でボイジャーを待ち受ける嵐をより強く感じ始めたのだろう。磁力線もまたゆっくりと回転している。2010年までの観測では、磁力線は太陽から放射状という形では全くなかった。磁力線は完全に方向転換し、その場に淀んだり、太陽方向に逆流すらした。ボイジャー1号は一種の磁気無風帯に入り込んだ状況だ。状況は年を追って変化しているが、これまでのところ変化は緩慢だった。

2012年7月28日、事態は突然奇妙な方向に展開した。この日、エド・ストーンの、ボイジャー搭載の宇宙線計測装置は太陽から約120天文単位の距離にあったが、ヘリオスフィア内部でほぼ10年間観測し続けてきた太陽からの数種のエネルギー粒子が50％も激減したのだ。同時にヘリオスフィア外の近傍銀河からの宇宙線粒子の急増が別の測定器で計測された。しかし数日後にはすべて元に戻り、通常の「内部」粒子と「外部」粒子の環境に戻った。一体何が起きたのか。数週間後の8月中旬、再び内部の粒子が激減し、外側の粒子が急増した。しかし2、3

日経つと再び正常のレベルに戻った。行きつ戻りつという状況だ。くねくねと曲がったプロットが一体何を意味するのか、誰も理解できなかった。エド・ストーンは、ボイジャー1号ミッションにおけるこのフェーズを、ギザギザしたエッジ付近で、ヘリオスフィアに「浸かったり抜け出したりを繰り返した時期」だと言う。「毎晩データを家に持ち帰っては冷蔵庫の上でプロットしたのを思い出す。」「次に何が起こるかの想像にふけっていた。」スージー・ドッドは、2012年の夏にこの図を示しながらエドが、「朝起きて私が最初にするのがこのプロットだ。皆さんも同じようにやってみませんか。」などと聴衆に語りかけていたのを覚えている。そして2012年8月25日、ボイジャー1号はヘリオスフィアを特徴づける内部粒子がゼロに急減したのを検知した。状況は続いた。同時に外側粒子は劇的に跳ね上がり、そのレベルを維持した。太陽のエネルギー粒子はなくなり、星間宇宙線に100％置きかわったのだ。どういうことか。探査機は、有名な「8月25日の崖」から落ちて突如星間空間に倒れ込んだのか。「私は粒子の海辺にたたずみ、水が寄せるのを感じた。」「佇んでいると波が寄せて足を濡らした。やがて水は引いて次の波が寄せて、また引いて…そして最後の波が寄せてそれでおしまいになった。潮汐は変化し、足はずっと浸されたままとなった。」

私はエドに、チームで祝杯をあげたか聞いてみた。シャンパンを景気よく空けてパーティを催したか…誤解しないでほしい。誰もエド・ストーンのことをパーティアニマルなどとは言っていない。しかしくねくねした磁力線やら宇宙線やらに頭を悩ませてきた宇宙プラズマ物理学者にとっては、間違いなくお祝いすべき機会だったのでは？　「うん、確かに大いに記念すべきものだったね」とエドは言う。「ボイジャー1号打上げ35周年記念の日にJPLでボイジャーの科学運営グループの会が予定されていた。ディナーが用意され、チームの多くが出席した。この盛大な誕生会のまさに1週間前に、探査機は歴史的な境界越えをやってのけることで恩義に応えたのだろう。」何か個人的にでもお祝いをしたら？　私はなおもエドに迫った。「いや。しかしやらざるを得ないかもね。何しろ36年も待ったのだから。でもまだ確実とはいえない。太陽圏外に出たという何らかの確証が欲しい。」お祝いについてエドは直接答えなかったけれど、喜んでいる風だった。

エド・ストーンは、石橋をたたいて渡る性格だった。勝利宣言には未だ機は熟さずと考えた。「まだ確信は持てない。プラズマ密度も磁場もまだ測っていないからだ。ただ「粒子」の観点から言えば、まだ外側に出ていないとしても、少なくとも何らかの形で外側とつながったと言える。」エド・ストーンは、太陽系周縁部を通過するのは偉業だと承知していた。だからこそ間違いなく越えたと確信したかった。8月25日以前におけるヘリオスフィア粒子の急激な落ち込みは難題だった。一体何によって引き起こされたのか。ヘリオスフィアのエッジは明瞭ではなく、（波打ち際の水のように）寄せたり引いたりの動きをしているのか。それともエッジ上流側の、未知で、予測不能で、奇妙で、そして枯れ果てたヘリオスフィアの領域に入ったのか。画期的な発見なのか。誰もわからない。

宇宙線の測定結果は多様な解釈ができるので、エドらは、ボイジャー１号の多くのデータセット中に別の手がかりを探そうとした。彼らの描いた概念図やコンピューターモデルでは、探査機がヘリオポーズを超えるとき、磁場の急激な変化があると予測されていた。ヘリオスフィアのすぐ内側で測定される、淀んで曲がりくねった磁場領域から、より自由に流れる銀河中の星間磁場領域に移ることによる急変である。残念だが磁場の方向は8月25日に全く変化しなかった。不思議だった。磁場のデータは、ボイジャー探査機は結局のところヘリオスフィアを超えていないと言っているのだ。決め手は、電離したプラズマの密度測定のはずだった。ボイジャー１号が星間空間に出たら、密度は50倍ないし100倍に跳ね上がるだろうというのが大方の合意だったからだ。しかし1981年の土星以来、プラズマ密度測定装置は故障したままで、直接測定の手だては無い。ボイジャーたちが臨界点を超えたかどうかは定かでは無い。慎重なエド・ストーンは、絶対的な確信を持たなかった。

エドらボイジャー１号の磁場・粒子科学者は、まさに超難問に直面していた。ボイジャー１号が星間空間に抜けた証明はできないが、間違いなく何かしら新領域には入っていた。これまでのいかなる場所とも異なっていた。エドらは何をすべきか苦悶した。宇宙物理学の仲間たちにどう報告するのか。ボイジャーからの胸躍る知らせを待ち望む世界の人々にどう報告するのか。 2012年の秋、NASA、一般公衆、メディアからの圧力を肌で感じつつ、ボイジャー１号がいま経験している事態について手元の情報をもって発表に臨んだ。エドらは中間の道をとった。

ボイジャー 1号は、それまで観測されていた太陽ヘリオスフィアの粒子が尽きる領域まで間違いなく達した。宇宙空間のある種「枯渇領域」にまで進んだということだ。そして「通常の」ヘリオスフィアと、この枯渇領域の磁場の間には、有意の変化がなかった。このことから推移領域にまたがる結合の存在を意味すると捉える科学者もいた。エドらは、このフェーズを「磁気ハイウエイ」と名付けた。新しく神秘に満ちた境界をまたぐ、継ぎ目のほとんどない高速の磁気のコネクションという概念だ。使える全データを総動員し、エドとボイジャーチームは、一連の査読論文を2013年6月のサイエンス誌に発表した。論文には、ボイジャー1号の発見は、惑星間空間、星間空間のいずれかに属するも、いまだ探検されたことのない領域であるという趣旨を含んでいた。粒子の視点だけからは探査機はヘリオスフィアの外側に出ているかに見える。しかし少なくとも現時点では、プラズマからの証拠はない。2012年にボイジャーチームは、決定的な証拠が必要だとのエド・ストーンの強い主張を受け入れ、ボイジャーは必ずしも境界面を通り越していないことに同意した。真相はおそらくそうでもあり、そうでもないということなのだろう。

ボイジャーチームの外では賛否の議論が沸騰した。もちろんこの分野の研究者は皆、プラズマ密度測定に基づく決定的証拠を見たいと願っていた（もし測定器が作動していたならば）。そこで成り行きを見守りつつ慎重に解釈していくこととした。ボイジャー 1号のデータから、探査機はすでに星間空間に出たのだと確信する人々もいた。例えば、宇宙物理学者マーク・スウィスダックの率いるメリーランド大学とボストン大学のグループは、ボイジャー 1号の磁場の測定を、ヘリオスフィアの新しいコンピューターモデルを開発するのに使った。彼らはヘリオポーズを、「磁場でつなぎ合わされた多孔質の多層構造（※7）」だと見ていた。2013年8月に発表したボイジャーの航行のコンピュータ・シミュレーションにおいては、探査機は実際にヘリオポーズを通り越し、現在すでに星間空間にいるとする。「私たちはすでにヘリオポーズの外にいる（※8)。」とスウィスダックはサイエンス誌のインタビューで述べている。しかし次のように付け加えてもいる。宇宙線に大きな変化が生ずる一方で、磁場の方向に変化がない。「境界面は私達が思っていたものとはずいぶん異なる。」といえる。そして彼は「このヘリオポーズの性質そのものが問題となる。」と結論づける。

プラズマ波動による代替測定に望みをつなぐ

その数ヶ月後、アイオワ大学教授でプラズマ波動サブシステム（PWS）調査チームのリーダー、ドン・ガーネット教授は、ボイジャー1号が2012年8月にどんな重要な境界面を越えたにせよ、この新しい宇宙領域で電子の密度を間接的に測定する方法があることに気づいた。しかしその測定は幸運に恵まれる必要があった。ガーネットの測定機器は、巨大惑星の磁場と太陽風の中にある電離した原子・分子の間を通過する波のサイズを測るものだ。これにより宇宙空間の当該領域における密度と温度の情報がわかる。木星と土星のフライバイの際、ボイジャー1号のPWS測定器は、うまく宇宙環境を特徴づけることができた。高速回転するこれら惑星の強い磁場によってエネルギーの波が作られるからだ。しかし外側のヘリオスフィア中を静かに航行する間は、電離気体中の波を形成するような強力な擾乱が起きない。少なくとも頻繁には起きない。しかしガーネットらは、太陽フレアやいわゆるコロナ質量放出の際に、太陽からのエネルギーの巨大なバーストが時として太陽系の外に噴出することに気づいていた。高速で外側に動き、プラズマ中に波動を作る。したがって、もし太陽が協力してくれるなら、その巨大なフレアがボイジャー1号のPWSデータ中にいくらかの波動をもたらすのが見られるだろうし、それらの波動が低いプラズマ密度（太陽系）の環境かあるいは高いプラズマ密度の環境（星間空間）かを言い当てることができる。太陽からのこれら事象を観測するには我慢強く幸運を待たなければならない。しかしボイジャー1号のメインのプラズマ測定装置が壊れた以上、ほぼ選択の余地なく、この幸運に希望をつなぐしかなかった。

ガーネットのチームは、2012年10月から11月にかけての弱い太陽フレア発生時のボイジャー1号からのリアルタイム記録を調べた。この事例ではプラズマに与える影響はあまりにも小さく、プラズマ密度の情報をきちんと与えてはくれなかった。しかしその後、2013年4月から5月にかけて、太陽はボイジャー1号のチームに予想外の派手な贈り物をくれた。極大・高エネルギーのフレアからの粒子が探査機のそばを通り過ぎ、周囲の電離気体の中に容易に測定できる強い波動を作り出したのだ。その後、より感度の高い2012年初秋の記録データの中にもこの事象が見つかった。このデータはボイジャーのテープレコーダーから定期的(6ヶ月毎）に送り返されてくるものだった。電子は磁場に沿って前後に動く。ちょうど音波が大気の圧縮・弛緩を繰り返すように。そしてある周波数で共鳴する。このことは、ボイジャー1号が太陽系の通常のヘリオスフィアの中の電離粒子の80倍の密度の宇宙空間にあることをドン・ガーネットらに教えてくれた。ヘリオスフィアの周縁部というヘリオポーズの定義そのものが、こうした密度の急変を基礎としていることから、それはまさに新発見（ユーレカ）！　の瞬間だった。「私達がそれを見たとき、ヘリオポーズを超えたんだ、という言葉が出るまで10秒かかった（※9)。」と彼は述懐する。

最終的に、エド・ストーンらボイジャーチームのメンバーは、稀に起こる巨大太陽フレアの張り出し効果のおかげで、必要な証拠を得たのだ。もはや、曖昧な言葉に留めたり、過度に慎重になったり、使い尽くし領域やら磁気ハイウエイといった新しい神秘的な造語を使う必要もなくなった。公式になったのだ。ボイジャー1号は太陽系を離脱した。ドン・ガーネットは彼の同僚たちとともに、2013年9月に、サイエンス誌に結果を論文として公表した。そこで彼らは世界に歴史的な業績を高らかに宣言した。「今や私たちは核心となるデータを持っている（※10。）これは人類の星間空間への歴史的な飛躍だと信ずる。」エド・ストーンは、発見を告知する記者発表でこのように述べた。「ボイジャーチームは観測結果を分析し、その意味を理解するのに時間を要した。しかし今、私たち皆が抱いてきた問いに答えることができる。「私たちはもうそこにいるのか」という問いだ。そうです。私たちはそこにいます。」　人類の最初のよちよち歩きの一歩が太陽の影響の範囲を超えて踏み出されたのだ。そして私たちはなお能力のある、そして機能している宇宙船をその外に持っていて、初めて星間空間を探索するのだ（そしてもう1機が遥か後方にある)。

これはハッピーエンドのハリウッド映画になるのだろうか。宇宙船が本当にヘリオスフィアを立ち去ったのか。論争と曖昧感は、主にボイジャーチームの外部から、また内部からさえ聞こえてくる。「今ボイジャーが外側にいると確言できるまでには至っていない（※11）。」2013年9月、サウスウエスト研究所の宇宙物理学者デイヴィッド・マコマスはそう記している。マコマスらは利用できるデータ中のいくつかの矛盾点に戸惑いつつ、こう結論づける。「超えているかもしれない。」「しかし、磁場の方向の変化がない限り、それをどう理解すべきか、私にはわからない。」

実際、ミシガン大学の宇宙物理学者であり、1960年代のプロジェクト発足以来のボイジャーチームの初期のメンバーでもあるジョージ・グロックラーは、明確にこう述べている「私たちはまだヘリオポーズを超えていない（※12）。」 彼とミシガン大学の同僚であるレナード・フィスクは、ボイジャー1号のこうした観測結果が、ヘリオスフィア内部での粒子・磁場（※13）の積み上げと圧縮によって説明できるとするモデルを開発した。それは、いまだ超えていないヘリオポーズの手前にある。グロックラーは、サイエンス誌とのインタビューの中で、「私たちはごくわずかだが出口に近づきつつある。ヘリオスフィアの典型モデルとは大きく異なってはいるが、ボイジャーの結果をごく自然な方法で、太陽風積み上げモデルによって説明することができる。」ボイジャー1号のヘリオスフィア離脱を疑問視する声に対してエド・ストーンはこう反論した。エドの反論は偏見なく公平だ。「もし反対者の主張が正しければ、星とその周辺物体との間の相互作用についての物理学の理解を変える必要がでてくるだろう。」

「私たちはそこに何があるかを学びつつある。」エドは含蓄に富んだ受け答えを続ける。競合する仮説は、ヘリオスフィアから星間空間物質に伸びた、つる状の構造をもつ雑然として乱流的なヘリオポーズを生成するというものだ。「もし私たちがヘリオスフィアの奇妙な延長、言うところの「フラックス・チューブ」の内部に本当にいるのなら、もう2年以上もその中に留まっている以上、とても大きなものだろう。」 そうエドは説明した。「したがってヘリオスフィア端部のモデルは、皆が思い描いてきたモデルとはある意味で隔たりがある。」エドは欠点の指摘にもなお外交官的丁重さであたった。「しかしもし彼らが正しいなら、たぶんそうしたフラックス・チューブは重要だろう。おそらくそれらは恒星系の磁場と星間空間磁場の相互作用の典型的な様相を呈しているのだろう。単一の彗星状のバブルではなく、おそらく磁場が接続されるところにはこれらの奇妙な領域が存在するということだろう。」一種の大学人特有の心の広さであり、それがエド・ストーンを40年以上にわたってボイジャーの自然科学の父となさしめた所以だろう。

ボイジャーを見守り続ける若き女性研究者

最近ジェイミー・スー・ラスキンと会う機会があった。カルテックの大学院の2年生で、ボイジャーの宇宙線データの解析とコンピュータ・モデリングでエド・ストーンと関わっていた。ジェイミーは、現在はエドのただ1人の大学院生であり、大きな進捗のなかった直近2、30年の外に向かう航行時に比べ、ミッションが興奮に包まれたこの時期にボイジャーデータを扱えたことに喜びを感じていた。「私は2012年9月2日パサデナに移りました。これが起きたほぼ1週間後です。」ジェイミーは「内部」ヘリオスフィア粒子のなかの大きな粒を示しながらそういった。エドが冷蔵庫の上で刻んだプロットの観察から得たものだ。絶妙な巡りあわせがあった。

ジェイミーは1988年に生まれた。ボイジャーの打ち上げの11年後、海王星との遭遇のほんの1年前だ。私はジェイミーに、自分の年齢よりもはるかに古い宇宙ミッションで働くことをどう感じるか聞いてみた。「奇妙な感じです。」「見たことも無い技術があります。磁気テープレコーダーです。私はまだ磁気テープレコーダーを操作したことがありません。」 私は年老いたと感じた。彼女がカルテックに到着した学期、ボイジャーのヘリオポーズ越えについてのチーム会合や議論を通じて、エドに師事した。「私が最初のチームの会合に入って行ったとき、その部屋で間違いなく私が一番年下でした。少なくとも20歳は。」とジェイミーは回想する。しかし素晴らしい環境であったという。皆は信じられないほどにサポートし、この分野の新参者を熱烈に歓迎した。マネージャーの1人は、モーホーク語でのプレスブリーフィングの1人にジェイミーを使おうとすら提案した。若い人たちにミッションへの関心を持ってもらうためだ。（そしてキュリオシティ地上探査機における有名な「モーホークガイ」、つまりJPLのシステムエンジニア・ボバク・フェルドウシ（訳注：火星探査機着陸の際、モヒカン刈りの管制官としてメディアが取り上げ有名になった）の足跡にちなんで。

でもモーホークはジェイミーのスタイルには合わなかった。彼女は真面目な若い研究者で、ボイジャーその他の観測機を用いて、太陽と星間空間との相互作用に関する博士論文級の発見を目指していた。ジェイミーはエド・ストーンと緊密に仕事を進め、彼が指導者として費やす時間の膨大さに純粋に驚いているように見えた。「エドは非常に忍耐強い。」高名な論文指導者の性格について聞かれれば彼女はこう答える。「エドは決して細かい管理はしない。多くを見てきたから大げさに驚くこともない。私が会った中で最も多忙な人の1人だったが、科学の話をするときは決して急がせなかった。皆に信頼があった。」他人の言うことをよく聞く、と言うのはエドの一種の生来の感性だった。私はボイジャーの科学チームの他のメンバーからも同じ話を聞いた。

ミッションの将来に対するジェイミーの熱中を共有するのはエキサイティングだった。「ボイジャーは全く疲れを知らず走り続けています！」彼女は感嘆の声で語る。メンバーはだんだん年をとり、引退も視野に入りつつあることを認識し、ジェイミーは継続するボイジャーの帝国の中のエド・ストーンの領域を「承継する」責任感を真剣に発揮していた。「誰かがこれを将来に向けて運用し続けなければならない。その誰かは運用の仕法を今運用中の専門家から学ばなければならない。そしてボイジャーが訳あってここまで到達したことに信頼を持たなければならない。かくも長く続くとは思わなかった人も多い。ボイジャーが星間空間にまで至ることはないと皆思っていた。「そろそろ電源を切ろう」多分皆がそう考えた。それはすごく簡単なことだ。しかし私たちは信念を貫徹したが故に、こうした興味深い結果を得たのだ。信念こそが私がここに留まる理由だ。」

エドと同様、ジェイミーもボイジャー1号がヘリオスフィアを離れたと信じていて、私にこう話す。「磁場は変化せずに星間空間粒子がどうにかして全部入ってくるような、一緒の接続領域を想像するのは極めて不自然。ボイジャーが観測した規模でのヘリオスフィアの詳細は、こうした競合モデルの類いでは解決できないと思います。」エドは以前、ちょうどボイジャーが観測したような、より小さな構造を説明する作業が始まったと私に話した。今もなお活発な議論が続く研究領域だ。ジェイミーは、宇宙物理学コミュニティーの多くのメンバーと会う機会を得た。みんなこの課題を考えていて、エドに会いにボイジャーチームの会合やカルテックにやってきた。その機会に彼女はみんなに考えを尋ねた。例外なく「エドがそう言うなら、それは残っているんだよ。」と返ってきた。彼女は慎重で系統だって考えるエドの姿勢をずっと賞賛している。「エドはこの種の発見への対処がとても賢明です。決して早まった行動はしない。プロセスをたどり、物事を疑い、その後に太陽フレアの結果に基づき自分の考えを変えました。変えたのには理由があったのです。エドは宇宙ミッションからのデータ解析に50年を費やしました。それゆえこれに関する彼の判断は、考えうる最善のものだったと考えられます。」

ボイジャー1号のデータの解釈をめぐる曖昧さは完全には解決されないだろう。理由の一つは、探査機では限られた測定器しか機能していないからだ。しかし幸運にももう一つの同型探査機がある。これには2、3年前に完全に機能したプラズマ密度測定器が載っている。2、3年分の距離、あるいは20ないし30天文単位だけボイジャー1号の後方にいる。これが長い論争を解決してくれる可能性がある。そしてそのプロセスにおいて、太陽系を離脱する2番目の人工物体と言うことになる。ボイジャー2号は、1号の軌道よりもはるかに南側を外側に進んでいる。2007年くらいに、ターミネーション・ショックを通過して、現在はヘリオシースの異なった部分を探索している。いまだそのエッジの探索中だ。

私たちはボイジャー2号を使って直接プラズマを測定する。間もなく内側と外側の間にどんな種類の不連続が存在するのかを知ることになる」とエド・ストーンは言う。「ボイジャー2号の位置において、ヘリオスフィアの側面に沿ったヘリオスフィア内部でのプラズマの流れを私たちは知っている。それはノーズに沿ったボイジャー1号のものとは完全に異なっている。」とりわけボイジャー1号が境界面に近づいた際に太陽風は淀んでいたが、それは太陽活動極小期で太陽風の圧力が低下していたことが一因だ。

ボイジャー2号では、こうした太陽風の減速は観測されていない。星風の「壁」が迫りくるのを感じ始めるにつれ、太陽風が本来あるべき回転をしていることが私たちに見え出した」とエドは説明する。ボイジャー 2号のプラズマ密度測定装置は最終的に、ヘリオポーズの境界面で想定されているような大きな不連続を実際に示すだろうか。太陽の磁力線はボイジャー 1号の測定結果やヘリオスフィアのいくつかの新モデルが示すように、星間磁場の中にスムーズに融合していくのだろうか。それとも、ヘリオスフィアの古典的モデルから旧来予測されてきたような急激な磁場方向の変化が存在するのか。エド・ストーンは熟考する。「自然は私たちに重ねて癖玉（くせだま）を投げることはできない、などと決めつけることは誰にもできないと思う。もしサプライズがなければ逆に驚くことだろう。」

とりあえずエドは家の冷蔵庫の上でボイジャー 2号の宇宙線強度データをまたプロットし始めた。最近会ったとき、オフィスの壁にコピーを貼っていて、曲がりくねった線を示して説明してくれた。「ボイジャー 2号は上がったり下がったり、小さな変動はしているが、ボイジャー 1号で私たちが見たような大きなジャンプは2012年の夏には見られない。「いつかあるのかもしれない。おそらく2、3年先だろう。誰もわからない。私達は観察を続け、待ち続ける。」スージー・ドッドは私に、「探査機は人生に一度しかないイベントをいくつか私に与えてくれたように感じます。最初は天王星と海王星との遭遇。そして現在ヘリオポーズを通過するということ。」

第10章
その他の恒星・惑星と生命体

プルトニウム電源が尽きるまで

40年の間、ボイジャーという名の金属とシリコンの使者は、立ち上げた人々から遠ざかり続けた。巨大惑星群や、氷と岩でできた多くの月を通り過ぎ、太陽の影響の及ばない後背地へと航行を続けている。馴染んできた太陽風は、これと異質の、未だ解明されていない星風に道を譲った。ボイジャー 2号が太陽風と星風の境界であるヘリオポーズを過ぎれば、計2機の宇宙船が星間を観測することになる。しかし永久に働き続けることはできない。ボイジャー 2号に搭載されたプルトニウムの核パワーは、宇宙船のヒーター、コンピュータ、測定機器に必要なレベルの電力を供給する。何十年という時間の経過でこの電力レベルはゆっくりと低下していく。(打ち上げ当初の約470ワットの全電力レベルは、今は約250ワットだ)。プルトニウム238がゆっくりと非放射性の鉛206へと崩壊していくからだ。

放射能という魔法の錬金術の先駆者は、物理学者のマリー・キュリーとピエール・キュリー、そして、1896年頃からある種の燐光性鉱物を研究していた同僚のフランスのアンリ・ベクレルだった。彼らはウラン含有塩自体が自ら放射しているのに気付いた。放射能の発見だ。そして精霊はビンの外にいた（訳注：こうなるともう誰にも止められない状況）。しかし、放射能が（鉛を金に変える）錬金術と異なっている理由は、例えばウランといったある種の開始原子のみが、不安定な陽子、中性子、電子の集合体を持っていて、自発的に（人間が介在したり、何かのエネルギーを加えることなく）エネルギーを失い、最終的には安定した別の元素に変わっていくことだ。放射性「親」元素が安定した「娘」元素に放射性崩壊していく。予測可能で安定した速さ(多くの元素は非常にゆっくりしている)での崩壊だが、それが放射能を偉大な自然の時計にしてくれる。実際、ある放射性元素の崩壊は何十億年もかかるが、岩石中のこれらの時計は、地球、月、および実験室で研究される隕石サンプルの年代を推定する素晴らしい自然の手法となる。ボイジャーのゴールデンレコードの上に電気メッキした放射性ウラン238の小さな点が､時間を刻む指標として用いられた。現象の巧みな利用例だ。受け取った地球外生命体が、親のウラン238と娘の放射性崩壊生成物から、宇宙船の旅行開始後の正確な時間がわかるようにしたのだ。

プルトニウムという元素（原子番号94、陽子94個、中性子114個）には約20の放射性形態、すなわち放射性同位元素が知られている。このプルトニウムと、次に軽い元素ネプツニウムは1940年にウラン核反応の副産物として発見された。ともに周期表でウランの先だ。物理学者はこの2元素に天王星の次の惑星に因んだ命名をした。海王星と冥王星（しばらくの間は正式の地位にとどまった当時の惑星）だ。プルトニウムの放射性同位元素プルトニウム238を核反応の中で初めて人工的に生成したのは、1941年、カリフォルニア大学バークレー校の物理学者グレン・T・シーボルクらであった。彼らはプルトニウム238を特別なものと認識した。他の放射性元素と違い、有害なガンマ線などの高エネルギー粒子出すことなく、放射性崩壊により大量の熱を生成するからだ。プルトニウム238はボイジャーのようなRTG（放射性同位体熱電気転換器）の中でとりわけ有効に、安全かつ簡単に使われ出した。

高校時代に私はボイジャーのプルトニウム電源のことを学び、太陽電池パネルが機能しないはるか遠方で宇宙船の電力を作り出す物理学者の役割を知った。プルトニウムは94番目の元素であり、「ウランを超える（ウランより重い）」元素の1つであり、放射性を持ち、周期表の一番下の非常に重い元素のグループに属する。ごく最近発見された。1980年に私の親友ボブ・トンプソンは化学の先生に、当時知られていた元素の数を尋ねた。マンレイ先生は、特ダネをとる最良の方法は、バークレーのグレンT・シーボルク博士に手紙を書いて尋ねてみることだと答えた（電子メールができる前の時代の話である）。みんな大笑いした。というのもボビーの教室での質問への「ご褒美」はさらなる宿題になったからだ。しかし数週間後、マンレイ先生と私たちが驚いたことに、シーボルクは彼に手紙をよこした。「106個の元素（※1）が現在知られている。最後の元素（元素番号106）はまだ名前が付いていない。」とシーボルク博士は書いてきた。ごく短い返信だったが、周期表で10個の原子を発見したノーベル賞物理学者が、時間を取って個人的に答えてくれたというのは地方紙にボビーの写真を掲載するに十分だった。バレーの生徒がノーベル賞学者とペンフレンドに、というのが見出しだった。ボブは天文学の研究に進むことになり、巨大惑星の勉強をし、宇宙船搭載の測定器の設計や地上望遠鏡の設計に携わった。シーボルクが亡くなる2年前の1997年に、ボビーのノーベル賞ペンパルをたたえて「106番目の元素」シーボーギウムと名付けられた。

いつまでボイジャーと連絡しあえるのか

ボイジャーに搭載されたプルトニウムは、打ち上げ時のほんの25％しか減っていないが、宇宙船はすでに電力の制約が生じる危機にあった。ぜひ撮影したい対象があっても、もはやカメラは回転できなかった。ヒーターを入れるのに過大な電力を食うからだ。残りの5つの観測装置は消費電力が少ないのだが、電波送信器やヒーターに使う電力には容赦がない。さらに宇宙船はアンテナを地球方向に正しく向けるために少量のスラスター燃料を必要とする。スラスター燃料は消費されてだんだん減少する資源だ。しかしスージー・ドッドによれば、驚くべきことに直近にボイジャーのバックアップスラスターへの切り替えがあったという。主スラスターはスージーが言うには「およそ35万スラスターサイクルと34年間のフライトの後！」予定寿命が尽きかけていたからだ。それまで使われたことのなかったバックアップ系は実に見事に作動した。

メンバーたちは、宇宙船には十分な電力とスラスター燃料があって、地球との通信を保つことができ、2025年あたりまで少なくとも1つの観測装置を運用することができると予測する。この時ボイジャー1号は、太陽から160天文単位（240億km以上遠方）にあり、ボイジャー2号は、135天文単位以遠にある。2020年以降に、残る観測システムのうち、大電力が必要なものを順次切っていくことで、ミッション・コントローラーは、宇宙船の寿命を2020年代半ば以降まで引き延ばすことができる(※2)。しかし最終的には電力レベルは危機的なまでに低下し、ヒーターや、いくつかの技術サブシステムが停止に至る。科学機器は一つずつ故障するか、遮断されていく。最も電力を食わない測定器、例えば磁力計のようなものは最も長く生き延びる。スージー・ドッドによれば、ボイジャーを「エンジニアリング信号だけでさらに運用し続けることも可能だ。私たちはDSNとその可能性について話し合っている。」2030年代に突入しても折にふれ電波的なコンタクトは取り得るということだ。

地球からボイジャーへ：まだいるか？
(長い沈黙)
まだここにいるよ。
上出来だ。任務継続。また連絡する。

このような超遠距離から送り返されてくる微弱信号の強度を、こつこつとモニターし続けることで得られるいくつかの科学がある。エド・ストーンによると、「何ワットかでも残っている限り、何かは測定できる。」ランディ・ウェッセンは、宇宙船がいつまで機能し続けるか誰も本当のところはわからないという。「私は

1980年にJPLで仕事を始めた。土星だった。ボイジャー・サイエンス・サポートチームのインターンだった。ミッションは自分のキャリアの途中のどこかで終わると思い続けていたのだが、今はよくわからない。」スージー・ドッドは明確な目標を持っている。「打ち上げたのは1977年。もし私たちが2027年まで科学観測でコンタクトし続けるならば50年…それが私の目標です。ボイジャーを50年間運用したい。」スージーとボイジャーチームは、新たなNASAの資金獲得のために数年ごとに戦いを続けている。しかし、いつの日かボイジャーからのエンジニアリング信号が停止しても、彼らは最後のミッションに乗り出すだろう。ゴールデンレコードを地球人類すべてのために運ぶというミッションだ。

パイオニア・アノマリーとは何だったのか

私は、科学測定が終わった後も、エンジニアリング信号モードで長期間ボイジャーと接触を持ち続けることを望んでいる。単純に電波でピン（訳注：疎通確認のコマンド。ピングとも）を打った後、何時間も、また結果的には何日も待つという単純な行為であっても。ピンが認知され、それが繰り返され、自分がどこにいるか、そこがどんな状態かを私たちに教えてくれる。面白い実例は、深宇宙ミッションでのボイジャーの先達であるパイオニアだ。木星・土星遭遇の後、パイオニア10号とパイオニア11号は、ボイジャーとは異なった方向でそれぞれの星間ミッションに乗り出した。パイオニア10号はヘリオスフィアの「下流側」に向けて、そして惑星の面に近い所へ、またパイオニア11号は、ボイジャーと同じように「上流側」に向けて、惑星平面のほんの少し上方（※3）に向かう。NASAの深宇宙ネットワークは惑星フライバイの後、プルトニウム基調の電源システムが電波系その他重要なシステムへの電力供給能力を1995年（パイオニア11号との接触が途絶えた年）および2003年（パイオニア10号との接触が途絶えた年）に失うまでの間、2機のパイオニアを長く追尾した。しかし、その後のパイオニアの電波信号の解析から、奇妙なことが明らかになった。これらの宇宙船は、本来あるべき位置に比べると、地球側に寄っていたのだ。何かがパイオニアの速度を毎年少しずつ遅くしたようだ。既知の天体の重力によるとは考え難かった。重力は適切に考慮されていた。その他の既知の力によるものでもなかった。ほとんど空虚な深い宇宙空間の、長く寂しい航行によってのみ発見される、ある種新しい物理法則によるのだろうか。誰も分からないが、この乖離はパイオニア・アノマリーとして知られるようになった。

ここ20年間以上にわたって、天文学者、物理学者、それに宇宙船エンジニアたちは、パイオニアの減速の原因となりうるような、KBOなど小天体の重力、ダークマター、その他の天文学的な効果に関する仮説をあれこれ出していた。ヘリオスフィアにおける粒子の引力、あるいは宇宙船からの若干のヘリウムガスの漏れが小型スラスターのように働くのか。うまく説明できない、何かの宇宙船絡みの欠陥か。多くの混乱の後、物理学者と宇宙船エンジニアはこのパイオニア・アノマリーを最終的に解決した。プラネタリウム・ソサイエティからの資金援助を得て、彼らは根気強く30年間近いパイオニアの追跡データを精査した。ある部分は昔の磁気テープの記録から最新のデジタルデータファイルに復元され、プラネタリウム・ソサイエティのメンバーによる資金提供で行われた。謎は解けた。この減速は、プルトニウム発電装置から漏れ出す無視し得るほどに小さな熱で作られる力（サーマルフォトン）によるものだった。太陽と逆方向に向いたときに起こるもので、宇宙船の部品設計に起因するものだった。この太陽から遠ざかる向きのわずかな力が、宇宙船を太陽方向に後ずさりさせた（ニュートンの「等しい大きさで反対方向の反作用」）。微弱な量ではあったが、宇宙船を減速させたのだ。概ね古典物理学の話（※4）ではあったが、現代の宇宙船の科学捜査に役立った。

さらには太陽重力圏をも離脱へ

ボイジャーは限りない星間空間の探究を続け、太陽風領域だけでなく、太陽の重力域をも最終的には離脱することになるだろう。2機ともに太陽系離脱速度を超えて航行している。現在太陽からそれぞれ128天文単位と105天文単位のところにいる。太陽重力の影響は間近の恒星に対して3分の1ないし半分の所まで及ぶと推定されている。おそらく10万天文単位（1.6光年）あたりだ。

外には、彗星と小惑星の群れでできた仮想的な球面があった。これらの小天体はその一生の間に惑星や太陽との遭遇によって太陽系内から放り出された。数年ごとに長い楕円軌道に乗った新しい彗星が発見された。1995年の彗星ヘイル・ボップや、1996年の彗星ヒャクタケなど、いくつかは壮大なガスと塵の景観を有していた。彗星の氷が、太陽の熱で蒸発して、美しく優美な円弧状の尾を作ったのだ。これらの彗星や、太陽系外縁からのいわゆる長周期彗星の軌道を追跡すると、とてつもなく遠くから来たことがわかる。また天空の全方向から来ていることもわかる。このことから、エストニアの天体物理学者アーネスト・オピックとオランダの天文学者ヤン・オールトは、太陽系はおそらく1兆個以上の小惑星と彗星から成る巨大な球体の殻に囲まれているという仮定をおいた。現在私たちはこれをオピック・オールトの雲（通常はオールトの雲）と呼んでいる。これは太陽の重力の影響の及ぶ端にまで広がっている。

これらの探査機は現在秒速16kmで航行している。人類がかつて宇宙に投入した最速の物体だ。ボイジャーがオールトの雲の外縁に到達するにはさらに3万年を要する（オールトの雲の内側へは「わずか」300年であるが）。そこの小惑星や彗星まであまりにも遠隔のため、探査機が到達できるとは考えにくい。1万年後にボイジャー1号は10万天文単位のところ、グリーゼ445という赤色矮星を通過する。この星は現在太陽の方向に動きつつあり、その頃には私たちの太陽系に最も近い星のひとつとなっていると考えられる。ちょうど4光年先にある（※5）。同じ頃、ボイジャー2号は、別の赤色矮星ロス248から11.1万天文単位のところにいるだろう。その時点では太陽に最も近い恒星になっていると予想される。これらの星の周辺にハビタブル（生命居住可能）な惑星があるか。私たちの太陽に比べてサイズが小さく、エネルギー出力が非常に小さいため考えにくいのだが、誰にもわからない。小さな使者たちが通り過ぎていくのを、お隣の星で気付く生命があるだろうか。

実際カール・セーガンとゴールデンレコードの仲間たちは、「ボイジャー探査機は、多くの惑星を擁する恒星系の内部に飛び込める可能性の有無」を推察してきた。彼らも私も、ボイジャーとの最終通信の直前に、「タンクを空にせよ」というスラスター点火コマンドを出せるか危ぶんでいる。これは「(これらの星との)実際の遭遇に向け宇宙船を極力接近させるための再指令だ (※6)。もしこうした操作が有効ならば、今から約6万年後に、一風変わった遠隔の惑星、地球からの1、2体の小さい使者が、彼らの惑星系の中に飛び込んでいけるかもしれない。」しかしだれもできなければ、スージー・ドッドあるいはボイジャー・プロジェクトの10年後の運用者に、宇宙船の電力レベルが徐々に失われていく間にこのお願いを伝えたいと思う。私たちには燃料がある。このことを地元選出の議員たちにどんどん伝えてほしい。

ボイジャーとの通信を永久に失う前に、ボイジャーのテープレコーダーに画像を逆方向にアップロードしたら面白いかもしれない。ボイジャーに乗せたゴールデンレコードは、その故郷の様子を示す反面、探査機がなした壮大な太陽系冒険物語は何も描いていないからだ。ジョン・ロンバーグが「1つの地球」ニューホライズンズ･デジタルメッセージ･プロジェクトを追求する動機と同じ感情だ。「ボイジャーのレコード上で私がやりたかったことがあった。」彼は私に言った。「ニューホライズンズのデジタルメッセージで改善したかった点は、ボイジャーとはどんなものか、何を発見したのか、を示すことだった。今日までに人類がなした偉業の一つだからだ。ボイジャーを見つけなければ、彼らはそのミッションについて知ることはないだろう。ボイジャーの事績が知られないのは悲しいことだ。」 だから私は地球と月の肖像画をアップロードしたいのだ。歴史的な最初のクローズアップ写真は、イオの火山、エウロパ、ガニメデの割れ目のある氷の殻、タイタンの煙のようなもや靄、ミランダの巨大な崖、トリトンの奇妙なマスクメロン状の表面と間欠泉の地表、木星、土星、天王星のうず巻く嵐、4つの巨大惑星すべてに見られる複雑なリングシステム、太陽系の家族を写したポートレイト。ボイジャーを電子葉書で武装し、知的生命体に見つけられた暁には、自らの物語を適切に語れるようにしておきたいものだ。

視線速度法・トランジット法による系外惑星探索

別の惑星の天文学者が、ボイジャーなどの地球文明の徴(しるし)に気づく可能性を考えるのは、かつてほど無理筋の話ではない。過去20年間、近傍の太陽似の恒星の周辺の惑星について最初の証拠が発見された（※7）。地上望遠鏡と高感度の測定器によるものだ。星を周回する惑星の重力による引っ張りによって星の動きの中にかすかなゆらぎ（ウオッブル）を検知したのだ。この視線速度法と呼ばれる技術は親恒星のごく近傍を公転する巨大惑星に対しては感度が良かった。実際天文学者たちは、恒星を周回するいわゆるホットジュピター（木星のサイズだが、親恒星にごく近いため、木星よりもはるかに熱い惑星）と呼ばれる何十もの惑星を見つけている。ある恒星は、複数の巨大惑星に包囲されている。奇妙なことに、巨大惑星が中心星から遠くにあるわが太陽系のような存在はない。とすれば私たちの太陽系は変わり者で、他のほとんどの恒星では巨大惑星がすぐそばを周回しているということか。それとも私たちの太陽系こそが典型的であり、かくも多数のホットジュピターが見つかっている唯一の理由は、街灯効果にすぎないのか。私たちは、探したいものを最も見つけやすいところで探している（なくした車のキーを、光があるからという理由で街灯の近くで探すような）。この場合、視線速度法を用いて惑星を見つけるにはホットジュピターが一番簡単だというわけだ。存在する惑星の最も一般的な種類がホットジュピターだというわけではない。

視線速度法のもつ偏りを克服して、銀河系の隣人、「典型的な」太陽系がどんなものかを見つけるには別の方法が必要となった。NASAのエイムズ研究センターの元同僚、ビル・ボルキが何十年も前から有望なアイデアを提唱していた。多くの星からの光を根気強く眺め続け、星に惑星がある場合、時折親星を横切り、私たちに届く星の光を測定可能な程度にほんのわずか暗くするのを用いる。これはトランジット法と呼ばれるもので、惑星がその親恒星を通過（トランジット）することから名付けられた。私たちは太陽系中の地球からこれを時折眺めることができる。水星と金星は、時折太陽の前をトランジットする。水星の直近のトランジットは2006年、そして2016年だ。近世の最後の太陽トランジットは2004年と2012年であり、私たちの見通しでは2117年と2135年まで再び太陽をトランジットすることは無い。トランジットは稀な事象であるが、適切な場所に適切な時刻に居ることで、また膨大な数の近傍の星を観測することで、こうした極めて稀な事象が時として起きるのを観測できるのだ。

ケプラー・プロジェクトのこと

これこそまさに、ビル・ボルキらが、ケプラー宇宙望遠鏡ミッション（惑星軌道を解明したヨハネス・ケプラーに因んだ命名）を2001年にNASAに提案した際、思い描いていたものだった。ビルのアイデアは、超高感度のカメラと望遠鏡を打ち上げるというものだ。感度が素晴らしく、星の光の0.002%の変化を検出できた。地球サイズのあるいはもっと小さな惑星がトランジットすることによって生ずる星の光の減少に対応できた。実に15万個の星を同時に眺めて何年もこうしたトランジット観察を続けるのだ。一方で、ケプラー・ミッションは、これまで実行された中で最も退屈な様相を呈した。地球からはるかに遠くを周回し、宇宙の同じ場所（北の白鳥座とこと座の方向に腕を突きだしたときの握りこぶし位の領域）を単純に何度も何度も何度も眺め、同じ画像を地球に何度も何度も何度も送り返す、という仕事だからだ。しかし画像の中の星のいくつかは、統計的に時折起こる惑星のトランジットを示していた。NASAと惑星科学の仲間たちは、これらの統計を注意深く追跡することで、星の何パーセントが地球サイズ（あるいはもっと小型）から木星サイズ（あるいはもっと大型）までの惑星を持つのか、そしてこれらの新世界がその親恒星からどれぐらいの距離で公転するのがわかる。ケプラー・ミッションは過去に実行された最も興味深いミッションの一つだ。

これは幸いにも現実のものとなった。ケプラーは2009年に打ち上げられ、数ヶ月以内には写真を撮り、惑星を見つける最も簡単で成果も出やすい方法であるトランジットができるようになる。視線速度法が、親恒星を巡る木星サイズの世界の発見に好適であったのと同様だ。しかし多くの画像が撮影されて何年か経つと、ケプラーチームはデータをより上手に扱えるようになり、さらに小さく、親恒星からはるか彼方を周回する惑星も見つけられるようになった。ケプラーは今日までに、近くの恒星を周回する1000個以上の惑星を発見している（※8)。これら惑星には、地球の大きさほどで、親恒星近くのいわゆるハビタブルゾーンを周回するものもあると判明したのはとても興味深い。ハビタブルゾーンとは、恒星の周辺の地球似の惑星で、大地と安定した液体の水をその表面に保持し、私たちの知るような生命体を維持できる領域をいう。太陽系の場合、このハビタブルゾーンは、ほぼ金星軌道から火星軌道の間に広がる。金星や火星自体の表面は、現在では居住可能ではないと考えられている。これら惑星上の大気が地球とは非常に異なっているためだ（金星の二酸化炭素大気は熱く、地球よりも100倍も濃い。火星の二酸化炭素大気は冷たく、地球の100分の1の薄さだ)。しかしこれら惑星は、大気条件が今と異なっていた遥か昔ならハビタブルだったかもしれない太陽系内の位置にある。また、火星については、送られた地上探査機等のミッションから知られているように、今なお地下に隠れたハビタブルゾーンを持つ。そこでは水、熱、有機分子のすべてが今も発見されている。

もちろん地球はいわゆるゴルディロックス惑星である。暑すぎず寒すぎずちょうど良い。そして私たちの惑星は、ある恒星系中の居住可能な世界＝ハビタブルゾーンの意味を定義してくれる。運の良い近隣の星にいる異星人の天文学者は、太陽の前を地球がトランジットするのを自分のいる地点から見ることができる。しかしそれが地球によるトランジットなのか、太陽黒点のトランジットなのかは区別することはできない。そこで彼らはそれがもう一度起こるのを期待する。1年待つことになる。そして再び起こる！　しかし優れた科学者でも、これが単なる偶然でないことを懐疑的な同僚に納得させられないかもしれない。したがって異星人の科学者が次回のトランジットが起きるまでさらに1年待つことになる。そしてほら！　ちょうど予測された時に星の光がわずかに落ち込む。これで彼らは本当の惑星を見つけ出したことになる。同じ思想がケプラーチームでも用いられた。太陽似の星の周りのハビタブルゾーンにある地球サイズの惑星の発見を証拠だてるのに3－4年間のデータを要するのは、こうした理由による。

短い間だったが、私は1990年代初頭にケプラー・プロジェクトと系外惑星の研究に関わったことがある。ハワイ大学を卒業し、カリフォルニアのサンノゼのすぐ北、モフェットフィールドのNASAのエイムズ研究センターに博士研究員(ポスドク)として移った後のことだった。ビル・ボルキは、昼食をとりながら、親恒星を周回する地球似の世界の発見を目指し、宇宙ベースのトランジットのミッションを行うという、(当時は) 馬鹿げているとされたアイデアについて語った。ビルは、語り口はソフトだったが、トランジット法を使った発見のチャンスにかける熱意では世界に先駆けていた。私は、ささやかでも自分に果たせる役割がないかを尋ねた。何らかの形で力になれる小さなプロジェクトを手がけたかった。ビルは、連星系の周りではどのようなトランジットが観測できるのか、まだ十分な考察はないと言う。銀河系中の私たちの太陽と似た恒星の大半は、連星（または三連星以上の）系の仲間であるため、開拓すべきトピックたりうると思われた。私はケプラーの運動法則を思い出した。互いに回転しあう複数の星をシミュレートするためのコンピュータプログラムをいくつか書いた。そして系の中の異なった場所にいくつかの惑星をコンピュータで加えてみた。両方の星を周回する惑星、そして連星系のうちの1つを周回する惑星から、他のものとはとても異なるが、はっきりしたトランジットの兆候を発見した。

私たちはいくつかの会合での報告用に、結果を短い要約にまとめた。生物天文学シンポジウムといった、従来なかった学際的なワークショップにも出した。1993年にサンタクルスで開かれた地球外生命体に関する探査の進捗には、非常に多彩な科学者、芸術家、哲学者、音楽家、SF作家、生物学者、コスモロジスト、といった人たちが出席していた。地球外のハビタブル惑星に生命体を追い求め、臨床的には正気と思えそうもない人たちまでも混じっていた。残念ながら私は他のプロジェクトに関わっていたため、自分たちの結果を査読学術誌に投稿はしていない (※9)。ビルが最終的にケプラー・ミッションの承認を受け、彼とその同僚たちが最終的に連星系を周回する惑星の証拠を見つけた。最初の報告論文は2011年9月のサイエンス誌だ。当時思い描いた種類の太陽系が実際に存在するとわかったこと、そしてそのいくつかは、昔の研究で予測したトランジット信号を持つことに興奮を覚えた。

ケプラーが発見した惑星の中で最も興味深い種類のものは、スーパーアース、あるいはミニ海王星と称されるものだ。海王星のサイズに近づいていくと、惑星の世界は天王星・海王星あるいはより大きな巨大氷惑星となるか、あるいは地球のような岩石型惑星になっていく。そして生成した濃い大気を維持できるだけの重力をもった大きさになる。ケプラーのトランジット画像では、これまでのところ、この種の惑星、とりわけ巨大氷惑星が、近傍の太陽型恒星の周りで見られる典型だ。しかし幸運にも当時のボイジャー 2号は、私たちの太陽系中でまさにこうした2種類の惑星を詳細に調べ上げることができた。ボイジャー 2号のデータから、天王星と海王星が巨大ガス惑星ではなく、これとは独立した新しいタイプの惑星で、言うところの巨大氷惑星だとわかった。これは比喩的に言えば、ケプラーチームが見つけた惑星類型の動物園だ。重要なことは、ボイジャーなどのミッションから、巨大惑星の多くの月が十分にハビタブルであり得ると知れた点だ。ハビタブルゾーンは恒星近くにあるという概念が、別の太陽系では当然の前提たり得ないことを天文学者に警告したことになる。手広く目配りしつつ生命体を探さなければならない。

ジ・エンド？：天の川銀河をさまよう数万年後のボイジャー

新しい星間空間時代の先駆ロボットたるボイジャー自身の将来はどうなるのだろう。多くの専門家の予測では、2020年代半ばから後半にかけて、ボイジャーのプルトニウム238の電源は減衰が進み、自身を温め地球と通信できるパワーがなくなる。そして長く、永遠の、静かな、深い凍結へと落ち込んでいく。宇宙の寒冷と真空は探査機の心臓を停止させるが、後世に向かう航行が止むことは無い。微小な隕石や、高エネルギーの宇宙船が時として探査機にぶつかって小さな穴を開け、冶金学的な損傷も与えるだろうが、小さすぎて格別の事象として気付かれることはない。しかし数千年あるいは数百万年積み重なるともちろん影響は大きい。ボイジャーのゴールデンレコードは、金メッキされたアルミニウムのケースに収納され、宇宙船の他の部分以上に保護されている。レコードの外側表面は、宇宙船が完全に1光年先に到達した時点で表面の約2％に微小な隕石による穴が開いていると推定されている。星間空間における粒子の密度は小さいため、レコードの外側表面に2%の損害が追加発生するまでにはさらに5000光年、すなわち約1億年かかる。この時点でも、宇宙における風化要因から徹底して保護されているレコード内側の表面は、基本的にはまだ綺麗なままである（※10)。大きな小惑星や彗星との微小確率での衝突、あるいは近傍の恒星による探査機捕獲に伴う消失といった稀有きわまるカタストロフィ以外には、ボイジャーの物理的な構造や、地球からの貴重なメッセージを破壊し大きく毀損するようなものは何もない。とすれば探査機は星間を永久に旅するのだろうか。

永遠というのは恐ろしく長い時間だからよくわからない。私は未来のある時点で、地球外生命体でなく人類がボイジャーに追いつく最大の可能性を持つと考えており、それは不可避に思える。いろんなシナリオでの遭遇が想像できる。例えば、今から5万年後、世代をまたぐ多くの人々を乗せた星間宇宙船が、新しい冒険と機会を求める多くの民間人の資金拠出によるコンソーシアムの手で打ち上げられる。そして恒星グリーゼ445周辺の太陽系に向けて出発する。この特別の星は太陽からほんの3光年ほどしか隔たっておらず、天文学者はその巨大ガス惑星を周回する地球に似た月を発見している。その星に近づくにつれ、移住者達は、付近を移動中と思われる昔のボイジャー1号探査機を探すことにする。移住者達は脆くひょろ長い探査機を見つけて、丁寧に拾い上げ、新たな故郷となる世界に到着したとき、星間空間の時代の始まりの記念碑としてそれを愛でながら組み立て、宇宙船のメイン・アトリウムの中に展示する。宇宙船の周辺に、恒久的なモニュメントを作る計画がスタートした。

30万年以内に、ボイジャー2号はかの有名な、若く高温で青いシリウス星から27万天文単位（およそ4.3光年）のところを通過する。シリウスが有名なのは、天空において太陽を除けば最も明るい星だということもあるが、エジプト、ギリシャ、ポリネシアといった古代の文明がシリウスをタイムキーピングと航海のために用いた点もある。ボイジャー2号はドッグスターと呼ばれているシリウス（大犬座の中心）に対して、今の半分の距離にまで近づいているだろう。したがって宇宙船から見たシリウスの明るさは4倍になっている。仮に私たちが298,015年にカメラを動かし得たとすれば、印象的な光景を呈することだろう。さらにその先、ボイジャーが何をいつ通過するかは正確にはわからない。太陽と近傍の恒星との相対的な位置関係は変わっていくからだ。もちろんこれからの数百万年の間に、宇宙船は近傍の星との間で数光年の範囲での遭遇をなすだろう。スラスターはもう一回点火され、私たちのボイジャーのどちらかを別の太陽系の中に押しだそうとするかもしれない。そうならないかもしれないが。おそらく、その太陽系には知的生命体が形成されているのだろう。知るすべもないが。

さらに一般化していえば、2機の探査機は、ちょうど太陽や近辺の星のように、天の川銀河中心とした長さ2.5億光年のほぼ円形の軌道を周回することを運命づけられている。ボイジャーは星間空間の旅行者であって、銀河間の旅行者ではない。ボイジャーたちが現在進んでいる速度の約15倍の速さ、すなわち時速160万㎞で移動しなければ、銀河系の重力から逃れることはできない。長い休眠中とはいえ、遠い未来においてもボイジャーが銀河系の中心部分を私たちと優雅に旅し続けているのは素晴らしいことだ。

ボイジャー１号は今なお、太陽とその周りの星に対して、ゆっくりと北方向に進んでいる。ボイジャー２号は南方向だ。時間がたつと、膨大な時間の経過によって、通過する星の重力と干渉しあう銀河が、銀河系中の星と同様、それらを押しのける。ボイジャーたちがいったん故郷の太陽系の公転面の上に昇れば、天の川の面からゆっくり起き上がり、私たちを取り巻く星とガスと塵の円板の上方に動いていく様が思い浮かぶ。もしも私たちのはるか後の子孫がボイジャーのことを覚えているとすれば、人類がどのような変貌を遂げているとしても、私たちの忍耐や我慢やこだわりは報われることだろう。2機のボイジャーは、捕獲される時は長い休眠の途上だろう。しかしこれら最古代の人類の工作物をじっと眺めるとき、必ずや人類の精神を再び高揚させ、回顧に導いてくれるだろう。まだ自撮りと呼ばれているかどうかはわからない。何と呼ばれているかはともかく、私たちの故郷の銀河系の外から見た姿は、栄光に満ちたものになるだろう。

ASUの同僚で、ボイジャーの歴史家であるステファン・パインは、するどく指摘する。「惑星領域の外、ヘリオポーズ、星間空間に進んだことでボイジャーが祝福を受けたとしても（※11)、目のくらむ最大の発見は、これまでになしたボイジャーのスリングショット、フライバイにある。ボイジャーの軌跡は、未来と過去の三角測量であり、言うならば期待と瞑想に基づく再較正をすることだ。

ボイジャーは打ち上げ時点で特別な存在であったが、その長寿命、発見の膨大さ、運んでいるペイロードの文明的意義、探査の大胆さゆえにさらに名声を高めた。

「ミッションの意義はここにあった。」とエド・ストーンは示す。ボイジャーの、惑星ミッションから星間空間ミッションへの転換を受けてこう提案する。「終わりは現実には存在しない。遭遇とイベントのすべては、ある意味では「終了」したが、ボイジャーたちは実際にまだ終わっていない。これこそボイジャーの素晴らしさなのだ。

あとがき

新たな宇宙

人類は今、およそ30機の宇宙船（※1）を同時に制御している。太陽圏やその先を探検する素晴らしいロボット艦隊を作り上げている。私たちは現代生活の喧騒と繁忙の先を見ようと、時として精一杯努力する。外の世界を眺めるのを怠ると、やがては自らの立ち位置もわからなくなる。私たちは今、自らの惑星と太陽系の探検という驚くべき黄金時代を生きている。さらに子細に眺めるなら、ボイジャーが静かに私たちを先導し、星間空間の時代に突入を果たしたことがわかる。

宇宙探検の未来はいかに開かれていくのだろうか。NASAや他国の宇宙機関が常に方向性をリードするのか。宇宙関連の民間企業（スペースX、バージンギャラクティック、シエラネバダほか何十もの会社）が立ち上がり、ロボット宇宙探検のゲームに飛び込んでいくのか。何のために。鉱物資源のためか。名誉や栄光のためか。悪党の小惑星や彗星から地球を守るためか。外の世界に植民するためか。それともこれらの会社は、例えば低コストのロケット打ち上げや、冒険旅行体験、宇宙ステーションへの燃料補給や物質補給、あるいは衛星の修理、といったサービス提供に集中するのか。これらの質問の多くは、ニュースペースとも呼ばれ、勃興中の最先端宇宙産業からのものだ。大小の投資家は、これらのビジネスのどれが、あるいはこれらの質問のどれが、将来の宇宙のビジネスと研究を後押しするのかの予想に努めている。多くの人は知らないだろうが、各国政府は宇宙関連活動の民営化推進に力を注いでいる。例えばNASAはその商業軌道輸送サービスと商用の貨客輸送プログラムにおいて、過去5年かそこらで、納税者の資金25億ドルを配分した（※2)。「民間の」イニシアチブでの多くの開発を奨励するためだ。多くの場合政府は、民間で運営される民間の宇宙プログラムの創設に関して、20世紀初頭から半ばに民間航空分野で果たしたと同様の役割に努めている。例えば1920年、アメリカ政府は、初期の航空機産業にとって最大かつ最も信頼できる顧客であった。TWA、ノースウエスト、ユナイテッドといった当時生まれたばかりの会社に航空郵便配送に関する甘い契約を与えている。民間の宇宙会社が税金による資金を今日与えられ、だれもが知るおなじみの存在となり、21世紀の新規産業の巨人となっていくのだろうか。

ボイジャーのようなミッションが科学・探検を動機とする一方、多くのニュースペース（および伝統的な「オールドスペース」）会社は、もちろん基本線は利益最重視である。それでもなお、コラボレーションと相互交流に関する大きな潜在的可能性を秘める。アナロジーとして、ここ数十年間に主導的な環境・生態系保護団体と、世界的な旅行産業の一部との間に良いパートナーシップが芽生えてきた。今では、専門家でない個人や家族が目的地で生態学、考古学、社会学などに関係した科学研究プロジェクトをもサポートする休暇を取れるのだ。私はこのようなモデルが宇宙旅行では非常に有効だと信じている。多くの宇宙科学者たちが自分たちの研究に最も望むのは、それが重力の実験であれ、軌道からの新しい測定であれ、あるいは着陸機/地上探査機のプラットフォームであれ、要は宇宙環境へのアクセスであり、結果を共有すべき関心と情熱に溢れた聴衆（望むらくは資金提供機関の意思決定者。しかし純粋に興味を持つ何人も大事）である。もしそのアクセスが、民間のニュースペース会社によって提供される場合、その価格に、有償の一般乗客のためのツアーガイドおよび教師としての研究者の仕事を含めるのもよかろう。十分機能しうるモデルだ。

私は、新規性があり、オタクっぽいが潜在的魅力に溢れる冒険旅行立ち上げを夢見るのが好きだ。近い将来に簡単に構築できるもの…それを私は「製造された宇宙イベント」と呼ぶ。例えば、よく皆が目にする皆既日食の壮大な写真…しかし現実に皆既日食全部を見られる人はわずかだろう。地球上の特定の都市や地域において、これが起きるのはほぼ300年に1度だからだ。それは観測者に対して太陽・地球・月が取る特定の位置関係に負っている。もし私たちが宇宙空間の中の適切な場所に宇宙船を進めたとすれば、地球や月の影を伝って宇宙船を簡単に飛ばし、宇宙船の乗客に「食」の経験を再現して見せることができる。別の例として、金星が太陽面を2117年までの間で最終通過することに関心が高まったことがある。しかし必ずしもそうではない！　天文学的な冒険の旅行に満ちた宇宙船を、観察するのに適切な宇宙の場所に適切な時刻に赴かせる。そうすれば、地球から見たのと同様に、金星の通過の様がよく見える。このほかの「創造された」天体イベントの多くは、地球近傍（および月の近傍）の宇宙空間へのアクセスを作り出すことが定常的に可能になる。私たちは地球と月による太陽の食や、彗星やその他の惑星のトランジット、活動している彗星の尾を通じたフライト、地球近くに来る小惑星へのフライバイや着陸、それに恐らくはボイジャーやその他の昔の宇宙船への訪問といった経験をすることができるだろう。こうした遠足は、今日の飛行機旅行ほどの手軽さまでには至らないだろう。しかしこの流れは、一般市民がより安全、手軽で、各人固有の意義を持つ宇宙へのアクセスを可能ならしめることは間違いないだろう。

注釈および参考文献

本書中の引用は、私が2013年から2014年初めにかけて会話し、一緒に仕事をしたボイジャーの友人・同僚への一連のインタビューに基づく。インタビューは録音・文字起こしし、引用して使用することについて相手の同意を得た。時間と忍耐を厭わず協力頂いた方々に深謝し、以下に記載させていただく。

第1章　探査機ボイジャー

※1　アポロ11-12号、14-17号ミッションにおけるネイル・アームストロングとエドウィン・「バズ」・アルドリン、ピート・コンラッドとアラン・ビーン、アラン・シェパードとエドガー・ミッチェル、ジェームズ・アーウィンとデオビッド・スコット、チャールズ・デュークとジョン・ヤング、ハリソン・「ジャック」・シュミットとジーン・ケナン、 の12人。

※2　宇宙探査に「かわいらしさ」は大切か？ 惑星科学者メリッサ・ライスの惑星科学ブログ「スピリッツを回顧して：「かわいらしさ」はなぜ関係するのか？ planetary.org/blogs/guest-blogs/3065.html

※3　惑星協会の歴史とビジョンについては、惑星協会planetary.org 参照。私は当協会の会長を拝命してから、宇宙探検の仲間たちとの共同作業を本当に楽しんでいる。

※4　例えばNASAの歴史家Stephen J.Garberの論文「NASA SETIプログラムの 取 消 」Journal of British Interplanetary Society 52 (1999) : 3-12 (history.nasa.gov/garber.pdf)

※5　NASA予算の歴史についてはウイキペディアにかなり包括的な記載がある。en.wikipedia.org/wiki/Budget_of_NASA

※6　ネイル・デグラッセ・タイソンが2012年に行った情熱的な米国上院通商・科学・運輸委員会での証言参照。

ネイルのウエブサイトhaydenplanetarium.org/tyson/read/2012/03/07/past-present-and-future-of-nasa-us-senate-testimony

※7 エド・ダニエルソンの何人かの同僚による「追想」が惑星科学雑誌イカロス（Icarus）194（2008）399-400（dx.doi.org/10.1016/j.icarus.2007.12.007）

第2章　重力アシスト

※1 デイビッド・W・スウィフト「ボイジャー物語：グランドツアーの個人的見解」（Reston, VA: American Institute of Aeronautics and Astronautics, 1977）, p63.

※2 同上　p64.

※3 同上

※4 同上　p66.

※5 同上　p69.

※6 同上

※7 ジェット推進研究所、カリフォルニア工科大学1979年年次報告書、Pasadena, CA, p8（http://jpl.nasa.gov/report/1970.pdf）.

※8 “The Other Side,” Engineering & Science Magazine, California Institute of Technology, Pasadena, CA, Winter 2013, 10-13.

※9 Dave Doody, Deep Space Craft: An Overview of Interplanetary Flight（New York: Springer/Praxis, 2009）, p143.

※10 Andrew J. Butrica, “Voyager: The Grand Tour of Big Science,” in From Engineering Science to Big Science, ed. Pamela E. Mack, NASA History Office Special Publication 4219（Washington, DC: National Aeronautics and Space Administration, 1998）, 251-76（history.nasa.gov/SP-4219/Contents.html）.

※11 C. Kohlhase, ed., The Voyager Neptune Travel Guide, JPL Publication 89-24

(Pasadena, CA: Jet Propulsion Laboratory, California Institute of Technology, 1989), p135 (babel.hathitrust.org/cgi/pt?id=u-iug.30112056430637).

第3章　ビンの中のメッセージ

※1　Carl Sagan, F.D. Drake, Ann Druyan, Timothy Ferris, Jon Lomberg, and Linda Salzman Sagan, Murmurs of Earth: The Voyager Interstellar Record (NY; Random House, 1978), p26.　また以下のオンラインインデックスも参照されたい。"Scenes from Earth" photo collection at voyager. jpl. nasa. gov/spacecraft/scenes.html および"Music of Earth" music collection at voyager. jpl. nasa. gov/spacecraft/music.html

※2　パイオニア銘板の由来と内容についてはCarl Sagan, Linda Salzman Sagan, and Frank Drake, "A Message from Earth," Science 175, no.4024 (1972):881-84 (sciencemag.org/content/175/4024/881.short).

※3　同上　p881.

※4　同上

※5　同上　p883.

※6　Segan et al., Murmurs of Earth, p254.

※7　同上　p143.

※8　「コズミック・コール」は、クリミアのイエブパトリアのRT−70電波望遠鏡施設から近傍の恒星に1993年および2003年に送信した2組のメッセージをいう。詳細はen.wikipedia.org/wiki/Cosmic_Call.参照

※9　Stephen Hawking, Into the Universe with Stephan Hawking, Television Series, Episode 1: "Aliens," Discovery Channel, 2010.

※10　Sullivan and Jim Bell, "The Mars Dial: A Sundial for the Red Planet," The Planetary Report (January/Feb 2004), 6-11

※11　Michael D.Lemonick, "Life beyond Earth," National Geographic, July 2014, p44.

※12 Segan et al., Murmurs of Earth, p71-122.

※13 同上 p161-209.

※14 Jon Lomberg, "One Earth: New Horizons Message Project" についてはoneearthmessage.org 参照。

※15 同上

第4章 木星：宮廷内の新世界 惑星の王

※1 チャーリー・コールヘイズの追想「完全なロケット科学者」には、彼とボイジャーチームが、ボイジャー1号・2号の木星・土星・タイタンおよび木星・土星・天王星・海王星への軌道を如何に導いたかの魅力あふれる技術的詳細が含まれている。charleysorbit.com/completerocketscientist/lifebook1.php

※2 Kohlhase, Voyager Neptune, p139.

※3 ボイジャーの船体システムや機器類の詳細、ダイアグラム、解説については、前プロジェクト・マネジャー、レイモンド・L・ヒーコック著「ボイジャー宇宙船」参照。Proceedings of the Institution of Mechanical Engineers 194, no.28（1980）:211-24（stickings90.webspace.virginmedia.com/voyager.pdf）.

※4 S.J.Pearl, P.Cassen, and R.T.Raynolds, "Melting of Io by Tidal Dissipation," Science 203, no.4383（1979）:892-94（http://dx.doi.org/doi:10.1126/science.203.4383.892）.

※5 同上 p894.

※6 モラビトらが初めてイオの火山プルームに気付いた時の「発見写真」。photojournal.jpl.nasa.gov/catalog/PIA00379

※7 イオ活火山プルームの歴史的発見に至るまでの、第一発見者による詳細解説。Linda Morabito, Discovery of Volcanic Activity on Io, arxiv.org/pdf/1211.2554にアーカイブあり。イオの研究と発見の詳細についてはRosaly Lopes and Tracy Gregg, eds., Volcanic Worlds: Exploring the

Solar System's Volcanoes (NY: Springer-Praxis Books, 2004).

※8 エウロパのような極限環境での生命研究の最新状況や今後のエウロパ探査計画については Michael D. Lemonick "Life beyond Earth" July 2014 issue, National Geographic magazine.

※9 ハッブル宇宙望遠鏡によるエウロパからの水蒸気プルームの発見可能性に関するローレンツ・ロスの2013年12月記者発表：http://www.nasa.gov/content/goddard/hubble-europa-water-vapor

※10 2011 National Academy of Science Decadal Survey of Planetary Science, Visions and Voyages for Planetary Science in the Decade 2013-2022.オンラインでは以下のNational Academies Press参照：nap.edu/openbook.php?record_id=13117

第5章　土星：リングの中のドラマ

※1 土星の環に関するマクスウェルの興味深い説明を、電磁気学の基礎とあわせ解説。Basil Mahon, The Man Who Changed Everything: The Life of James Clerk Maxwell (Hoboken, NJ: Wiley, 2003).

※2 アマチュア天文観測家で惑星イメージプロセサーのテッド・ストリックは、パイオニア11号による「グレーテスト・ヒット」土星画像の素晴らしい編纂を行った。strykfoto.org/pioneersaturn.htm

※3 惑星分光学上の初期の先導的発見は、オランダ系米国人天文学者ジェラルド・P・カイパーによってなされた。カイパーは現代惑星科学の創設者とされている。カイパーの伝記として：en.wikipedia.org/wiki/Gerard_Kuiper

※4 地球その他のハビタブルの世界での生命の起源を理解するための初期の有名な実験を学ぶのに好適な出発点は、ウイキペディアのミラー・ユーリー実験：en.wikipedia.org/wiki/Miller-Urey_experiment

※5 期待されるエタンやメタンの海の発見といった秘密の解明には25年以上待たなければならなかっただろう。ボイジャーの発見に触発され、雲を透過

するレーダーをカッシーニ土星周回機に備える。ESAのホイヘンスプローブを用いて着陸直前の表面近くの画像を撮影し、最終的にはタイタンの魅力あふれる地質学や水文学の地図を完成させることができる。私の惑星科学の同僚であるラルフ・ローレンツとクリストフ・ソティンは、謎の多いタイタンの現在の知識をもとに、わくわくするような、そしてわかりやすい論文を執筆している。「惑星であったかもしれない月」（Scientific American 2010.3）

※6 「ボイジャーは冥王星に遭遇することはできたか」その他「よくある質問」に関する詳細は、ボイジャー・プロジェクト公式FAQ参照。voyager.jpl.nasa.gov/faq.html

※7 より精細なカッシーニ土星周回機の画像・データの取得による解明が待たれる。カッシーニのカメラチームリーダー、カロライン・ポルコはずっと前からボイジャーの土星リングの画像に深く関わってきたが、次のように注意喚起する。「注意すべき点が山積する。この領域で明確に断言できることは少ない。リングの各部分はそれぞれに異なった年齢を持つ。」（Richard A. Kerr,"Saturn's Rings Look Ancient Again," Science 319（2008）:21.からのポルコについての引用）再度の探訪が必要だ。

※8 Rosaly Lopes and Michael Carrol の著Alien Volcanoes（Baltimore: Johns Hopkins University Press, 2008）は氷の火山についての優れた入門書である。

※9 ボイジャーの土星接近時の日報ベースの詳細報告が、ボイジャーの画像チームメンバーデイビッド・モリソンによって出版された。Voyages to Saturn, NASA Special Publication 451（Washington, DC: National Aeronautics and Space Administration 1998）.（babel.hathitrust.org/cgi/pt?id=uiug.30112012462427）. 本書p185-189には、ボイジャー・サイエンスチームの研究者・共同研究者と、ボイジャー管理チームのリーダーの全リストが掲載されている。

※10 Fred Scarf, Morrison, Voyages to Saturn, p123より引用。

※11 Morrison, Voyages to Saturn, p123.

※12　同上

※13　同上 p131.

※14　2004.6.30のRichard C. Hoag-landの論文（および引用）での表現。http://www.enterprisemission.com/_articles/06-30-2004_Cassini/IsNASA SendingtheCassiniMissiontoitsDoom.htm.

※15　同上 p119.

第6章　天王星：牡牛の目をもつ傾いた世界

※1　ウイリアム・ハーシェルの興味深い伝記や天文学上の先導的な発見については、The Space Book: 250 Milestones in the History of Space and Astronomy（NY: Sterling, 2013）に詳述されている。

※2　カロライン・ハーシェルの人生と業績について、有名な天文学者である兄の発見に対する支援を含め、記載した好著。J. Donald Fernie “The Inimitable Caroline” American Scientist on Dec. 2007.（americanscientist.org/issues/pub/the-inimitable-caroline）.

※3　天王星の奇妙な傾きについての最近のいくつかの説が以下の論文に簡単にまとめられている。John Matson “Double Impact: Did 2 Giant Collisions Turn Uranus on Its Side?”, Scientific American, 2011.10.7（scientificamerican.com/article/uranus-axial-tilt-obliquity）.

※4　Edward C. Stone and Ellis D. Miner, “The Voyager 2 Encounter with the Uranian System,” Science 233（1986）: 39-43.

※5　ウイキペディア「衛星群と天王星」中の　en.wikipedia.org/wiki/Moons_of_Uranus　は、第7惑星の現在知られている27個の月の歴史、事実および追加の研究リンク関する優れた情報源である。

※6　Space.comの編集者で宇宙の歴史に関する著者であるアンディ・チェイキンは以下の優れた論文を発表した。“Birth of Uranus' Provocative Moon Still Puzzles Scientists”（2001.10.16.）archive.today/6VTxV.ミランダの歴史に関する、ボイジャー以降の混乱状況を要約している。

※7 天王星リングの発見を正面から解説。Jim Elliot and Richard Kerr, Rings: Discoveries from Galileo to Voyager（Cambridge, MA: MIT Press, 1987）

※8 私の研究論文で、PhD指導者であったT.B.McCord との共著。"A Search for Spectral Units in the Uranian Satellites Using Color Ratio Images," Proceedings of Lunar and Planetary Science 21（1991）:473-89（http://adsabs.harvard.edu/abs/1991LPSC...21.473B）.

※9 ハッブル宇宙望遠鏡による天王星画像の歴史について、優れた集約がなされている。hubblesite.org/newscenter/archive/release/solar-system/uranus

第7章　海王星：最後の巨大氷惑星

※1 英国人の天文学者で科学普及家の故Sir Patrick Mooreは、海王星発見の歴史に関する更なる物語と詳細を記している。The Planet Neptune: An Historical Survey before Voyage（NY: Wiley, 1996）.

※2 世紀にわたる探検の視点からの、ボイジャーの興味深い歴史的展望について　は、Stephen Pyne, Voyager: Seeking Newer Worlds in the Third Great Age of Discovery ）NY: Viking, 2010）.

※3 同上　p140.

※4 ハッブル宇宙望遠鏡による海王星画像撮影の歴史に関する優れた要約として：hubblesite.org/newscenter/archive/releases/solar-system/neptune

※5 巨大氷惑星に関する趣味と学習向けの対話として：Planetary Society Weekly Hangout blogger Emily Lakdawalla's interview with Voyager imaging team member and Planetary Society vice president Heidi Hammel（2013.4.11). planetary.org/blogs/emily-lakdawalla/2013/hangout-20130409-heidi-hammel.html.

※6 他の惑星・衛星と同様、現在知られている海王星を巡る14個の衛星につい

てウィキペディアは大きな情報源である。en.wikipedia.org/wiki/Moons_of_Neptune

※7 生の詳細については、Larry Soderblomと8人のボイジャーチームメンバーによる以下の文献参照。"Triton's Geyser-like Plumes: Discover and Basic Characterization," in Science magazine（vol. 250, no.4979, 410-15）（1990.10.19）.

※8 ハーバード・スミソニアン天体物理観測所が運営する国際天文学連合の小型惑星センターでは、現在知られている650,000以上の太陽系内の小惑星と彗星の最新のリストと、それらの軌道と位置の図表示を保有している。これにはカイパーベルト天体も含まれる。minorplanetcenter.net/iau/lists/MPLists.html. KBOリストを見るにはKBOのより一般的な呼称である「Transneptunian Objects」をクリックして探す。

※9 詳細はニューホライズンズ・ミッションのウエブサイト参照。pluto.jhuapl.edu

第8章　ピクセルあたり50億人

※1 Population Reference Bureauによる過去の地球人口の累計についての優れた論文がある。prb.org/Publications/Articles/2020/HowManyPeopleHaveEverLivedonEarth.aspx

※2 Tony Reichhardt, "The First Photo from Space, "Air & Space magazine, Nov. 2006（airspacemag.com/space/the-first-photo-from-space-13721411/?no-ist）.

※3 宇宙から撮った初期の地球写真とその詳細については、例えば以下を参照。

(a) http://www. nasa.gov/centers/langley/home/Road2Apollo-11_prt.htm

(b) space.com/12707-earth-photo-moon-nasa-lunar-orbiter-1-anniversary.html

(c) moonviews.com/lunar-orbiter-1-i-or-a

(d) moonviews.com/2013/05/how-life-magazine-revealed-earthrise-in-1966.html

※4 アポロ8ミッションにおける会話記録は：David Woods and Frank O'Brien, "The Apollo 8 Flight Journal," from the NASA History Division. http://www.history.nasa.gov/ap08fj

※5 Carl Sagan, "A Pale, Blue Dot," Parade Magazine, p52（1990.9.9）.

※6 同上

※7 Carl Sagan, Pale Blue Dot: A Vision of the Human Future in Space（NY: Random House, 1994）, p8-9.

※8 世界最大の非営利科学啓蒙団体である惑星協会は、宇宙から見た地球写真の楽しいオンラインコレクションを有する。planetary.org/explore/space-topics/earth/pics-of-earth-by-planetary-spacecraft.html

※9 同上

※10 カッシーニ・ミッションの詳細と写真については、"The Day the Earth Smiled"写真集がphotojournal.jpl.nasa.gov/catalog/PIA17171にある。またカッシーニ画像チームリーダー、カロライン・ポルコのフェースブック　facebook.com/carolynporco

※11 スピリットおよびオポチュニティのローバー・ミッションから得た多くの物語や感動的な写真については拙著Postcards from Mars（NY: Dutton, 2006）を参照されたい。

※12 火星表面から撮影した地球の写真の例として：photojournal.jpl.nasa.gov/catalog/PIA05547　およびpencam.sese.asu.edu/pancam_instrument/projects_3.html

第9章　太陽圏から星間空間へ

※1 冥王星の降格を巡る論争の背景と詳細については以下に詳しい。
Neil deGrasse Tyson, The Pluto Files（NY: W. W. Norton,2009）; Mike Brown, How I Killed Pluto and Why It Had It Coming（NY: Spiegel &

Grau, 2012）；またIAUが冥王星を降格して矮惑星としたことに関しては：iau.org/public/themes/pluto

※2　陽子が太陽の核から抜け出すのにどれほどかかるかについては、天文学者兼科学伝道者のブログPhil Plait's Bad Astronomy参照。"The Long Climb from the Sun's Core" at badastronomy.com/bitesize/solar_system/sun.html

※3　人類が打ち上げた5機の太陽系離脱軌道に乗った宇宙船の速度と距離をリアルタイムで表示。heavens-above.com/SolarEscape.aspx

※4　JPLのボイジャー・プロジェクトには、ボイジャー星間空間ミッションの目標と成果を掲げた公式サイトがある。
voyager.jpl.nasa.gov/interstellar.html

※5　Kohlhase, Voyager Neptune, p136.

※6　スージー・ドッドについての詳細と前任の9人のボイジャー・プロジェクト・マネジャーについては以下を参照。voyager.jpl.nasa.gov/news/dodd_proj_manager.html

※7　M. Swisdak, J. F. Drake, and M. Opher, "A Porous, Layered Heliopause," Astrophysical Journal 774, L8（2013）：1（iopscience.iop.org/2041-8205/774/1/L8/pdf/apjl_774_1_8.pdf）.

※8　リチャード・カーでのマーク・スイスダックのインタビュー「公式にボイジャーは太陽系を離脱した」、Science 341（2013.9）：1158-159

※9　Don Gurnett, 同上 p1159

※10　2013.9.12 におけるNASA公式記者発表におけるエド・ストーンのコメント「ボイジャーは星間空間に達した」
（science.nasa.gov/science-news/science-at-nasa/2013/12sep_voyager1）

※11　McComas, Science 341（2013.9）:1159

※12　George Gloeckler, 同上

※13　L.A.Fisk and G. Gloeckler, "The Global Configuration of the Heliosheath Inferred from Recent Voyager 1 Observations," Astrophisical Journal 776 (2013) : 79 (iopscience.iop.org/0004-637X/776/2/79/pdf/apj_776_2_79.pdf) .

第10章　その他の恒星・惑星と生命体

※1　1951年、超ウラン元素の研究でグレン・T・シーボルクはノーベル化学賞を受賞した。シーボルクの人生や経歴についての詳細は、ノーベル賞ウエブサイトの公式伝記参照。nobelprize.org/nobel_prizes/chemistry/laureates/1951/seaborg-bio.html

※2　追尾電力の保存戦略に関するJPLボイジャー・プロジェクトの公式サイトはvoyager.jpl.nasa.gov/spacecraft/spacecraftlife.html

※3　heavens-above.com/SolarEscape.aspx参照。

※4　詳細については惑星協会プロジェクト部長ブルース・ベッツの2012.4.19ブログ「パイオニア・アノマリーが解けた！」参照。planetary.org/blogs/bruce-betts/3459.html

※5　ボイジャー1号のグリーゼ445との遭遇予想についてはen.wikipedia.org/wiki/Gliese_445、またボイジャー2号のロス248との遭遇予想についてはen.wikipedia.org/wiki/Ross_248参照。

※6　Carl Sagan, et al., Murmurs of Earth, p235-36.

※7　The Extrasolar Planets Encyclopedia (exoplanet.eu/catalog) には、地上および宇宙ベースの多くの方法で発見された、我々の太陽に似た近傍の恒星を周回する1800個以上の表、プロット、リンクが掲載されている。

※8　更新された記録を参照されたい。さらに詳細はケプラーミッションのウエブサイトkepler.nasa.gov参照。

※9　トリビアのファンは、ビル・ボルキと私が1993年に書いた「連星系における地球サイズ惑星によるトランジットの特性」Progress in the Search for Extraterrestrial Life, ed. Seth Shostak (Astronomical Society of the Pacific Conference Series, no. 74, 1995) 収録を参照されたい。:165-72 (http://adsabs.harvard.edu/full/1995ASPC...74..165B) .

※10　Sagan et al., Murmurs of Earth, p233-34.

※11　2013.9.25投稿の惑星協会ブログ、Stephen Pyne, “Voyager: A Tribute,”（planetary.org/blogs/guest-blogs/2013/20130920-voyaager-a-tribute.html）.

あとがき

※1.　現在運用中の太陽系探査機の全リストは以下を参照：en.wikipedia.org/wiki/List_of_Soalr_System_probes

※2　勃興する「ニュースペース」セクターへの政府支援についての詳細は、NASACommercial Crew & Cargo Program Officeのウエブサイト参照：http://www.nasa.gov/office/c3po/home

謝辞

私の人生は、一体どこから話し始めたらよいか迷うほど多くの人々から、重力アシストを受け続けてきた。惑星科学における私のキャリアの開始は、カール・セーガンのコスモスと、とりわけボイジャーだった。ともにミッションに絡んだ科学と冒険のぞくぞくする魅力で私を釘付けにした。まずは以下の方々すべてに御礼を申し上げたい。1960年代に初めてミッションの夢を描いてくださった方々、1970年代に宇宙船を作り上げ、打ち上げた方々、その宇宙船を巨大惑星のはるか先まで飛翔させた方々、1980年代に科学探査から次々に発見を成し遂げた方々、さらには太陽風と星風の混じりあう境界領域において、宇宙船を今なお運用し続け、今日でも通信を確保してくださる方々に御礼申し上げる。私が直接影響を受けたのは、ミッションに生命を吹き込んでくれた何千人もの方々のほんの一部ではあるが、間接的にはこれらの方々の努力の集積に多大の影響を受けてきた。叶うことならば全ての方々とお会いして言葉を交わしたい。少なくとも私は、ペール・ブルー・ドットの一部として微笑みながらボイジャーを眺めているこれらの方々の姿を見ることはできる。

本書で私が言及した何人かのボイジャーチームメンバーの中でも、とりわけ以下の方々は、電子メール、電話、レビュー、ファクトチェック、面談を通じて、寛大にも貴重な時間を私に割いて下さった。格別の感謝を捧げる。スージー・ドッド、ゲイリー・フランドロ、ハイディ・ハンメル、キャンディ・ハンセン、アン・ハーシュ、アンディ・インガソル、トレンス・ジョンソン、チャーリー・コールヘイズ、ジョン・ロンバーグ、ジェイミー・スー・ランキン、ラリー・ゼェデルブローム、リンダ・スピルカー、エド・ストーン、リック・テリル、そしてランディ・ウエッセンだ。ボイジャーのプロジェクト・サイエンティスト、エド・ストーンは、私の個人的な考えを理解すべく、信じられないほど気前よく時間を取ってくださり、熱意を示していただいたことを特筆したい。何十年に及ぶこの冒険の間、彼とそのチームが示してくださった反応や取り組んできた挑戦に対しても。

さらに、私がロードアイランドの小さな町から出て、ボイジャーと共に海王星

（そしてさらに遠く）の紺碧の浜辺までたどり着くのを支援して頂いた多くの友人や指導者の方々にも謝意を表する。私のコベントリー高校の化学の先生、バリー・マンレイ博士の計らいや、親友ボビー・トンプソンの一貫した支援と友情・・・「上を見なくてどうする」というシンプルな語りかけで私の生涯の科学キャリアを支援して頂いた。カルテックのマーク・アレンには、1年生の私に、授業に忙殺されながらも研究プロジェクトに係わることの楽しさを教えてくれた。私の師であり友人でもある故エド・ダニエルソンからは、画像処理の奥義のいくつかを伝授され、天王星フライバイに際しては、264号館の科学オペレーションルームという内なる聖所（サンクタム）をそっと覗かせて頂いたことに感謝の言葉もない。また、ハワイ時代の私の学位審査委員会委員の一人、フレーザー・ファナーレにも、3年半後の海王星フライバイ時この内なる聖所への機会を頂いた。御礼申し上げる。以上の方々は皆良い意味でのイネーブラ（他人を助ける人）であった。

ペンギン・ランダムハウス、ダットンのステファン・モローとは、「火星からの葉書」の時と同様、本書でも楽しく仕事をさせて頂いた。ロボット探査は実際には人間による探査そのものであり、人間の強い感情やもろさによって左右されるという私の視点を共有して頂けたことに感謝する。ディステル・アンド・ゴダリッチのマイケル・ボレットには、私の仕事、とりわけ今回初めての試みである、図を多用せずにちょっとこだわった宇宙物語を著す、という仕事への一貫した支援と激励を頂いたことに感謝する。

最後に、カリフォルニア、ハワイ、そしてさらに進んで惑星群へという私の旅路に、尽きることなき支援をしてくれる私の家族に感謝したい。心配しないで！別の世界に行っても、研磨機、キャビネット、バブラー、デル…これらを探し出す私の役目はこれまで通り頑張るから。私のインタビュー音声の文字起こしを引き受けてくれた娘のエリンと、私の美しい友人ジョルダナ・ブラックスバーグの愛、支援、激励、編集、それにすばらしい料理に感謝する。私は今も進行中のこの星間の旅を愛し続けている。

訳者あとがき

約175年に一度とされる4外惑星の直列現象を狙って1977～78年に打ち上げられたボイジャー1号と2号。1号はすでに太陽圏を抜けて星間空間を旅しており、2号も原著出版後の2018年11月5日に太陽圏を離脱したことがNASAから発表された。NASAの数あるプロジェクトの中でも最高の成功事例と評価されるボイジャー・プロジェクトを、科学、技術、人間の三位一体で語る異色の科学ノンフィクションである。

原著者ジム・ベルはアリゾナ州立大学の惑星科学者で、カール・セーガンらの設立した惑星協会の会長も務める。セーガンに憧れたロードアイランドの田舎町の宇宙少年は、NASAプロジェクト・サイエンティストのエド・ストーンという卓越した師を得て惑星科学を究め、ボイジャーとともに人生の航跡を刻んできた。本書ではボイジャーと40年に及ぶ苦楽を分かち合ったNASAの科学者・技術者たちの人間模様を、天才的な調整型リーダー、エド・ストーンを軸に語る。第一に「人間」への視点を強く打ち出した科学書である。

本書の第二の特徴は、技術者の奮闘への強いエールだろう。ボイジャー探検のクライマックスの一つは、イオの火山の発見だが、これは華々しい噴火の画像がいきなり飛び込んできて科学者を驚かせたのではない。真っ暗な画像中のわずかな変異に気づき、画像処理の技法を駆使した末に絞り出されたものだ。惑星科学者ではない、衛星航行チームの技術者リンダ・モラビトが発見者として広く知られることとなった所以である。土星裏側でのスキャン・プラットフォームの故障による大混乱、太陽系外縁におけるカメラの露出設定の難しさなど、技術陣の苦労話は興味深い。

第三点として科学面では、バウ・ショック、ヘリオスフィア、ヘリオシースなど太陽圏の境界に関連した議論が充実しており、類書に見られない大きな特徴となっている。人類初の星間探査機となったボイジャーならではの情報だろう。もちろん太陽圏内の惑星・衛星に関する描写も多彩だ。「一つ見れば全部見たと同じ。皆荒涼としたクレーター地表だろう」と予想された衛星たちは、それぞれがあまりにも個性的で、面白くない衛星など一つもなかった。この番狂わせこそがボイジャーの成果の真髄部分だ。

ボイジャーは太陽系離脱速度を優に超える人類最速の宇宙船ではあるが、銀河系離脱速度には達していない。私たちの惑星と共に、天の川銀河を永遠に徘徊するのか。地球外生命体に遭遇するのか。ジム・ベルはむしろ、地球からの移住者を乗せた後世の超高速宇宙船がボイジャーを拾い上げ、人類の宇宙探検のモニュメントとするのでは、とも想像する。5万年後の恒星グリーゼ445への接近、そして30万年後のシリウス星への接近を夢見つつ、本書は終章をむかえる。

本書では、原著者ジム・ベルが心酔するNASAプロジェクト・サイエンティスト、エド・ストーンの人間的魅力と指導力を随所に織り交ぜながら物語が展開する。私事で恐縮だが、翻訳を進めるうち、奇しくも私の尊敬する恩師、大林辰蔵先生(1926-1992東大・文科省宇宙科学研究所名誉教授。宇宙空間物理学)のイメージがエド・ストーンに重なっているのに気がついた。大林先生はわが国の科学衛星プロジェクトを中心になって主導され、NASAの特別研究員を務められた時期もあった。学者らしからぬいかつい風貌で、その豪胆な推進力と桁違いの包容力に皆が魅了された。師事した大学院時代のみならず、以後の私の人生全体にわたってその薫陶は強烈に脳裏にとどまる。まさにジム・ベルのいう「人生の航路において、自分が知る人々からの重力に似た影響の存在」を実感した次第である。

本訳書が出版に至ったのはひとえに（株）恒星社厚生閣片岡一成社長のご理解によるものであり、厚く御礼申し上げる。また、出版までの諸手配や、精緻な校正を含む記述チェックの労をとって下さった、同社高田由紀子さんと、編集者の出口明憲さんに深謝する。

なお本訳書では読者の便を考え小見出しを原著よりも大幅に増やしている。

索引

A-Z

あ行

か行

さ行

た行

な行

は行

ま行

ら行

わ行

■ 著者略歴

Jim Bell　（ジム・ベル）

アリゾナ州立大学地球・宇宙探査学部教授兼コーネル大学天文学科特任教授。1980年にカール・セーガンらが創設した惑星協会の会長を務める。ジム・ベルと彼のグループは、宇宙ミッションに関する功績で、NASAから数多くの団体賞を授与されてきた。また2011年には、惑星科学に関する啓蒙活動で、米国天文学会からカール・セーガン・メダルを授与されている。

■ 訳者略歴

古田　治　（ふるた・おさむ）

東京大学理学部・理学系大学院修士了（地球物理学）。国際電信電話（株）勤務を経て、現在は科学技術分野の翻訳家。在勤時に電気工学で修士（スタンフォード大学）／博士（京都大学）。邦訳に『私たちは宇宙から見られている：「地球外生命」探求の最前線』『高密度プラズマの物理：金属水素から中性子星・ブラックホールへ』（日本評論社）他がある。

星間空間の時代

ーボイジャー太陽圏離脱への40年と科学・技術・人間の物語

2021年11月22日　初版1刷発行

著　　者　ジム・ベル
訳　　者　古田　治
発 行 者　片岡　一成
印刷・製本　株式会社シナノ

発 行 所　㍿ 恒星社厚生閣
〒160-0008 東京都新宿区四谷三栄町3番地14号
TEL:03(3359)7371(代)/FAX:03(3359)7375
http://www.kouseisha.com/

（定価はカバーに表示）

ISBN978-4-7699-1666-6 C1044